煤矿安全高效开采省部共建教育部重点实验室项目资助

矿井瓦斯灾害防控体系

张福旺　　张国枢　　**编著**

中国矿业大学出版社

内 容 提 要

本书以构建瓦斯灾害防控体系为宗旨,吸取近年来国内外在矿井瓦斯灾害防治方面的研究成果和实践经验,研究和总结了重大煤与瓦斯突出和瓦斯爆炸事故发生、发展的规律及其防控技术与方法,提出了建立矿井瓦斯灾害的"预测、预防、预警和应急救援"四道防线理论模型、技术和方法。

本书可供煤矿工程技术和管理人员以及矿业院校师生参考。

图书在版编目(CIP)数据

矿井瓦斯灾害防控体系/张福旺,张国枢编著.—徐州:中国矿业大学出版社,2009.8

ISBN 978 - 7 - 5646 - 0428 - 8

Ⅰ.矿… Ⅱ.①张…②张… Ⅲ.①煤矿－瓦斯爆炸－防治②煤矿－瓦斯抽放 Ⅳ.TD712

中国版本图书馆 CIP 数据核字(2009)第 137615 号

书　　名	矿井瓦斯灾害防控体系
编　　著	张福旺　张国枢
责任编辑	杨　廷　黄运涛
责任校对	李　敬
出版发行	中国矿业大学出版社
	(江苏省徐州市中国矿业大学内　邮政编码 221008)
网　　址	http://www.cumtp.com　**E-mail**:cumtpvip@cumtp.com
排　　版	中国矿业大学出版社排版中心
印　　刷	徐州中矿大印发科技有限公司
经　　销	新华书店
开　　本	787×960　1/16　**印张** 15.25　**字数** 287 千字　**插页** 2
版次印次	2009 年 8 月第 1 版　2009 年 8 月第 1 次印刷
定　　价	30.50 元

(图书出现印装质量问题,本社负责调换)

序　言

　　近年来,我国煤矿事故虽然稳中有降,但与国外相比仍存在较大差距。尤其是矿井瓦斯灾害依然相当严重,特别是重大瓦斯事故没有得到令人满意的控制,给经济发展和社会形象造成不良影响。

　　煤矿生产系统是一个人与自然的动态复合系统,是一项复杂的系统工程,是生产力发展水平、科技水平和管理水平的综合反映。造成目前矿井重特大瓦斯事故多发、安全生产形势依然严峻的原因是多方面的,有浅层次因素,也有深层次矛盾;有历史的积淀,也有新形势下的新问题。

　　但是,从开采同一个煤田的矿区来看,煤层赋存条件、瓦斯基础参数基本相同的矿井,有的矿井瓦斯灾害相对较多,有的矿井相对较少;同一个矿井的不同时期来看,大多数年份是不发生重大事故的。这种客观事实给我们的启示是,只要构建科学的瓦斯灾害防控体系,瓦斯灾害就可以避免。

　　矿井瓦斯灾害的危险源空间分布广、致因的随机性和突发性强,孕育过程隐蔽,影响因素复杂。其具有在纯自然环境和人工环境下完全不同的事故致因特性,这些特点给煤矿事故的防控带来了极大的困难,致使煤矿的安全态势令人难以驾驭,安全水平提高缓慢。

　　安全的理论和实践证明,消除和抑制矿井瓦斯灾害只有通过构建防控体系才能实现。防控体系包括法规标准体系、组织管理体系、技术支撑体系和监督监察体系。防控体系建立要结合矿井实际、根据瓦斯灾害的特点。构筑"预测、预防、预警和应急救援"四道防线,是构建防控体系的关键。

　　矿井瓦斯灾害防治是科学问题。瓦斯爆炸、煤与瓦斯突出重大事故的发生和发展,都有其内在原因,有时是深层次的原因;这些灾害的致因和演化都是有规律的。积极探索瓦斯灾害中的未知领域,认真研究瓦斯事故的致因理论、灾害的发生和发展规律,进行有针对性科技攻关。只要我们认清了事故的本质,能揭示和发现其原因,采用相应的技术手段和装备,加以对"症"防控,就能将其抑制和消除在萌芽状态,不至于对人类造成危害。

　　瓦斯灾害问题是管理问题,尤其是瓦斯爆炸。对已有瓦斯事故的分析表明,90%左右的事故致因是由人的不安全行为和管理存在薄弱环节与失控造成的。安全管理的对象是人和危险源,安全管理的武器是科学技术和法规,安全管理的动力是责任和使命,安全管理的杠杆是经济利益。用使命管理取代目标管理、用创新取代传统、用科学取代经验是安全管理的必然。

煤矿事故致因基本上符合"木桶"理论,只要有"短板",即存在薄弱环节,存在安全隐患,就有可能发生事故。安全管理就是要发现薄弱环节,消除隐患。有的煤矿事故符合连锁反应理论,如煤与瓦斯突出;有的事故符合轨迹交叉理论,即要有两个或两个以上因素相互作用事故才会发生,如瓦斯与煤尘爆炸和自然发火。

要正确对待事故调查。调查事故时应把查明原因放在首位,以便掌握事故发生的原因和规律,吸取教训,避免再次发生同类事故。因此,查清事故原因比追究责任人更为重要。

提高煤矿安全水平的关键是提高人的安全素质。改变煤矿的社会形象,吸引优秀人才在煤炭系统工作,稳定煤炭系统人才;提高进入煤炭系统的一线员工的素质;改进安全培训工作,通过有效地培训,提高煤矿全员的安全素质。

倡导和树立"以人为本"的安全价值观,营造"守护生命、安全为天"的舆论氛围,是当前的迫切任务。煤矿安全是全员的安全,使人人自觉遵守规章制度、自觉遵守操作规程,人人做到不伤害自己,不伤害别人,也不被别人伤害。

知识和技术依然是防治瓦斯灾害的根本。本书力求为瓦斯灾害防控提供有用的和科学的知识,为改变安全态势作出应有的贡献。本书在编写的过程中博采了已有相关著作和文献之所长,参阅了近年来颁布的有关技术文件和规范。在此谨向付出辛勤劳动的相关作者表示诚挚的感谢。

平煤股份十矿郝相龙审阅了书稿,提出了宝贵意见。

本书在编著过程中得到了平煤集团公司卫修君、杨玉生、张建国以及平煤股份十矿杨岗、张晋京等领导的大力支持和帮助,十矿马宏伟、程红军、杨前、耿义、崔玉贤和黄励新等同志参与了相关工作;安徽理工大学秦汝祥、杨应迪等老师以及研究生邓明、苗磊刚参与了工作。对平煤股份十矿和安徽理工大学参与本书工作并给予支持的同志表示诚挚的感谢!

由于水平所限,加之时间仓促,书中不当之处在所难免,恳请读者批评指正!

作　者

2009.6

目 录

1 绪论

1.1 我国煤炭工业的地位和现状

2008 年,中国煤炭产量完成 27.16 亿 t,比 1978 年增长了 4 倍以上。中国煤炭产量占世界煤炭产量的比重已接近 39%。

煤炭在我国一次能源中的比重始终在 70% 左右,预计在今后 20 年内,都将维持这一格局。煤炭作为中国一次能源的主体,承载着经济发展、社会进步和民族振兴的历史重任。

目前,现有各类煤矿约 2.8 万座,其中乡镇煤矿 2.45 万座。我国煤炭生产以井工开采为主,其产量占煤炭总产量的 95%。现有煤矿中,设计年生产能力 30 万 t 以上的大中型矿井占矿井总数的 2%,30 万 t 以下的矿井占 98%。这种井工开采多、小型矿井多、乡镇煤矿数目多的"三多"格局,决定了我国安全生产严峻的形势在相当长的一段时间内难以改变。

1.2 我国煤矿安全生产形势

在改革开放的 30 年中,我国煤矿安全状况有明显改善,百万吨死亡率由 1978 年的 9.44 下降到 2008 年的 1.182,但我国煤矿百万吨死亡率与国外相比,仍存在较大的差距。目前,中国煤炭产量占世界产煤总量的 1/3 以上,但煤矿事故的死亡人数约占全球的 80% 以上。2004 年我国煤矿百万吨死亡率是 3.08,美国煤矿百万吨死亡率为 0.039,印度为 0.42,俄罗斯为 0.34,南非为 0.13,中等发达国家为 0.4。中国煤矿事故死亡率是中等发达国家的 8 倍,是美国的 90 多倍。显然,中国煤矿多发的重大恶性事故仍没有得到根本遏制,煤矿安全问题仍具有很大的挑战性。

目前,煤矿重大恶性事故时有发生,煤矿安全生产形势仍然十分严峻,煤矿在工矿企业中事故死亡人数最多。2000～2007 年煤矿事故起数和死亡人数如图 1-1 所示。

频繁发生的重特大事故已经成为制约我国经济社会健康发展的严重问题。

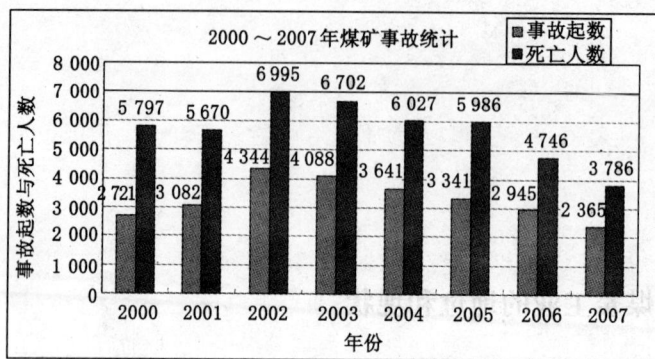

图 1-1 2000～2007 年煤矿事故起数和死亡人数

我国每年因事故造成的损失高达 2 500 亿元人民币。煤矿安全已成为国计民生的大事,党和政府为此颇为重视。

2000～2007 年煤矿 1 次死亡 10 人以上事故起数和人数如图 1-2 所示。在我国煤矿事故类型当中,瓦斯事故最为严重。瓦斯事故死亡人数占全国煤矿事故死亡人数的 74% 以上,事故次数也占全国煤矿事故次数的 70%。

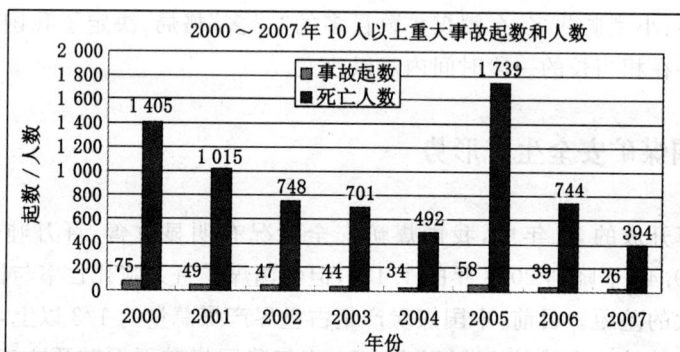

图 1-2 2000～2007 年煤矿 1 次死亡 10 人以上事故起数和人数

由此可见,煤矿对瓦斯灾害的防控是改变煤矿安全形势的关键。

随着矿产资源长期大规模的开发,矿山已向深部开采过渡,水压、地压、瓦斯压力都会相应增大,自然条件、工作环境在不断恶化,煤与瓦斯突出、冲击地压等灾害的复杂性和治理的难度加大。

1.3 煤矿安全的影响因素

煤矿安全形势不好是由多方面原因造成的。既有历史原因,也有现实原因;既有客观原因,也有主观原因。主要有以下几方面:

(1) 历史原因。

绝大部分矿井是在 20 世纪 60、70 和 80 年代建设的,当时我国的生产力水平较低、经济基础薄弱、技术和装备制造业落后。这些矿井的井巷工程、开拓布局不适应当前煤炭形势的急速发展,如通风系统不合理,而且老化。技术装备较落后,设备的安全性能差,而且老化。虽然几经改造,但毕竟是修修补补,导致大部分矿井的安全生产基础薄弱,防灾、抗灾能力不足,给安全生产造成一定困难。

(2) 自然条件复杂而艰险,潜在危险源不能及时、准确地辨识。

煤炭开采是地下作业,其环境和对象是亿万年前形成的煤系地层、经过上万次地壳运动和地质构造而形成的地质环境,存在着潜在的危险源。现有技术和装备还不能完全掌控复杂而多变的地质、瓦斯和水文灾害的变化规律。作业面前方数米之内摸不着、看不透、测不准,这给煤矿灾害防控带来重重困难。

(3) 煤矿瓦斯火灾事故致因复杂,事故控制理论研究深度不够;治理煤矿灾害难度大,缺乏治理危险源的关键技术。

煤矿灾害,如煤与瓦斯突出、煤炭自然发火、冲击地压等。其发生机理至今尚未彻底掌握;灾害的规律尚未完全揭示和清楚;更重要的是目前尚未完全掌握治理灾害的关键技术,或由于工程上的局限性,不能驾驭灾害。

(4) 煤矿员工素质低,技术力量薄弱。

煤矿职工素质低是由多方面的原因造成的。由于煤矿的工作环境和安全条件较差,属于高危和艰苦行业,且收入水平不高,这种客观条件决定了一线员工队伍的受教育程度和文化水平较低,以及较高素质的人员流失多和专业技术人员较匮乏。加之目前的用工制度以合同工和协议工为主,还有些职工为半工半农,职工队伍稳定性较差,进而导致其安全素质低、管理难度大。据调查,30 万 t以上大中型煤矿从业人员中,初中以下文化程度占 62.67%,大专以上占5.44%,高级工程技术人员占 3‰;30 万 t 以下小型煤矿从业人员中,中专以上职工平均每矿不到 3 人。45 家安全重点监控企业中,有 20 家矿均"一通三防"技术人员(包括矿总工程师和分管副总工程师)不足 5 人,区队一级的技术人员则更少。地方生产矿井特别是小煤矿的技术力量更是缺乏。

(5) 安全管理模式落后。

① 缺乏科学正确的安全理念来增强安全意识。"安全第一"的思想和意识

不稳定,一般情况下较强,在生产和安全冲突严重时有反复。

② 采用"胡萝卜＋大棒"式管理模式,过于依赖制度约束,管理方式和手段简单化和形式化,缺乏科学性和系统性,操作起来很难见到实效。

其实,安全管理是一门很重要的、值得深入研究的科学,与生产实践一样也有紧密、严格规范的操作程序。

③ 缺乏科学方法和有力手段纠正员工的不安全行为。安全教育和培训多数是走过场,员工也只是听听而已,难以深入人心,造成员工的安全意识不强。

④ 严惩和重罚的事故和未遂事故管理模式不利于接受教训。追究事故责任者是应该的,但有时由于对事故的肇事者和管理者采取了不"讲理"式严惩和重罚,往往可能导致证据被销毁、隐瞒真相,不能揭示事故真相,从而不能吸取事故教训,导致类似事故重复发生。事实上,对于预防同类事故重复发生,说清楚事故真相比惩罚更重要。

⑤ 员工与企业之间难以建立心理契约,员工缺乏自主管理意识。

⑥ 安全培训和教育的模式、方法和手段落后,培训过程流于形式。

⑦ 煤矿安全开采决策和管理水平较低,依靠经验决策较普遍,存在盲目性;照章办事和逃避责任的形式主义作风盛行。

(6)安全管理信息未形成系统,没有建立起从信息采集、整理分析和实施管理一体化的完整体系,不能有效挖掘和利用。

事故致因的信息不能有效获取,特别是原始和采动基础信息,如采动应力动态分布、采动瓦斯的动态分布、采动应力与瓦斯的耦合作用机制等均不明确。

(7)工作环境差、劳动强度大。

地下开采,工作环境黑暗、潮湿、高温,而且时时处处充满危险。煤矿员工常年在这种工作环境中工作,会使人情不自禁产生违章的意念、动机和行为。安全的思想很容易被"侥幸"心理所代替,容易发生冒险和"越轨"的不安全行为,同时也容易产生过失。

疲劳战、连轴转的工作模式导致管理人员精神和视觉疲劳,对不安全现象熟视无睹。

(8)作业场所分散,管理难度大。

煤矿特别是大中型矿井,作业场所一般要分散在数个地区、数平方千米的范围内,不像地面车间可视化程度高,这给安全管理带来了难度。

(9)供需紧张。

煤炭需求增长快、生产压力大,导致因急于增加产量进行超能力生产,使得采掘接替紧张、采用不正规或违规的开采方法和生产方式,最终导致生产"凌驾"于安全之上,忽视安全。

（10）生产力水平低,安全装备的性能不够先进。

从生产力发展水平看,我国总体发展水平较低,经济结构不合理,增长方式较为粗放。中国煤矿生产的机械化和自动化水平相对其他工业要落后,不少矿井仍是"两镐＋一炮"的作业方式,体力劳动量大、强度高。这种长期落后的劳作特点决定了其落后的管理模式和落后的文化;生产力水平决定了安全装备的性能不能满足安全需要。

（11）安全投入不足。

安全投入严重不足。乡镇煤矿的矿主不愿意投入,安全生产条件无法得到改善,存在增加安全投入会加大成本,影响经济效益和当地的财政收入等种种不正确观念。

（12）监管不能做到全面化和全时化;有时受到地方保护主义的干扰而使监管不到位。

以上因素是导致煤矿成为高危行业的重要因素。

1.4 改变煤矿安全态势的对策

2009 年 2 月 22 日凌晨,山西屯兰煤矿发生瓦斯爆炸,造成 78 人死亡。屯兰煤矿是国有大型现代化矿井,曾经连续 5 年未发生事故,但仍然发生了重大事故。这次事故值得引起人们,特别是大型现代化矿井的管理者的思考:应该如何避免悲剧发生?

面对煤矿频发的事故,有人呼吁中国要用"重典",要用"最严厉的煤矿安全制度"。光是最严厉的煤矿安全制度能完全、彻底解决问题吗? 难也! 还是认真研究一下煤矿事故的致因,认真研究一下煤矿事故的"木桶理论"吧!

煤矿安全符合"木桶理论"。煤矿安全由 1.3 节中影响煤矿安全因素(事故致因)的若干个"木板"组成,如图 1-3 所示。从图中可知,只要有一块"木板"短缺,煤矿安全生产就会失去平衡,就可能发生事故。因此,要改变我国煤矿安全的态势,就需要针对 1.3 节中的影响因素逐一采取对策,方可达到预期效果。

鉴于我国煤矿地质和开采技术条件复杂多变、管理水平低、人员素质参差不齐的现状,在深入总结煤矿重大事故经验教训的基础上,完善事故预测和控制决策理论。采用信息技术手段,实现事故预测和控制决策的信息化、智能化和可视化已经成为煤矿安全控制的紧迫任务。应采取的对策如图 1-4 所示。

（1）强化安全思想意识。决策层要深刻认识到安全是企业的使命和责任,树立"尊重生命、守护生命"的安全理念;安全也是企业的最大经济效益,一切经济效益都是建立在安全基础上的,安全不能保证其他效益就无从谈起。

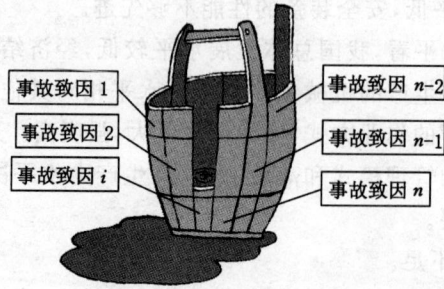

图 1-3 煤矿安全"木桶理论"

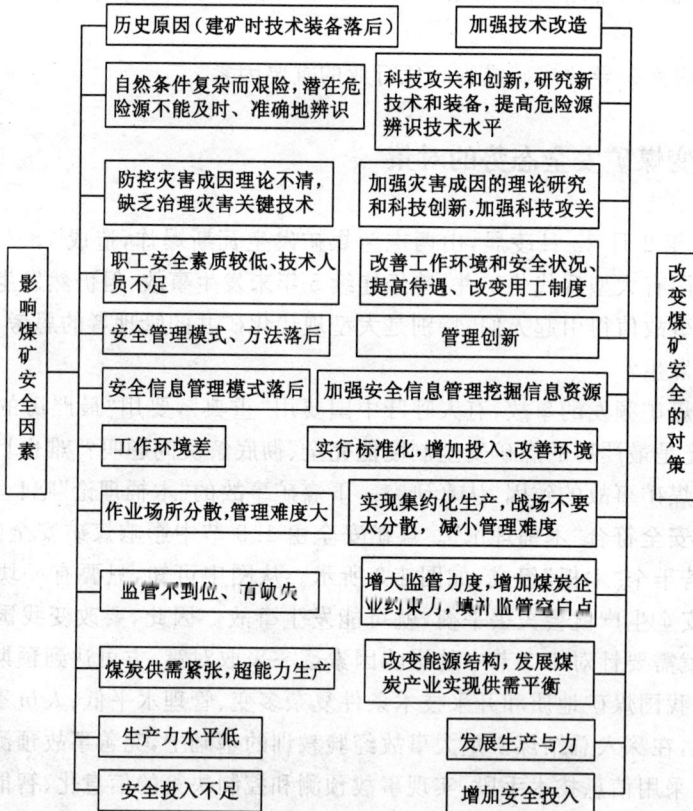

图 1-4 改变煤矿安全态势的对策

（2）改变煤矿的社会形象，要在招工时提高入矿人员素质和文化水平，从源头治理员工素质低的问题；改变煤矿职工安全培训模式，分类培训，增加安全教育的亲和力和亲切感，避免居高临下式的空洞说教，使煤矿职工们爱听并能主动思考安全问题，达到"随风潜入夜，润物细无声"的教育效果。

（3）改变事故管理模式，对事故和未遂事故要强调查清其原因和过程，吸取教训，避免同类事故再次发生；尽可能做到"事故申报无惩罚"，将事故作为资源的一部分。

（4）加强原始和动态安全信息的采集，如煤层参数、瓦斯参数、采动应力变化和分布。进行采掘工作面冲击地压事故的预测和控制、采掘工作面瓦斯和煤层突出事故的预测和控制。

（5）建立安全管理信息与决策支持系统，采用高新技术手段提高煤矿管理水平，避免决策盲目性。

（6）加大重大事故预测和控制理论及相关信息基础的研究，实现事故预测控制理论和信息技术的结合，把煤矿安全决策和实施管理推进到信息化、智能化和可视化以及科学定量管理的新阶段。

参考文献

[1] 联合国开发署（UNDP-CMS）. 加强中国煤矿安全保障能力建设，2007～2010 年.

2 矿井瓦斯地质与煤层瓦斯涌出特性

掌握煤层的瓦斯赋存规律、瓦斯的特征参数及其涌出规律是煤矿防控瓦斯灾害的基础工作,也是有效控制煤矿瓦斯事故的关键。

国内外研究实践证明,瓦斯分布是不均衡的,具有分区、分带赋存的特点,其分区、分带性与地质因素有密切关系。因此,编制符合实际的矿井瓦斯地质图,可为防治煤与瓦斯突出及瓦斯综合防治提供关键技术支撑。

2.1 煤层瓦斯的吸附特性

煤具有极其发育的微孔隙,有很大的比表面积。煤的天然孔隙率和裂隙率是煤的一个主要特征,它决定了煤吸附和储存气体(瓦斯)的性能。研究表明,瓦斯气体在煤内表面的吸附是物理吸附,其本质是煤表面分子和瓦斯气体分子之间相互吸引的结果;在煤体和孔隙内因瓦斯压力梯度而引起渗流作用,因浓度梯度的作用产生高浓度向低浓度扩散。瓦斯气体在向煤体深部进行渗流—扩散运移的同时,与接触到的煤体孔隙、裂隙表面发生吸附和脱附。运动着的气体分子热运动的动能随着温度、压力等条件的变化而改变。当动能增加,气体分子克服内部引力场,从煤的内表面脱离进入环境大气中。

煤的吸附能力不仅受煤岩自身的性质所制约,还受许多外部因素的影响,如温度、湿度、气体成分、粒度等。

目前广泛应用兰氏(Langmuir)等温吸附方程来描述煤层瓦斯的吸附态方程。Langmuir 方程的图示形式称为吸附等温线。其表达式为

$$V = V_L p / (p_L + p)$$

式中　　V——吸附量,cm^3/g;

　　　　V_L——Langmuir 体积,cm^3/g;

　　　　p_L——Langmuir 压力,MPa;

　　　　p——气体压力,MPa。

平煤十矿戊$_{9—10}$和己$_{15}$煤层的吸附参数如表 2-1 所列,其吸附等温线如图 2-1、图 2-2 所示。由表中数据可见,平煤十矿煤的吸附能力有着强烈的非均质性,兰氏体积变化范围为 $10.35 \sim 48.43$ m^3/t,兰氏压力变化范围为 $0.81 \sim 3.7$ MPa。

表 2-1 平煤十矿戊$_{9—10}$和己$_{15}$煤层吸附实验结果

样品编号	煤层	M_{ad}/%	A_{ad}/%	V_L/m³·t⁻¹	p_L/MPa	温度/℃
10—1	戊$_{9—10}$	2.0	15	36.28	1.79	40
10—2	戊$_{9—10}$	4.5	15.9	43.21	3.7	40
10—3	戊$_{9—10}$	4.5	15.9	41.98	1.3	30
10—4	戊$_{9—10}$	0.7	12.2	41.62	2.7	30
10—5	戊$_{9—10}$	4.9	14.8	48.43	1.43	30
10—6	戊$_{9—10}$	1.9	24.8	39.33	2.27	40
10—7	戊$_{9—10}$	0.89	14.92	18.16	1.77	30
10—8	己$_{15}$	1.7	8.5	32.79	2.78	30
10—9	己$_{15}$	0.9	12.09	10.35	0.81	30

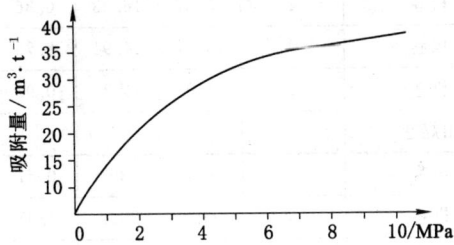

图 2-1 戊$_{9—10}$煤矿吸附等温线

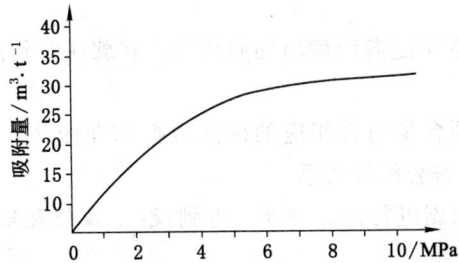

图 2-2 己$_{15}$煤吸附等温线

2.2 煤层瓦斯含量分布及预测研究

2.2.1 平煤十矿戊$_{9-10}$煤层瓦斯含量测定

采用直接法测定和勘探钻孔煤层瓦斯含量,结果见表 2-2。

表 2-2　　　　　　　　平煤十矿戊$_{9-10}$煤层瓦斯含量测定结果

序号	取样地点	孔号	CH$_4$	A	W	瓦斯含量	标高
			%	%	%	m³/t	m
1	−320 出煤巷	2	91.88	9.16	0.68	8.56	−296.5
2	−320 出煤巷	3	90.12	10.99	0.74	6.36	−293.0
3	−320 出煤巷	5	99.06	11.36	0.38	5.10	−279.8
4	20090 机巷	1	86.42	22.06	0.50	4.79	−237.0
5	20090 机巷	3	85.13	21.54	2.07	4.01	−222.8
6	20090 机巷	4	95.57	16.33	0.36	7.01	−219.0
7	20060 风巷	2	73.57	14.91	0.78	5.04	−185.0
8	20100 机巷	1	71.00	44.30	0.95	8.12	−390
9	−320 出煤巷					13.64	−320
10	20210 风巷		93.34	30	0.67	21.06	−516
11	20210 机巷		99.2	29.2	1.31	19.6	−552
12	21170 机巷					18.9	−450

2.2.2 戊$_{9-10}$煤层瓦斯含量随采深变化分析

整个井田瓦斯含量随着深度增加而增大。在郭庄背斜以北瓦斯含量随着深度增加的梯度变大。

将表 2-2 中瓦斯含量与其相应的标高数据描在图 2-3 上,其含量随深度增加而增大,两者基本符合线性关系。

对表 2-2 中的数据进行回归分析,得到戊$_{9-10}$煤层瓦斯含量 Q_{CH_4} 与标高 Z 关系方程式如下:

$$Q_{CH_4} = 0.048\ 1Z - 5.683\ 8 \tag{2-1}$$
$$R^2 = 0.831\ 4$$

式中　Q_{CH_4}——瓦斯含量,m³/t;

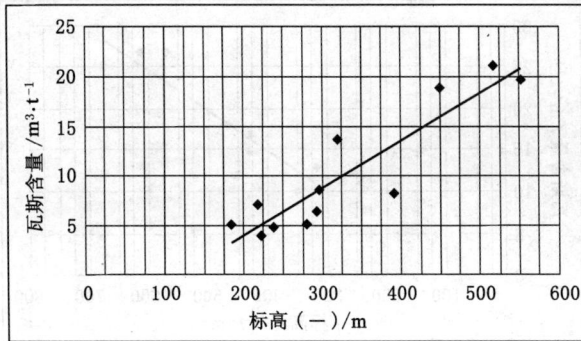

图 2-3　戊$_{9-10}$瓦斯含量与标高关系

Z——标高,m。

表 2-2 中的最低标高数据为 -552 m,在无较大地质构造条件下,-652 m 内的瓦斯含量可用式(2-1)进行预测。

2.2.3　己$_{15-16}$煤层瓦斯含量

瓦斯含量吸附实验结果见表 2-3。

表 2-3　　　　　　　　　　己$_{15-16}$煤层瓦斯含量测定结果

序号	取样地点	CH$_4$	CO$_2$	N$_2$	O$_2$	瓦斯含量	标高
		%	%	%	%	m^3/t	m
1	-320 南石门					12.7	-320
2	通排下山					16.6	-431
3	24020 机巷					18.0	-466
4	24060 机巷					26.8	-570
5	24070 风巷					10.2	-350
6	24070 机巷					14.9	-430
7	24090 机巷					27.2	-612
8	24110 机巷					25	-676

由表 2-3 可见,瓦斯含量随标高降低而增大,将瓦斯含量与其相应的标高描在图 2-4 上,两者基本符合线性关系。

对表 2-3 中的数据进行回归分析,建立己$_{15-16}$煤层瓦斯含量 Q_{CH_4} 与标高 Z

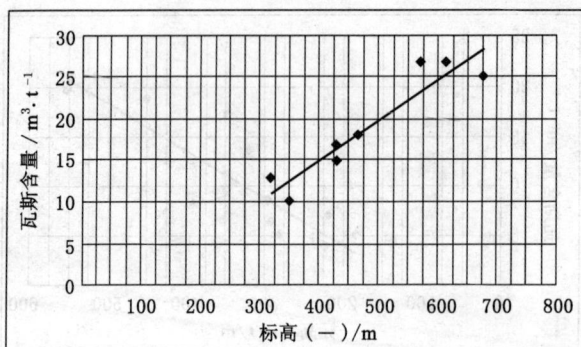

图 2-4 己$_{15-16}$煤层瓦斯含量与标高关系

关系方程为：

$$Q_{CH_4} = 0.048\,9H - 4.627\,2 \qquad (2-2)$$
$$R^2 = 0.874\,1$$

表 2-3 中的最低标高数据为 -676 m，在无较大地质构造条件下，-776 m 内的瓦斯含量可用式(2-2)进行预测。

2.3 煤层瓦斯涌出特征

2.3.1 采掘工作面瓦斯涌出量影响因素

采掘工作面瓦斯涌出量的大小，取决于自然因素和开采技术因素。

（1）自然因素

① 煤层和围岩的瓦斯含量。这是决定瓦斯涌出量多少的最重要因素。单一的薄煤层和中厚煤层开采时，瓦斯主要来自煤层暴露面和采落的煤炭，因此煤层的瓦斯含量越高，开采时的瓦斯涌出量也越大。若开采层存在有较大瓦斯含量的邻近层或围岩，由于受回采影响，在采空区上下形成大量的裂隙，邻近煤层或围岩层中的瓦斯就能流向开采煤层的采空区，再进入生产空间，从而增加瓦斯涌出量。在这种情况下，开采煤层的瓦斯涌出量有可能超过它自身的瓦斯含量。例如焦作矿务局中马村矿开采大煤的工作面，相对瓦斯涌出量为其瓦斯含量的 1.22~1.76 倍。

近年来经过对平煤十矿采煤工作面所积累的瓦斯、产量等相关信息的统计表明：矿井瓦斯分带和赋存规律比较明显，瓦斯含量分布受地质构造控制和影响明显,主要表现为在靠近向斜轴部瓦斯含量明显增大,在远离背斜轴瓦斯含量明显增大,这也有煤层埋深不断增加的影响因素。

② 地面大气压变化。地面大气在一年内夏冬两季的差值可达 5.3～8 kPa,有时一天内大气气压差值可达 2～2.7 kPa。地面大气压变化引起井下大气压的相应变化,它对采空区(包括采煤工作面后部采空区和封闭不严的老空区)或塌冒处瓦斯涌出的影响比较显著。当地面大气压突然下降时,瓦斯积存区的气体压力将高于风流的压力,瓦斯就会更多涌入风流中,使瓦斯涌出量增大。反之,瓦斯涌出量将减少。美国在 1910～1960 年间,有一半的瓦斯爆炸事故发生在大气压急剧下降时。因此在生产规模较大的老矿内,应掌握本矿区大气压变化与井下气压变化的关系和瓦斯涌出量的变化规律,如井下大气压变化的滞后时间、变化的幅度、瓦斯涌出量变化较大的地点等,以便有针对性地调整风量,加强瓦斯检查和机电设备的管理,预防事故的发生。

(2) 开采技术因素

① 开采深度。在甲烷风化带以下,一般情况下煤层和围岩的瓦斯含量随深度增加而增大。因此,随着开采深度的增加,相对瓦斯涌出量增大。

② 采掘速度。一般情况下,绝对瓦斯涌出量随采掘速度增加而增大;相对瓦斯涌出量的变化取决于瓦斯来源及其所占比例。以煤壁和落煤为主要来源的工作面,相对涌出量有可能随采掘速度增大而降低。

③ 采掘方法。综合机械化工作面推进度快、产量高,在瓦斯含量大的煤层内工作时,瓦斯涌出量很大。如阳泉煤矿机组工作面瓦斯涌出量可达 40 m³/min,工作面通风与瓦斯管理都很困难。

综采和综掘生产的采掘工作面瓦斯涌出比较均匀,瓦斯浓度波动幅度小;炮采和炮掘的工作面相对波动幅度要大于前者。

采空区丢失煤炭多,回采率低的采煤方法,采区瓦斯涌出量大。顶板管理采用陷落法比充填法能造成顶板更大范围的破坏和卸压,临近层瓦斯涌出量就比较大。采煤工作面周期来压时,瓦斯涌出量也会大大增加。据焦作焦西矿资料,周期性顶板来压时比正常生产时瓦斯涌出量增加 50%～80%。

④ 生产工艺。瓦斯从煤层暴露面(煤壁和钻孔)和采落的煤炭内涌出的特点是:初期瓦斯涌出的强度大,然后大致按指数函数的关系逐渐衰减。所以落煤时瓦斯涌出量总是大于其他工序。

落煤时瓦斯涌出量增大,增大值与落煤量、新暴露煤面大小和煤块的破碎程度有关。如风镐落煤时,瓦斯涌出量可增大 1.1～1.3 倍;爆破时,增大 1.4～2.0 倍;采煤机工作时,增大 1.4～1.6 倍;水采工作面水枪开动时,增大 2～4 倍。

⑤ 邻近煤层的距离和瓦斯含量。正常生产时,除其本煤层(或本分层)的瓦

斯涌出外,邻近的煤层(或未采的其他分层)的瓦斯也要通过回采产生的裂隙与孔洞渗透出来,使瓦斯涌出量增大。

⑥ 风量变化。在采煤工作面,采空区瓦斯涌出一般占较大比例,采空区瓦斯涌出取决于漏风压差,而采空区漏风压差又取决于工作面风量。因此,工作面风量大小对其瓦斯涌出有一定影响,影响程度取决于采空区瓦斯涌出所占的比例。采空区瓦斯涌出所占比例较大的工作面,风量对瓦斯涌出的影响也越大。

总而言之,影响采掘工作面瓦斯涌出量的因素是多方面的,应该通过经常和专门的观测,找出其主要因素和规律,才能采取有针对性的措施控制瓦斯的涌出。

2.3.2 平煤十矿戊$_{9-10}$煤层瓦斯涌出特征与预测

2.3.2.1 北翼中区

(1)北翼中区工作面瓦斯涌出特征分析

北翼中区工作面瓦斯涌出统计如表 2-4 所列。

表 2-4　　　　　　　　　戊$_{9-10}$北翼中区工作面瓦斯涌出表

工作面名称	产量/t	标高/m	埋深/m	相对瓦斯涌出量/m³·t⁻¹	绝对瓦斯涌出量/m³·min⁻¹
20080	2 541	−215	395	3.35	5.91
20080	3 332	−230	410	3.5	8.09
20100	2 380	−280	480	8.74	14.44
20100	2 959	−310	510	8.27	16.99
20100	2 863	−350	550	9.2	18.29
20120	2 756	−342	552	9.35	17.86
20120	1 894	−358	568	14.26	18.75
20130	2 644	−372	582	9.94	18.26
20130	1 866	−366	566	14.09	18.36
20160	2 344	−500	770	15.7	25.6
20160	2 328	−501	761	15.6	25.86
20170	2 191	−462	862	14.13	21.5
20170	2 206	−470	870	14.5	22.3
20190		−510	950	14.07	27.35
20190		−507	947	15.08	27.5

由表 2-4 可知,当生产条件基本不变时,北翼中区工作面相对瓦斯涌出量随着埋深增加而增大。通过对煤层瓦斯涌出量资料统计分析和大量的现场实测,平煤十矿戊$_{9-10}$煤层瓦斯涌出具有如下特征:

① 戊$_{9-10}$煤层属于高瓦斯煤层,目前采煤工作面瓦斯涌出量在 20～30 m³/min。

② 瓦斯涌出量随着埋深增加而增大,在郭庄背斜北翼东部较为明显,但局部也受背斜、向斜构造的影响,背斜轴附近涌出量低,向斜附近涌出量增加。工作面绝对瓦斯涌出量与标高之间关系如图 2-5 所示。

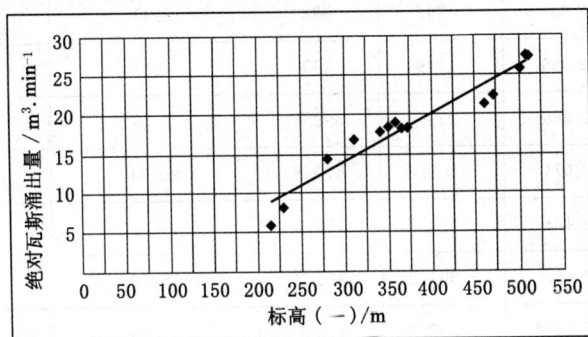

图 2-5　戊$_{9-10}$煤层绝对瓦斯涌出量与标高关系

③ 该单元位于郭庄背斜北翼中西部,向深部呈一单斜构造,顶板岩性对瓦斯涌出量有影响,砂岩比例高的地方,瓦斯涌出量减小,泥岩比例高的地方,瓦斯涌出量增加;在构造复杂、煤层变厚和倾角变大的区域,瓦斯涌出量大;采区西部煤层分层区域瓦斯涌出量明显降低。

(2)北翼中区工作面瓦斯涌出预测

根据表 2-4 统计资料分析,发现标高与绝对瓦斯涌出量有一定相关关系。应用回归分析方法建立对绝对瓦斯涌出量 Q 与标高 Z 之间关系如下:

$$Q = 0.060\ 7Z - 4.226\ 8 \tag{2-3}$$
$$R^2 = 0.936\ 8$$

式中　Q——绝对瓦斯涌出量,m³/min;

　　　Z——标高,m。

目前收集资料标高为－510 m,若煤层未遇较大的地质构造变化,在生产条件基本不变时,－610 m 采深以内的北翼中区工作面可用式(2-3)进行瓦斯涌出量预测。

2.3.2.2 北翼东区

(1) 北翼东区瓦斯涌出特征

北翼东区瓦斯涌出特征如表 2-5 所列。

表 2-5 北翼东区瓦斯涌出特征表

工作面名称	产量/t	标高/m	埋深/m	相对瓦斯涌出量/m³·t⁻¹	绝对瓦斯涌出量/m³·min⁻¹
21110	1 963	−246	386	6.69	9.1
21110	2 308	−248	388	8.41	13.48
21110	2 086	−249	399	7.21	10.44
21110	2 286	−249.5	399.5	7.78	12.35
21130	1 074	−300.8	470.8	20.31	15.15
21130	1 188	−303.5	473.5	19.4	16.01
21130	1 457	−301.2	471.2	15.53	15.71
21130	1 560	−302.2	172.2	12.78	13.8
21150	1 579	−352.2	532.2	18.58	20.37
21150	1 784	−360.0	550	16.52	20.47
21150	1 470	−361.0	551	21.56	21.47
21150	1 352	−362.4	552.4	21.28	19.98
21170	2 273	−406	606	15.1	23.3
21170	1 502	−420	620	19.7	20.6
21190	2 374	−475	751	12.43	20.5
21190	1 687	−491	741	50.5	24.1

北翼东区工作面瓦斯涌出特征分析如下：

① 将瓦斯涌出量与标高参数描在图 2-6 上，由图可见，工作面绝对瓦斯涌出量随着埋深增加而增大。

② 该地质单元位于郭庄背斜北翼东部 22 勘探线与 20 勘探线之间，向深部为单斜构造，在上部受郭庄背斜仰起端控制，构造挤压作用强烈，煤层顶板泥岩比例高，瓦斯涌出量较高。

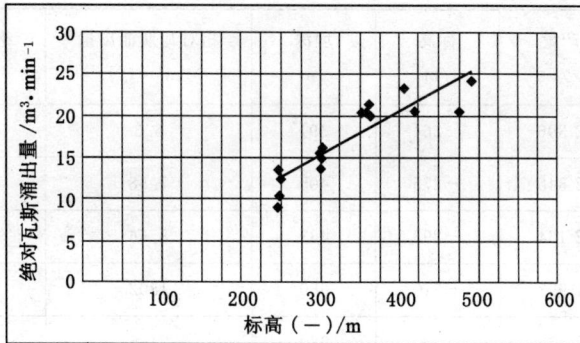

图 2-6　戊$_{9-10}$煤层北翼东区绝对瓦斯涌出量与标高关系

（2）北翼东区瓦斯涌出预测

根据表 2-5 统计资料分析，发现标高与绝对瓦斯涌出量有一定相关关系。应用回归分析方法建立对绝对瓦斯涌出量 Q 与标高 Z 之间关系如下：

$$Q = 0.052\ 6Z - 0.555\ 9 \tag{2-4}$$
$$R^2 = 0.799\ 3$$

式中　Q——绝对瓦斯涌出量，m^3/min；

$\quad\quad Z$——标高，m。

目前收集资料的最低标高为 -491 m，若煤层未遇较大的地质构造变化，北翼东区在生产条件基本不变时，-591 m 采深以内可用式（2-4）进行涌出量预测。

2.3.3　己组煤层瓦斯涌出特征与预测

（1）己$_{15-16}$煤层瓦斯涌出特征

平煤十矿己$_{15-16}$煤层有己二和己四采区回采，目前己二采区已回采结束，只有己四采区，所以己$_{15-16}$煤层只选取郭庄背斜北翼的己四采区。

采区主采煤层为己$_{16}$和己$_{15}$与己$_{16}$的合层。煤层厚度为 $3.4\sim4.3$ m，平均厚度为 3.67 m。25 勘探线以西，己$_{15}$与己$_{16}$分开，己$_{15}$煤厚为 $1.8\sim2.5$ m，平均厚度为 2.3 m，己$_{16}$煤厚为 $0.95\sim2.2$ m，平均厚度为 1.28 m。己$_{15}$与己$_{16}$分层后，由东向西间距逐渐从 0.3 m 增大为 13.1 m，由南向北间距逐渐变大。

己$_{15-16}$煤层己四采区瓦斯涌出参数统计如表 2-6 所列。

表 2-6　　　　　　　　　己₁₅₋₁₆煤层己四采区瓦斯涌出统计表

工作面名称	产量/t	标高/m	埋深/m	相对瓦斯涌出量/m³·t⁻¹	绝对瓦斯涌出量/m³·min⁻¹
24030	2 396	−261	391	6.3	10.49
24030	2 346	−275	405	7.58	12.35
24030	2 164	−293	433	8.56	12.87
24060	1 993	−510	680	1802	25.3
24060	2 609	−500	680	24.6	13.5
24070	1 458	−363	523	18.59	18.82
24070	1 833	−367	432	15.30	19.48
24070	1 933	−377	542	15.35	20.6
24070	1 832	−382	547	15.73	21.01
24090	2 461	−570	700	17	29.2
24090	1 659	−580	840	24.5	28.7
24110	1 762	−630	940	25.0	30.5

　　根据表 2-6 统计资料分析,发现标高与绝对瓦斯涌出量之间基本符合线性相关关系。将其数据描在如图 2-7 上,进行相关分析。

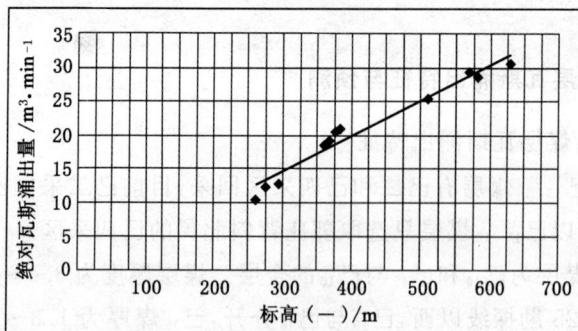

图 2-7　己₁₅₋₁₆煤层己四采区绝对瓦斯涌出量与标高关系

根据表 2-6 煤层瓦斯涌出量资料统计分析和大量的现场实测,平煤十矿己$_{15-16}$煤层瓦斯涌出特征如下:

① 己$_{15-16}$煤层属于高瓦斯煤层,在郭庄背斜两翼采煤工作面瓦斯涌出量为 20~30 m³/min。在平煤十矿向斜南翼,采煤工作面绝对瓦斯涌出量和相对瓦斯涌出量最高值为 17.0 m³/min 和 18.0 m³/t 左右。

② 瓦斯涌出量随着埋深而增加,在郭庄背斜北翼东部较为明显,但局部受褶皱构造影响,随着靠近向斜轴部,瓦斯涌出量明显增加。

③ 瓦斯涌出量的大小与顶板岩性的关系也很显著,砂岩比例高的地方,瓦斯涌出量减小,泥岩比例高的地方,瓦斯涌出量增加。

④ 煤层和构造煤厚度大的地方,瓦斯涌出量增加。

(2)己$_{15-16}$煤层己四采区瓦斯涌出量预测

应用回归分析方法建立对绝对瓦斯涌出量 Q 与标高 Z 之间关系如下:

$$Q = 0.052\,4Z - 1.115\,8 \tag{2-5}$$
$$R^2 = 0.958\,2$$

式中 Q——绝对瓦斯涌出量,m³/min;

  Z——标高,m。

目前收集资料标高为 −630 m,若煤层未遇较大的地质构造变化,在 −730 m 采深以内己$_{15-16}$煤层己四采区可用式(2-5)进行瓦斯涌出量预测。

2.4 采掘工作面瓦斯涌出规律与预测

掌握采煤工作面的瓦斯涌出来源可为制定治理措施提供依据。

采掘工作面瓦斯涌出量的影响因素很多。除受煤层瓦斯含量、煤层赋存条件、地质构造、煤层物理力学性质等客观因素影响之外,还受生产工艺、采掘速度等开采技术因素影响。

由于瓦斯的赋存具有区域性,因此根据研究对象测定数据总结得到的规律也具有区域应用的局限性,这是应引起注意的。

2.4.1 采煤工作面瓦斯涌出规律

采煤工作面瓦斯涌出的来源主要有三个方面:一是煤壁涌出瓦斯;二是采落煤体涌出的瓦斯;三是采空区涌出的瓦斯。前两部分瓦斯直接进入工作面的风流,人工可控性较差,成为必须由风流带走的瓦斯。第三部分瓦斯来源于采空区中的遗煤、邻近层(下分层)及围岩(未采煤体),主要从工作面上部的采空区和上隅角涌出,进入回风流,在回风隅角容易形成瓦斯积聚。

煤壁和落煤瓦斯的涌出量取决于生产工艺和推进速度。从平煤十矿高瓦斯工作面的统计分析看,第一、二部分瓦斯涌出量占总涌出量的 40% ~ 60%;第三部分瓦斯涌出量占总涌出量的 40% ~ 60%。由此可知,要减少采煤工作面瓦斯涌出量,只能靠抽放采空区瓦斯和预抽工作面前方煤体瓦斯来解决。由于受预抽时间、抽放条件,特别是煤层透气性的限制,直接抽放工作面前方煤体瓦斯的效果普遍较差,且采煤工作面总瓦斯涌出量的大部分来自采空区,因此,采煤工作面随采随抽方法是解决高瓦斯工作面回风瓦斯超限的根本方法。

己$_{15}$—22210 工作面采用综合机械化采煤,开采煤层埋深 510 ~ 550 m,倾斜长 150 m,煤层全厚 5 m 以上,煤层瓦斯含量 11 ~ 14.67 m³/t。

该工作面在开始生产 130 m 内,瓦斯涌出量逐渐增大,如图 2-8 所示。开采初期因掘进巷道时工作面瓦斯排放和切眼打钻抽放瓦斯,致使回采初期工作面瓦斯涌出量不大,为 5 ~ 6 m³/min,当工作面推进 30 m 以后瓦斯涌出量增加到 8 ~ 12 m³/min,即正常回采过程中工作面瓦斯涌出量平均为 10 m³/min 左右。

图 2-9 是正常生产时沿工作面倾斜方向瓦斯浓度变化规律。从图 2-9 可看出,瓦斯涌出量从输送机头到机尾逐渐增加,说明工作面瓦斯主要来源于工作面煤壁及采落煤炭(由于己$_{15}$距其他煤层间距在 70 m 以上,邻近层涌出量较小)。工作面在生产时总瓦斯涌出量为 10 m³/min,停产时总瓦斯涌出量为 7 m³/min,回采时比停产时增加 40% 左右,这部分增加量主要来源于工作面采落煤炭,说明落煤瓦斯涌出量所占比重较大。

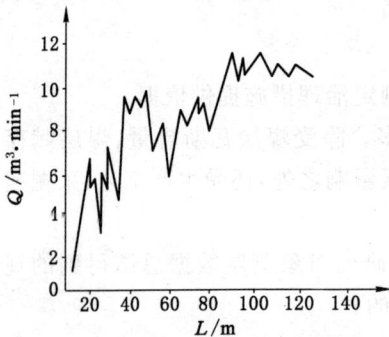

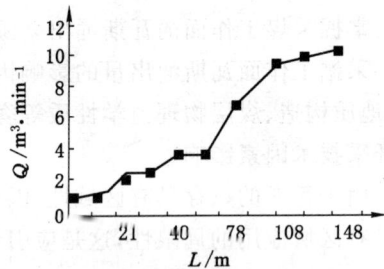

图 2-8　工作面回采初期　　　　图 2-9　正常生产时沿倾斜方向
　　　瓦斯涌出变化规律　　　　　　工作面瓦斯涌出变化规律

工作面瓦斯涌出不均衡系数 k 是瓦斯管理的重要参数,取决于工作面开采强度及落煤方式。正常回采过程中瓦斯浓度变化如表 2-7 所列,对表中数据进行整理得工作面瓦斯涌出不均衡系数最大为 1.82,平均为 1.26。

表 2-7   **工作面瓦斯回风浓度变化**

日期	回风巷浓度/%		瓦斯涌出不均衡系数	日产量
	最大	平均	k	/t
5.6	0.98	0.823	1.19	1 995
5.7	0.94	0.823	1.14	1 601
5.8	0.98	0.745	1.32	1 482
5.9	0.94	0.725	1.30	1 641
5.10	0.96	0.607	1.58	1 434
5.11	0.88	0.627	1.40	1 768
5.12	0.72	0.627	1.15	1 351
5.13	0.78	0.627	1.24	1 811
5.14	0.76	0.509	1.49	2 015
5.15	0.72	0.509	1.41	1 455
5.16	0.82	0.647	1.27	1 676
5.18	0.82	0.450	1.82	1 604
5.19	0.84	0.490	1.71	1 135
5.20	0.78	0.568	1.37	1 192
5.21	0.78	0.607	1.29	1 742
5.22	0.76	0.568	1.34	1 577
5.23	0.64	0.607	1.05	1 699
5.25	0.78	0.686	1.14	1 653
5.26	0.72	0.647	1.05	1 749
5.28	0.72	0.607	1.19	1 910
5.29	0.64	0.568	1.13	1 368
5.30	0.68	0.568	1.20	1 422
5.31	0.82	0.782	1.10	1 334
6.1	0.92	0.843	1.09	1 585
6.2	0.78	0.705	1.11	1 850
6.3	0.78	0.666	1.17	1 003
6.4	0.82	0.764	1.07	1 260
6.5	0.78	0.705	1.11	1 497
6.6	0.74	0.607	1.22	1 658
平均			1.26	

工作面瓦斯涌出量与日产量的关系是：当开采煤层的赋存条件、生产工艺和风量不变条件基本不变时，工作面相对瓦斯涌出量与日产量总体趋势呈反函数关系，即日产量低时，相对瓦斯涌出量就大，而日产量增加时，相对瓦斯涌出量反而小。当然随着日产量的不断增加，相对瓦斯涌出量降至某一值后保持相对稳定。

对于绝对瓦斯涌出量，则随着日产量的增加而增大，二者之间基本上呈线性关系。己$_{15}$—22210 工作面瓦斯涌出量与日产量的关系见表 2-8。

表 2-8　　　　　　　　　工作面绝对瓦斯涌出量与日产量的关系

日产量/t	绝对瓦斯涌出量/$m^3 \cdot min^{-1}$	相对瓦斯涌出量/$m^3 \cdot t^{-1}$
510	6.98	19.71
658	7.01	15.34
675	7.85	16.75
1 102	8.12	10.61
1 135	8.05	10.21
1 159	8.67	10.71
1 189	8.90	10.78
1 246	9.12	10.54
1 430	8.98	9.04
1 441	9.60	9.59
1 577	9.88	9.02
1 554	9.45	8.76
1 865	10.52	8.12
1 946	10.67	7.90
2 187	11.23	7.39
2 533	11.89	6.76
2 689	11.04	5.91
2 817	12.75	6.52

2.4.2　采煤工作面瓦斯涌出预测

采煤工作面的瓦斯涌出量是制定供风量和安全管理的重要依据，准确预测采煤工作面瓦斯涌出量对确保安全生产至关重要。

瓦斯涌出量的预测方法有四种，分别是 2006 年 2 月 27 日国家安全生产监督管理总局发布《矿井瓦斯涌出量预测方法》(AQ1018—2006)中提出的分源预测法与矿山统计法进行矿井和采掘工作面瓦斯涌出量预测;河南理工大学提出的瓦斯地质类比法;安徽理工大学于 2006 年提出的参数类比法。

(1) 矿山统计法

矿山统计法的实质是,根据现生产工作面已经积累的丰富的实测瓦斯资料,经过统计分析得出某一煤层瓦斯涌出量随开采深度的变化规律,并将其应用于推算新采煤工作面的瓦斯涌出量。

矿山统计法的具体操作方法:计算同一煤层风化带以下不同标高的两个已回采工作面的瓦斯涌出量,确定其标高(深度),按式(2-6)计算相对瓦斯涌出量随开采深度的变化梯度 a。

$$a = \frac{H_2 - H_1}{q_2 - q_1} \tag{2-6}$$

式中　a——相对瓦斯涌出量随开采深度的变化增深率,$m/(m^3 \cdot t)$;

　　　H_1——瓦斯风化带下较上阶段工作面开采深度(工作面中值),m;

　　　H_2——瓦斯风化带下较下阶段工作面开采深度(工作面中值),m;

　　　q_1——在 H_1 对应的工作面的相对瓦斯涌出量,m^3/t;

　　　q_2——在 H_2 对应的工作面的相对瓦斯涌出量,m^3/t。

则待预测工作面的相对瓦斯涌出量为

$$q = q_1 + a(H - H_1) \tag{2-7}$$

式中　q——预测工作面的相对瓦斯涌出量,m^3/t;

　　　H——预测工作面开采深度(工作面中值),m;

　　　H_1——预测工作面较上阶段工作面开采深度(工作面中值),m;

　　　q_1——预测工作面较上阶段工作面的相对瓦斯涌出量,m^3/t。

矿山统计法预测瓦斯涌出量的前提是认为瓦斯涌出量随采深呈线性变化趋势,因此,应用时其外推范围沿垂深不超过 100 m,沿煤层倾斜方向不超过 300 m。应用矿山统计法进行采煤工作面预测时,要求煤层的赋存条件不变,无复杂的地质构造。

(2) 分源预测法

分源预测法的实质是,按照采煤工作面同时涌出的瓦斯源及其瓦斯源涌出量的大小,来预测采煤工作面的瓦斯涌出源的瓦斯涌出量[7]。

采煤工作面瓦斯涌出量预测用相对瓦斯涌出量表达,以 24 h 为一个预测圆班,采用式(2-8)计算:

$$q_采 = q_1 + q_2 \tag{2-8}$$

式中　$q_采$——采煤工作面相对瓦斯涌出量,m^3/t;

q_1——开采层相对瓦斯涌出量,m³/t;

q_2——邻近层相对瓦斯涌出量,m³/t。

开采层相对瓦斯涌出量 q_1 计算分两种情况:

① 薄及中厚煤层不分层开采时,开采层相对瓦斯涌出量可由式(2-9)计算:

$$q_1 = K_1 \cdot K_2 \cdot K_3 \cdot \frac{m}{M}(W_0 - W_c) \qquad (2-9)$$

式中　q_1——开采层相对瓦斯涌出量,m³/t;

　　　m——开采层厚度,m;

　　　M——工作面采高,m;

　　　W_0——煤层原始瓦斯含量,m³/t;

　　　W_c——运出工作面后煤的残存瓦斯含量,m³/t;

　　　K_1——围岩瓦斯涌出系数,K_1 值选取范围为 1.1~1.3,全部陷落法管理顶板时碳质组分较多的围岩,K_1 取1.3,局部充填法管理顶板 K_1 取1.2,全部充填法管理顶板 K_1 取1.1,砂质泥岩等致密性围岩 K_1 取值可偏小;

　　　K_2——工作面丢煤瓦斯涌出系数,用回采率的倒数来计算;

　　　K_3——采区内准备巷道预排瓦斯对开采层瓦斯涌出影响系数,如无实测值,采用长壁后退式回采时可按式(2-10)计算。

$$K_3 = (L - 2h)/b \qquad (2-10)$$

式中　L——工作面长度,m;

　　　h——掘进巷道预排瓦斯等值宽度,m,如无实测值可按表 2-9 取值;

　　　b——巷道宽度,m。

表 2-9　　　　　掘进巷道预排瓦斯等值宽度

暴露时间 /d	不同各类煤预排瓦斯等值宽度 h/m		
	无烟煤	瘦煤、焦煤	肥煤、气煤长烟煤
25	6.5	9.0	11,5
50	7.4	10.5	13.0
100	9.0	12.4	16.0
160	10.5	14.2	18.0
200	11.0	15.4	19.7
250	12.0	16.9	21.5
300	13.0	18.0	23.0

② 厚煤层分层开采时,开采层相对瓦斯涌出量计算采用式(2-11)计算:

$$q_1 = K_1 \cdot K_2 \cdot K_3 \cdot K_f \cdot (W_0 - W_c) \tag{2-11}$$

式中　K_f——取决于煤层分层数量和顺序的分层瓦斯涌出系数,如无实测值可
　　　　　按参照表 2-10 和表 2-11 选取;

　　　　其他符号意义同前。

表 2-10　　　　　　　　　　　分层(两层或三层)开采 K_{fi} 值

两个分层开采		三个分层开采		
K_{f1}	K_{f2}	K_{f1}	K_{f2}	K_{f3}
1.504	0.496	1.820	0.692	0.488

表 2-11　　　　　　　　　　　　分四层开采 K_{fi} 值

分层	1	2	3	4
K_{fi}	1.8	1.03	0.7	0.47

邻近层相对瓦斯涌出量可用式(2-12)计算:

$$q_2 = \sum_{i=1}^{n} (W_{0i} - W_{ci}) \eta_i \cdot \frac{m_i}{M} \tag{2-12}$$

式中　q_2——邻近层相对瓦斯涌出量,m^3/t;

　　　　m_i——第 i 个邻近层煤层厚度,m;

　　　　W_{0i}——第 i 个邻近层煤层原始瓦斯含量,m^3/t,如无实测值可参照开采
　　　　　　层选取;

　　　　W_{ci}——第 i 个邻近层煤层残存瓦斯含量,m^3/t,如无实测值可参照开采
　　　　　　层选取。

　　　　η_i——第 i 个邻近层瓦斯排放率,%,如无实测值可参照按以下方法
　　　　　　选取:

① 当邻近层位于冒落带中时,$\eta_i = 1$。

② 当采高小于 4.5 m 时,η_i 按式(2-13)计算或按图 2-10 选取。

$$\eta_i = 1 - \frac{h_i}{h_p} \tag{2-13}$$

式中　h_i——第 i 邻近层与开采层垂直距离,m;

　　　　h_p——受采动影响顶底板岩层形成贯穿裂隙,邻近层向工作面释放卸压
　　　　　　瓦斯的岩层破坏范围,m。

③ 开采层顶、底板的破坏影响范围 h_p 按《建筑物、水体、铁路及主要井巷煤

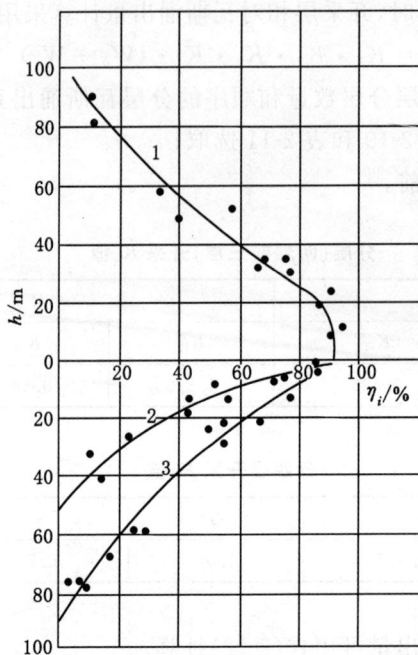

图 2-10 邻近层瓦斯排放率与层间距的关系曲线

1——上邻近层;2——缓倾斜煤层下邻近层;3——倾斜、急倾斜煤层下邻近层

柱留设与压煤开采规程》中附录六的方法计算。

④ 当采高大于 4.5 m 时,η_i 按式(2-14)计算:

$$\eta_i = 100 - 0.47 \frac{h_i}{M} - 84.04 \frac{h_i}{L} \tag{2-14}$$

式中　h_i——第 i 邻近层与开采层垂直距离,m;

　　　M——工作面采高,m;

　　　L——工作面长度,m。

(3) 类比法

该方法是由安徽理工大学提出的。所谓类比法即是在煤层赋存地质、开采方法和生产工艺相同的条件下,应用同一煤层已开采工作面瓦斯涌出量与产量之间的关系,预测下阶段工作面瓦斯涌出量。这种方法的优点是,由于利用的资料比较符合实际,而且容易获取,因此,这种方法进行预测的结果可靠性较强。

当煤层赋存和开采条件一定时,影响工作面瓦斯涌出量大小的最主要因素有煤层瓦斯含量、工作面产量和开采深度等。开采条件一定时含量与涌出量有相对固定的关系。因此,可利用式(2-15)预测瓦斯的绝对涌出量:

$$Q = a \cdot \Delta H + k \cdot A + b \qquad (2-15)$$

式中　Q——待预测工作面绝对瓦斯涌出量，m^3/min；

　　　ΔH——获取样本资料与预测工作面间高差，m；

　　　A——待预测工作面产量，t；

　　　k——绝对瓦斯涌出量与产量相关的系数，根据已回采工作面瓦斯涌出量
与产量数据进行相关分析，获得 $Q_0 = kA_0 + b$ 方程后反算，其中，Q_0
为获取样本资料工作面绝对瓦斯涌出量，m^3/min，A_0 为获取样本
资料工作面日产量，t，b 为系数；

　　　a——绝对瓦斯涌出量随开采深度的变化梯度，$m/(m^3 \cdot min)$，可由式
(2-16)计算：

$$a = \frac{H_2 - H_1}{Q_2 - Q_1} \qquad (2-16)$$

　　　H_1, H_2——已开采煤层某两个阶段的标高(风化带以下)，m；

　　　Q_1, Q_2——已开采煤层与标高 H_1、H_2 阶段相对应的绝对瓦斯涌出量，
m^3/min。

　　欲建立式(2-16)预测，关键是利用上阶段已生产工作面的瓦斯涌出量和产
量的样本资料求出 a、k 和 b。当高差较小时，可忽略瓦斯涌出量随高度的变化。

　　正确建立预测方程的关键是剔除坏数据，坏数据包括非正常生产日的产量
和瓦斯涌出量。具体操作过程如下：

　　① 确定数据源(样本)，即选择有代表性的工作面进行样本资料收集：日产
量与其相对应的绝对瓦斯涌出量，建立二维数据表(A_i, Q_i)。

　　② 确定最低日产量标准，当工作面产量低于最低日产量时，该组产量和瓦
斯涌出量数据剔除。

　　③ 瓦斯涌出量异常数据的去除。

　　影响工作面瓦斯涌出量变化的因素较多，类比法预测是基于两邻近工作面
共性的基础上进行的，因此对于那些偶然因素导致的瓦斯涌出量的变化不予考
虑，在进行预测时需将该类数据去除。偶然因素对瓦斯涌出量影响的主要表现
是，使瓦斯涌出量远远偏离其涌出变化趋势。去除该类异常数据的做法是：

　　a. 分别利用线性、多项式、指数和幂函数等数学模型对正常生产日瓦斯涌
出量数据(A_i, Q_i)进行回归分析比较，获得产量与瓦斯涌出量之间相关性最好
的回归方程：

$$Q_0 = f(A) \qquad (2-17)$$

　　b. 给定瓦斯涌出量的波动范围(20%～30%)。若按瓦斯涌出量波动范围
小于 30% 计算，绝对值误差满足式(2-18)的数据应删除：

$$\Delta Q = |\, Q_i - f(A_i)\, | > 0.3 \cdot f(A_i) \qquad\qquad (2\text{-}18)$$

④ 对删除后剩下符合条件的数据(A_i, Q_i)再进行回归分析,得出工作面产量与瓦斯涌出量的相关方程。

⑤ 与产量相关的瓦斯涌出量预测。

将被预测工作面产量代入 $f(A)$,即可求得某一产量时相对瓦斯涌出量。

类比法应用举例:对已$_{15}$—22210 工作面瓦斯绝对涌出量(表 2-8 中)数据经过上述处理过程后,绘制在图 2-11 上,并进行回归分析,得出绝对瓦斯涌出量与产量呈线性相关关系,其经验公式如下:

$$Q = 0.002\,3A + 5.933\,1 \qquad\qquad (2\text{-}19)$$
$$R^2 = 0.940\,5$$

式中　　Q——绝对瓦斯涌出量,m^3/min;

　　　　A——工作面日产量,t。

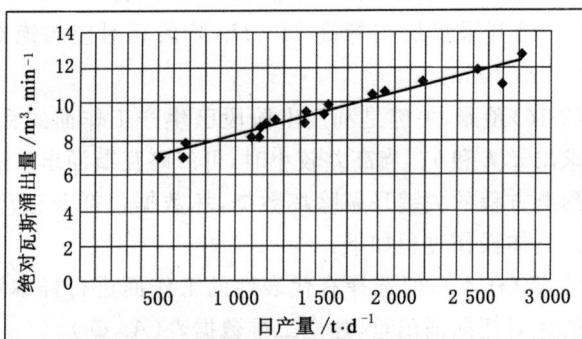

图 2-11　工作面绝对瓦斯涌出量与日产量的关系

若要考虑瓦斯梯度增大对绝对瓦斯涌出的影响量,还要在式(2-19)中增加 $a \cdot \Delta H$ 项。

同理,也可利用表 2-8 中的相对瓦斯涌出量的数据进行预测。经过相似的处理过程后,日产量与相对瓦斯涌出量数据绘制在图 2-12 上,并进行回归分析,得出相对瓦斯涌出量与产量呈线性相关关系,其经验公式如下:

$$q = 1\,123.9A - 0.656\,9 \qquad\qquad (2\text{-}20)$$
$$R^2 = 0.980\,5$$

式中　　q——相对瓦斯涌出量,m^3/t。

若要考虑瓦斯梯度增大对相对瓦斯涌出量的影响,还要在式(2-20)中增加 $a \cdot \Delta H$ 项。

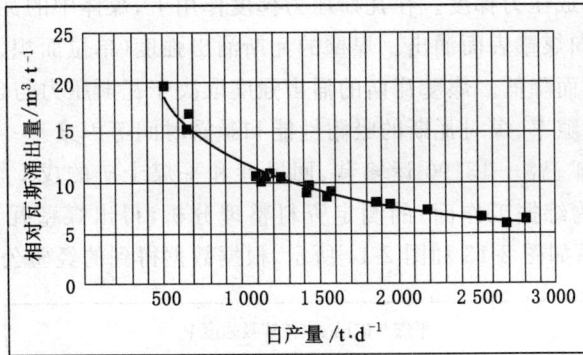

图 2-12 工作面相对瓦斯涌出量与日产量的关系

（4）瓦斯地质类比法

该方法是由河南理工大学提出的。瓦斯地质类比法的实质是，统计开采条件类似的生产矿井采掘工作面的瓦斯含量与瓦斯涌出量比值，并根据统计的采空区瓦斯涌出量系数和煤层钻孔瓦斯含量来预测矿井瓦斯涌出量。

$$q = k \cdot W \tag{2-21}$$

式中　q——采煤工作面瓦斯涌出量，m^3/t；

　　　W——预测工作面瓦斯含量，m^3/t；

　　　k——统计工作面相对瓦斯涌出量与瓦斯含量比值（取平均值）。

2.4.3　煤巷掘进工作面瓦斯涌出规律

掘进工作面瓦斯涌出量主要由掘进巷道煤壁瓦斯涌出量和落煤瓦斯涌出量两个部分组成。煤壁瓦斯涌出量除受地质、煤层厚度、煤层瓦斯含量等客观因素影响之外，还受破煤的生产工艺（炮掘、机掘）、巷道断面、掘进速度（暴露时间）等因素影响；落煤瓦斯涌出量受煤量、块度等因素影响。

根据国家"十五"攻关"综掘工作面瓦斯涌出预测技术的研究"结果，有如下基本结论：

（1）炮掘与综掘比较

① 因综掘落煤均匀，比炮掘瓦斯涌出均匀度好，瓦斯涌出的不均匀系数小。炮掘的不均匀系数最大为 5.49，综掘为 4.58。

② 综掘比炮掘的掘进速度快，绝对瓦斯涌出量高，相对瓦斯涌出量小。

（2）煤壁瓦斯涌出规律

煤体被破碎，暴露煤壁后出现卸压区，煤层中瓦斯压力的平衡状态遭到破坏,由里到外形成压力梯度。在瓦斯压力梯度作用下,煤体中的瓦斯沿裂隙和孔隙从煤体内部向煤壁表面涌出。煤壁的瓦斯涌出强度(单位面积、单位时间涌出量)随时间延长而降低。煤壁瓦斯的涌出强度取决于瓦斯压力与含量、煤层的裂隙发育程度、孔隙率、煤对瓦斯的吸附性能和暴露时间等因素。

对平煤八矿己$_{15}$—13190 运输巷、回风巷和平煤十矿的戊$_{9—10}$—20150 运输巷、回风巷(均为综掘工作面)的测定资料整理分析,得出煤壁瓦斯解吸强度 V 与时间 t 的关系如图 2-13 和图 2-14 所示,根据数据得到的经验公式为

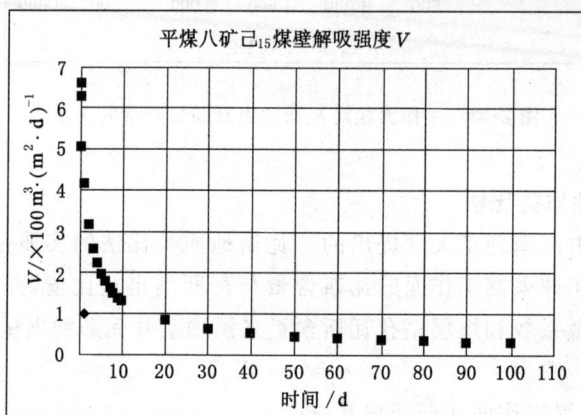

图 2-13　平煤八矿己$_{15}$煤层掘进煤壁瓦斯解吸强度与时间的关系

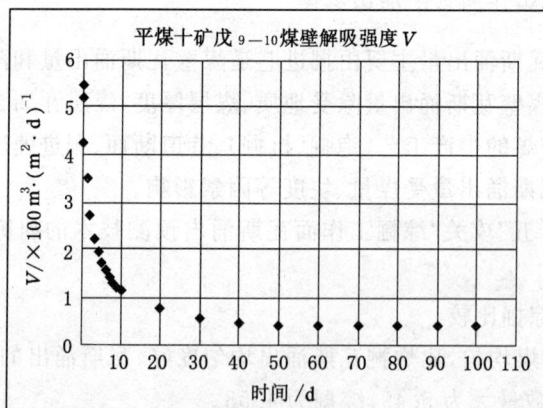

图 2-14　平煤十矿戊$_{9—10}$煤层掘进煤壁瓦斯解吸强度与时间的关系

平煤八矿己组煤：

$$V = 0.067\ 6(1+t) - 0.684\ 3 \tag{2-22}$$

平煤十矿戊组煤：

$$V = 0.055\ 3(1+t) - 0.653\ 3 \tag{2-23}$$

式中 V——巷道壁面瓦斯解吸强度，$m^3/(m^2 \cdot d)$。

t——时间，d。

（3）落煤瓦斯涌出规律

落煤的瓦斯解吸过程比较复杂。当瓦斯压力（含量）较大（高）时，解吸过程以渗透为主、扩散为辅；当瓦斯压力（含量）较小（低）时，解吸过程则以扩散为主。落煤的瓦斯涌出量取决于煤的块度和煤的解吸性能，块度越小，涌出速度越大，反之亦然。

对平煤十矿戊$_{9-10}$—20150综掘工作面运输和回风巷测定结果，得到落煤瓦斯解吸强度 V 与时间 t 关系的经验公式为

$$V = 0.020\ 8(1+t) - 0.892\ 9 \tag{2-24}$$

对八矿己$_{15}$—13190综掘工作面运输和回风巷测定结果，得到落煤瓦斯解吸强度 V 与时间 t 关系的经验公式为

$$V = 0.028\ 7(1+t) - 0.818\ 4 \tag{2-25}$$

当瓦斯渗出微弱时，煤块中瓦斯含量称之为残存瓦斯含量。残存瓦斯含量与暴露时间、变质程度有关。

（4）巷道壁面瓦斯排放深度 h

在平煤八矿己$_{16}$—13190工作面运输平巷、五二胶带机巷和平煤十矿戊$_{9-10}$—20150工作面的运输平巷和回风平巷，打90余钻孔，进行210 d观测，获得720个数据。根据数据绘制八矿己$_{15}$煤层和十矿戊$_{9-10}$煤层煤壁瓦斯排放深度随时间变化如图2-15和图2-16所示。对数据进行回归分析，得到瓦斯排放深度 h 与时间 t 关系的经验公式，如式(2-25)和式(2-26)所列。

平煤八矿己组煤：

$$h = 3 \times 10^{-6}t^3 - 0.001\ 2t^2 + 0.202\ 6t + 2.290\ 5 \tag{2-26}$$

$$R^2 = 0.992\ 2$$

平煤十矿戊组煤：

$$h = 2 \times 10^{-6}t^3 - 0.000\ 9t^2 + 0.179\ 2t + 2.421\ 3 \tag{2-27}$$

$$R^2 = 0.992\ 4$$

式中 h——巷道壁面瓦斯排放深度，m；

t——时间，d。

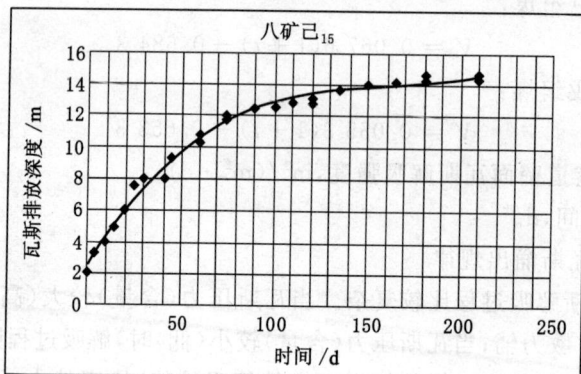

图 2-15　八矿己$_{15}$煤层煤壁瓦斯排放深度随时间变化

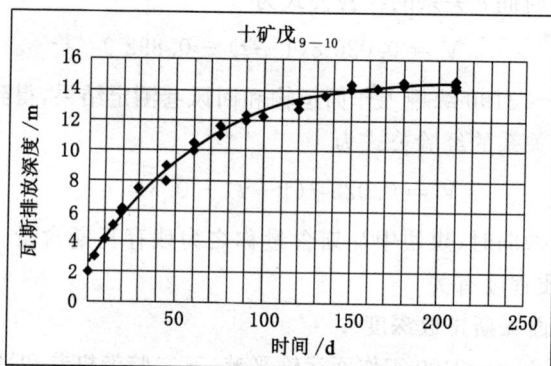

图 2-16　平煤十矿戊$_{9-10}$煤层煤壁瓦斯排放深度随时间变化

（5）掘进煤巷内沿长度方向瓦斯浓度分布

掘进工作面瓦斯涌出场分布如图 2-17 所示。具有如下特点：

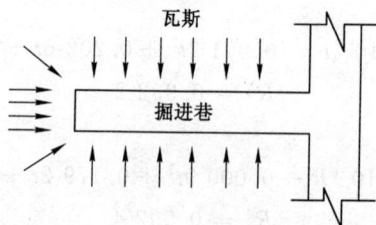

图 2-17　掘进工作面瓦斯涌出示意图

① 从工作面由里向外,单位长度上瓦斯涌出量逐渐减小。

② 由于沿途风量基本不变和瓦斯涌出量的积累,瓦斯浓度逐渐增加。

③ 不同工序瓦斯涌出量是不同的,破煤工序的瓦斯涌出量最大。研究最大涌出量时期的瓦斯涌出量对安全生产才有意义。

④ 由于风筒出风口距工作面有一定距离且靠近一侧,加之掘进设备影响,导致工作面风流的流场和瓦斯浓度场不均匀。

2.4.4 煤巷掘进工作面瓦斯涌出预测

掘进巷道瓦斯涌出量可由式(2-28)计算:

$$q = q_B + q_L \qquad (2\text{-}28)$$

式中　q_B——掘进巷道煤壁瓦斯涌出量,m^3/min;

q_L——掘进巷道落煤瓦斯涌出量,m^3/min。

（1）掘进巷道煤壁瓦斯涌出量

掘进巷道煤壁瓦斯涌出量采用式(2-28)计算:

$$q_B = D \cdot v \cdot q_0 \cdot \left(2\sqrt{\frac{L}{v}} - 1\right) \qquad (2\text{-}29)$$

式中　D——巷道断面内暴露煤壁面的周边长度,m;对于薄及中厚煤层,$D = 2m_0$,m_0 为开采层厚度;对于厚煤层,$D = 2h + b$,h 及 b 分别为巷道的高度及宽度;

v——巷道平均掘进速度,m/min;

L——巷道长度,m;

q_0——煤壁瓦斯涌出强度,$m^3/(m^2 \cdot min)$,如无实测值可参考式(2-29)计算:

$$q_0 = 0.026(0.000\,4(V^r)^2 + 0.16)/W_0 \qquad (2\text{-}30)$$

式中　V^r——煤中挥发分含量,%;

W_0——煤层原始瓦斯含量,m^3/t。

（2）掘进落煤的瓦斯涌出量

掘进巷道落煤的瓦斯涌出量采用式(2-30)计算:

$$q_L = S \cdot v \cdot \gamma \cdot (W_0 - W_c) \qquad (2\text{-}31)$$

式中　S——掘进巷道断面积,m^2;

v——巷道平均掘进速度,m/min;

γ——煤的密度,t/m^3;

W_0——煤层原始瓦斯含量,m^3/t;

W_c——运出工作面后煤的残存瓦斯含量,m^3/t,如无实测值可按下述方法确定:

煤的残存瓦斯含量 W_c，高变质煤瓦斯含量＞10 $m^3/(t \cdot r)$ 和低变质煤的 W_c 值可按表 2-12 选取，瓦斯含量＜10 $m^3/(t \cdot r)$ 的高变质煤可按式（2-32）选取。

表 2-12 纯煤的残存瓦斯含量取值

挥发分（V^t）/%	6～8	8～12	12～18	18～26	26～35	35～42	42～56
$W_c/m^3 \cdot (t \cdot r)^{-1}$	9～6	6～4	4～3	3～2	2	2	2

注：煤的残存瓦斯含量亦可近似地按煤在 0.1 MPa 压力条件下的瓦斯吸附量取值。

瓦斯含量＜10 $m^3/(t \cdot r)$ 的高变质煤按式（2-32）计算：

$$W_c = \frac{10.385e^{-7.207}}{W_o} \qquad (2\text{-}32)$$

式中　W_c——煤层中残存瓦斯含量，$m^3/(t \cdot r)$；

　　　W_o——煤层中原始瓦斯含量，$m^3/(t \cdot r)$。

2.5 煤层瓦斯压力

2.5.1 平煤十矿戊$_{9-10}$煤层瓦斯压力

戊$_{9-10}$煤层瓦斯压力测定结果见表 2-13。

表 2-13 戊$_{9-10}$煤层瓦斯压力测定结果

序号	取样地点	标高 /m	瓦斯压力 /MPa
1	－320 东区出煤巷	－305.5	1.2
2	20080 机巷	－323.5	1.12
3	20080 机巷	－317.5	1.14
4	20120 机巷	－404.7	0.96
5	20120 风巷车场	－443.8	0.78
6	21150 机巷	－395	1.61
7	21170 机巷	－460	1.89
8	20210 机巷	－553	2.12

注：20120 机巷和 20120 风巷车场两测点数据异常。

将表 2-13 中瓦斯压力与标高数据描在坐标图 2-18 上,并对其进行相关趋势分析,绘制相关曲线,建立对瓦斯压力 p 与标高 Z 之间方程式:

$$p = 0.004\,3Z - 0.156\,5 \qquad (2\text{-}33)$$
$$R^2 = 0.959$$

式中　p——瓦斯压力,MPa;

　　　Z——标高,m。

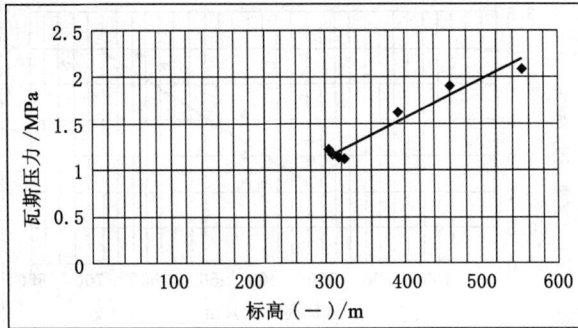

图 2-18　戊$_{9-10}$煤层瓦斯压力与标高关系

2.5.2　平煤十矿己$_{15-16}$瓦斯压力

己$_{15-16}$瓦斯压力测定结果见表 2-14。

表 2-14　　　　　　　　　　己组瓦斯压力测定结果

序号	取样地点	标高/m	瓦斯压力/MPa
1	−320 南石门	−318	1.45
2	通排下山	−403.5	1.07
3	通排下山	−403	1.1
4	通排下山	−431	2.07
5	通排下山下车场	−433	1.5
6	24060 机巷	−570	2.76
7	24090 机巷	−612	2.9
8	24110 机巷	−676	2.62

将表 2-14 中瓦斯压力与标高数据描在坐标图 2-19 上,并对其进行相关趋势分析,绘制相关曲线、建立对瓦斯压力 p 与标高 Z 之间方程式:

$$P = 0.005\,2Z - 0.587\,2 \qquad (2\text{-}34)$$

$$R^2 = 0.738\,1$$

式中 p——瓦斯压力,MPa;

   Z——标高,m。

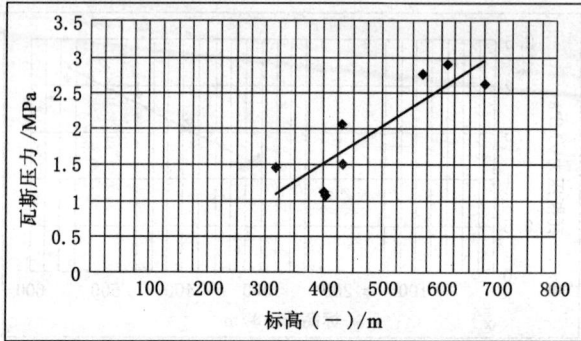

图 2-19 己₁₅₋₁₆瓦斯压力与标高关系

目前收集资料的最低标高为 $-676\,$m,若煤层未遇较大的地质构造变化,在 $-776\,$m 采深以内可用此公式进行瓦斯压力预测。

测定结果表明,随着标高的增加,压力的数值逐渐增大。

2.6 影响煤与瓦斯突出的地质因素

2.6.1 井田构造控制特征

井田总体为一由南西向北东倾斜的单斜构造,但是由南西(煤层露头)向北东(深部)依次分布着北西西向展布的平煤十矿向斜、牛庄逆断层、原十一矿逆断层、郭庄背斜、李口向斜。这是李口向斜形成时由南向北东推挤作用形成的。这些构造依次将井田分成平煤十矿向斜区,位于十矿向斜和郭庄背斜间、由牛庄逆断层和原十一矿逆断层共同作用形成的地垒区,郭庄背斜北翼区和李口向斜区四个构造区。从而也形成了两个断褶带,分别为原十一矿逆断层、赵庄逆断层、郭庄背斜断褶带和牛庄逆断层、F₂逆断层、十矿向斜断褶带。

(1)平煤十矿向斜区

十矿向斜是一个宽缓的向斜,煤层倾角5°～10°,又是位于靠近郭庄背斜的南翼,这两者实际上是一个共用翼。地垒区是由两个逆断层的上盘共同作用控制的隆起区,这本来是一个构造作用强烈的复杂区,如在戊五采区构造煤层厚度一般都在2 m以上。但是由于戊组煤大部分都处在始突深度以上,所以尚且还没有发生过煤与瓦斯突出。但是由于己组煤层埋藏深,在靠近两个逆断层附近的深部煤层就具有煤与瓦斯突出危险性。

(2)地垒区

由于牛庄逆断层靠近十矿向斜北翼、原十一矿逆断层靠近郭庄背斜的南翼,这两者是由两个逆断层上盘共同作用控制的地垒区。由于该区域构造作用强烈,对于埋藏深的己组煤层,在靠近两个逆断层附近的深部煤层就具有突出危险性。

(3)郭庄背斜北翼区

郭庄背斜是一个在井田中部强烈突起的褶皱构造,它在南东端仰起,北西端倾伏,由东到西贯穿整个井田。由背斜轴部向北翼,煤层倾角由5°增大至27°。这说明它是一个构造作用强烈的紧闭褶皱构造。煤层倾角的急剧变化是构造挤压变形作用的结果,戊组煤层、丁组煤层、己组煤层发生的40余次煤与瓦斯突出均位于煤层倾角急剧变化的该区。

(4)李口向斜区

李口向斜区南至地层倾角较大带,北至李口向斜核部,大部分属于李口向斜南西翼。

(5)原十一矿逆断层、赵庄逆断层、郭庄背斜断褶带

该断褶带位于井田中部,由原十一矿逆断层、赵庄逆断层、郭庄背斜三个构造要素组合而成。

(6)牛庄逆断层、F_2逆断层和十矿向斜断褶带

该断褶带位于井田中偏南部,和原十一矿逆断层、赵庄逆断层、郭庄背斜断褶带相距0.6 km左右,其构造要素有牛庄逆断层、F_2逆断层和十矿向斜断褶带。

(7)小型断裂构造

平煤十矿统计了千余条断层,落差小于2 m的断层占总数的85%。实践证明,煤与瓦斯突出往往发生在小断层附近,尤其是压扭性小构造。十矿小断层走向可分为四个向,分别是NWW向、NW向、NNE向、NEE向,NWW向是与NW向的大构造线一致的以压扭作用为主的次级断裂(曾经也发生过张扭作用);NNE向是与NEE向的大构造线方向一致的以张扭作用为主的次级断裂(曾经也发生过压扭作用);NW向和NEE向分别是来自南西北东推挤的主应

力作用产生的共轭断裂,是以剪切作用为主的。

调查了平煤十矿戊$_{9-10}$煤层发生的 8 次煤与瓦斯突出,发现有 6 次与落差小于 2 m 的断层有关,其中 5 次是正断层,1 次是逆断层,调查还发现巷道掘进由断层的下降盘向上升盘推进时更容易突出。例如,在郭庄背斜北翼戊$_{9-10}$—20090 机川发生的煤与瓦斯突出,在北翼中区 90 机川掘进至中设计巷位置 15 m(标高−247 m,垂深 430 m)处,于 1988 年 4 月 22 日施工中爆破诱导,发生了第一次煤与瓦斯突出。涌出瓦斯 1 500 m³,突出物粒度不均,无分选性,堆积坡度 32°,突出点也做过顶板和围岩完整,突出点处戊$_{9-10}$煤层厚度 4.5 m,软分层厚达 2.9 m,煤层倾角 22°,在距巷道迎头第一支架 3.5 m 处,有一条落差 1.5 m 的逆断层,横断该巷道掘进方向。突出点附近煤质松软,层理紊乱,突出前出现有片帮现象。突出是发生在断层下降盘向上升盘推进时。

2.6.2 影响瓦斯涌出量的地质因素

(1)地质构造影响情况

① 在靠近向斜轴部瓦斯涌出量明显增大,如己$_{15}$—22210 工作面。随着向平煤十矿向斜轴的靠近,瓦斯涌出量由 8.5 m³/min 逐渐增加到 12.4 m³/min。在戊$_{9-10}$—17131 工作面,随着向向斜轴的靠近,瓦期涌出量由 9.85 m³/min 逐渐增加到 15.45 m³/min。这种现象比较普遍。

② 在远离背斜轴瓦斯涌出量明显增大。如位于郭庄背斜轴部的戊$_{9-10}$—17040 工作面,随着工作面推进远离背斜轴,瓦斯涌出量由 5.14 m³/min 逐渐增加为 5.43 m³/min、7.98 m³/min、8.19 m³/min;又如戊$_{9-10}$—17020 工作面,随着工作面推进远离背斜轴,瓦斯涌出量由 1.92 m³/min 逐渐增加为 2.5 m³/min、2.74 m³/min、3.32 m³/min、3.52 m³/min,呈明显的规律性。这里也有煤层埋深不断增加的影响因素。

(2)煤层顶板岩性分析

一般来讲,在相同的开采条件下,煤层顶板为泥岩、碳质泥岩时,其隔气性好,有利于瓦斯的赋存,瓦斯涌出量就大;由于砂质泥岩的隔气比泥岩差,顶板为砂岩则有利于瓦斯的排放,这时瓦斯涌出量就会减少。可以看出在同一条件下,泥岩顶板的瓦斯涌出量比砂岩和砂质泥岩顶板的瓦斯涌出量大。

由于矿井戊、己组煤层顶板均为泥岩类(为方便统计,将泥岩、页岩、砂质泥岩、粉砂质泥岩归为泥岩类),仅就戊$_{9-10}$煤层顶板岩性进行分析,根据矿井范围内的 78 个钻孔统计戊$_{9-10}$煤层顶板 6 m 范围内泥岩和砂岩的厚度结果看出(为方便统计,将泥岩、页岩、砂质泥岩、粉砂质泥岩归为泥岩类),戊$_{9-10}$煤层顶板总体变化趋势是:2 m 范围内仅在局部钻孔附近有小面积的砂岩,大面积以泥岩为主。2～4 m 内砂岩的分布面积有所增加,并有孤立的砂岩区,泥岩分布较广,6 m 区域内砂岩面积大大增加,构成煤层基本顶。

戊$_{9-10}$煤层顶板砂泥岩分布与瓦斯赋存和瓦斯涌出量分布关系表现为:

① 北翼深部的西北区 259、258 钻孔处的直接顶、基本顶皆为砂岩,但砂岩面积有自下而上逐渐变小的趋势,说明沉积时河道向西北隅迁移,这一区段内因煤层顶板透气性好,有利于瓦斯的逸散,所以瓦斯含量相对较小。

② 北翼深部的东北隅,戊$_{9-10}$煤层顶板在 6 m 以内的岩性皆为致密的泥岩、页岩、砂质泥岩,6 m 以上才出现砂岩,瓦斯保存条件较好,瓦斯涌出量中等至较大。

③ 在中西部的 256 孔附近,戊$_{9-10}$煤层顶板有一段砂岩,但其上部又被约 55 m 的页岩、砂质泥岩覆盖,所以该区段的岩性对瓦斯仍具有屏蔽作用,因此预测瓦斯涌出量将会增大。

④ 矿井南翼,顶板砂岩随着距戊$_{9-10}$煤层顶板距离的增加,砂岩面积增大,透气性相对较好,该区段瓦斯涌出量普遍较小。

从横向看,戊$_{9-10}$煤层岩性表现有泥岩、页岩分布和砂岩分布区呈相互消长的关系。纵向上泥页岩所占比例自下而上逐渐减小,横向上出井田中部逐渐向四周减小。如在北翼中部 239、2314、22231 钻孔等区段范围内,戊$_{9-10}$煤层直接顶、基本顶均为泥岩、页岩,所以该区段瓦斯保存条件良好,瓦斯涌出量也将高于四周。

从总体情况分析,瓦斯涌出高值区段及异常点绝大多数分布在泥岩顶板范围内,其次在砂质泥岩顶板范围内也有少量分布。但在煤层直接顶、基本顶均为砂岩,而且基本顶以上又无很厚的泥岩、页岩时,这些区段瓦斯涌出量较小,如北翼西北区。当煤层直接顶为砂岩,但在基本顶以上是较厚的泥岩时,反映瓦斯保存条件较好,瓦斯涌出量也较大。当煤层直接顶为泥岩,但基本顶以上为砂岩时,瓦斯涌出量中等至较大。当煤层直接顶、基本顶均为泥岩、页岩时,如北翼中部区段,瓦斯涌出量则很大。顶板岩性分区是瓦斯地质研究的一种方法,它为我们分析瓦斯保存条件,探讨瓦斯地质规律和进行涌出量预测提供了依据。

2.6.3　影响煤与瓦斯突出的瓦斯因素

大于一定含量或涌出量(临界值)的高瓦斯赋存量是突出的必要条件。

大量实践证明煤层中赋存的高压瓦斯是瓦斯突出的主要能源,任何一个突出矿井都存在着一个综合地质作用条件下的煤与瓦斯突出的瓦斯赋存量临界值,这主要体现在瓦斯含量或瓦斯涌出量上。平煤十矿戊$_{9-10}$煤层发生煤与瓦斯突出的范围,瓦斯含量大于 8.5 m³/t 以上,采煤工作面绝对瓦斯涌出量大于 10 m³/min 左右以上,在具备这个条件下的其他地质条件才具有煤与瓦斯突出危险性。平煤十矿煤层赋存条件优越,瓦斯生成保存条件好,属于高瓦斯矿井。戊$_{9-10}$煤层标高 − 250 m 以深,采煤工作面绝对瓦斯涌出量都为 10 ∼ 20 m³/min,己$_{15}$煤层标高 − 350 m 以深,采煤工作面绝对瓦斯涌出量 10 ∼ 20 m³/min,这些是造成煤与瓦斯突出的必然条件。

2.7 平煤十矿煤层突出指标参数

2.7.1 戊$_{9-10}$中、东区煤样

通过采集煤样,测定其瓦斯放散初速度指标 Δp、坚固性系数指标 f 和综合指标 K,结果如表 2-15 所列。

表 2-15　　　　　　　　戊组煤样 Δp、f、K 测定结果

	序号	工作面及采样点位置	Δp	f	K
中区	1	戊$_{9-10}$—20160 机巷	9.85	0.13	76
	2	戊$_{9-10}$—20160 机巷	7.03	0.37	19
	3	戊$_{9-10}$—20160 机巷	6.2	0.84	7
	4	戊$_{9-10}$—20160 机巷掘进头	6.02	0.43	14
	5	戊$_{9-10}$—20190 采面	17.71	0.65	27
	6	戊$_{9-10}$—20190 采面 40 架	14.77	0.56	23
	7	戊$_{9-10}$—20190 采面	14.77	0.35	42
	8	戊$_{9-10}$—20190 采面	11.35	0.91	12
	0	戊$_{9-10}$—20190 采面	6.44	1.02	6
	10	戊$_{9-10}$—2008 米面	7	0.36	19.4
	11	戊$_{9-10}$—2008 采面风下 15 m	4.7	0.35	13.4
	12	戊$_{9-10}$—2008 采面机上 15 m	7	0.6	11.7
	13	戊$_{9-10}$—2008 采面机上 20 m	4	0.7	4.3
	14	戊$_{9-10}$—2008 采面风下 20 m	4	0.5	8
	15	戊$_{9-10}$—2008 采面机上 20 m	10	0.16	62.5
	16	戊$_{9-10}$—2008 采面机上 15 m	8	0.31	25.8
	17	戊$_{9-10}$—2008 采面风下 30 m	15	0.18	83.3

	序号	工作面及采样点位置	Δp	f	K
	18	戊$_{9-10}$—2008 采面机上 40 m	4	0.6	6.7
	19	戊$_{9-10}$—2008 采面风下 40 m	6	0.24	25
	20	戊$_{9-10}$—2008 风下 20 m	4	0.5	8
	21	戊$_{9-10}$—2008 采面机上 15 m	6	0.47	12.8
	22	戊$_{9-10}$—2008 采面风下 40 m	5	0.5	10
	23	戊$_{9-10}$—2008 采面机上 20 m	6	0.3	20
	24	戊$_{9-10}$—2008 采面风下 20 m	2	0.5	4
	25	戊$_{9-10}$—2008 采面 818 点里 70 m，机上 15 m	6	0.47	12.8
	26	戊$_{9-10}$—2008 采面 818 点里 70 m，风下 40 m	5	0.5	10
	27	戊$_{9-10}$—2008 采面 818 点里 42 m，机上 20 m	4	0.48	8
	28	戊$_{9-10}$—2008 采面 818 点里 70 m，风下 30 m	4	0.46	9
	29	戊$_{9-10}$—2008 采面 818 点里 19 m，机上 15 m	7	0.22	31.8
	30	戊$_{9-10}$—2008 采面 818 点里 70 m，机上 20 m	9	0.40	22.5
中 区	31	戊$_{10上}$—20130 机 304 点前 7.8 m	5	0.37	8.8
	32	戊$_{10上}$—20130 风 313 点前 36.5 m	7	0.28	25
	33	戊$_{10上}$—20130 风 317 点前 14 m	6	0.38	15
	34	戊$_{9-10}$—20130 机上分层 304 点前 48 m	6	0.67	10
	35	戊$_{9-10}$—20130 机下分层 304 点前 48 m	7	0.36	19
	36	戊$_{9-10}$—20130 风	6	0.56	11
	37	戊$_{9-10}$—20130 风	7	0.21	33.3
	38	戊$_{9-10}$—20130 机上 20 m	10	0.16	62.5
	39	戊$_{9-10}$—20130 采面机上 40 m	6	0.31	19.4
	40	戊$_{9-10}$—20130 采面机上 90 m	4	0.54	7.4
	41	戊$_{9-10}$—20130 采面机巷	4	0.55	7
	42	戊$_{9-10}$—20130 采面风下 30 m	4	0.55	7.3
	43	戊$_{9-10}$—20130 机巷	4	0.76	5.3
	44	戊$_{9-10}$—20130 机巷	4	0.56	7
	45	中区戊组通下 22 点前 40 m	12	0.27	44
	46	戊$_{9-10}$—20150 风巷	6	0.36	17
	47	戊$_{9-10}$—20150 采面	4	0.6	7
	48	戊$_{9-10}$—20150 机巷 510 点前 10 m	6.0	0.3	20

	序号	工作面及采样点位置	Δp	f	K
中区	49	戊$_{9-10}$—20150 机巷 510 点前 15 m	5.8	0.25	25
	50	戊$_{9-10}$—20150 机巷 514 点前 8 m	6.1	0.27	30
	51	戊$_{9-10}$—20150 机巷 514 点前 80 m	4	0.3	10
	52	戊$_{9-10}$—20150 机巷 516 点前 5 m	8	0.25	25
	53	戊$_{9-10}$—20150 机巷 518 点前 10 m	8	0.27	40
	54	戊$_{9-10}$—20150 机巷 520 点前 17 m	6	0.37	16
	55	戊$_{9-10}$—20150 机巷 522 点前 50 m	6	0.25	25
	56	戊$_{9-10}$—20150 风巷 1527 点前 20 m	4.5	0.34	20
	57	戊$_{9-10}$—20150 风巷 1527 点前 60 m	4	0.7	6
	58	戊$_{9-10}$—20150 风巷 1529 点前 20 m	6	0.3	30
	59	戊$_{9-10}$—20170 机巷	4	0.39	10
东区	1	戊$_{9-10}$—21110 风巷	4.7	0.51	9.2
	2	戊$_{9-10}$—21110 机巷	7	0.33	21.2
	3	戊$_{9-10}$—21130 机 36 点前 67 m	9	0.21	43
	4	戊$_{9-10}$—21130 机 38 点前 18 m	6	0.32	18.75
	5	戊$_{9-10}$—21130 风联 11 点前 60 m	4	0.3	13.3
	6	戊$_{9-10}$—21130 机 38 点前 55 m	2	0.3	6.6
	7	戊$_{9-10}$—21130 风联 14 里 16 m	4	0.3	13.3
	8	戊$_{9-10}$—21130 机 46 点前 50 m	4	0.28	14.3
	9	戊$_{9-10}$—21130 风巷联 14 点前 80 m	5	0.52	9.6
	10	戊$_{9-10}$—21130 切眼机上 28.8 m	5	0.37	13.5
	11	戊$_{9-10}$—21130 机巷外段	8	0.29	20
	12	戊$_{9-10}$—21130 采面机 1342 点前 1 m	4.6	0.3	25
	13	戊$_{9-10}$—21130 采面机 1340 点前 40 m	5	0.32	18
	14	戊$_{9-10}$—21130 采面机 1336 点前 40 m	5	0.3	20
	15	戊$_{9-10}$—21130 机巷 1336 点前 67 m	9	0.21	43
	16	戊$_{9-10}$—21130 机巷 1338 点前 18 m	6	0.32	18.75
	17	戊$_{9-10}$—21130 机巷 1338 点前 55 m	2.0	0.3	6.6
	18	戊$_{9-10}$—21130 机巷 1346 点前 50 m	4	0.25	14.3
	19	戊$_{9-10}$—21130 切眼机巷口向上 28.8 m	5	0.37	13.5
	20	戊$_{9-10}$—21130 风巷联 11 点前 60 m	4.0	0.3	13.3
	21	戊$_{9-10}$—21130 机巷 14 点前 16 m	4	0.3	13.2
	22	戊$_{9-10}$—21130 机巷联 14 点前 80 m	5	0.52	9.6
	23	戊$_{9-10}$—21150 机巷	2	0.36	6
	24	戊$_{9-10}$—21150 机巷	6	0.17	25

	序号	工作面及采样点位置	Δp	f	K
	25	戊$_{9-10}$—21150 机巷	4	0.67	6
	26	戊$_{9-10}$—21150 机巷	2	0.9	2
	27	戊$_{9-10}$—21170 采面 50 架	5.72	0.64	9
	28	戊$_{9-10}$—21170 采面	14.11	0.56	23
东	29	戊$_{9-10}$—21170 采面	19.51	0.53	37
区	30	戊$_{9-10}$—21170 采面	8.89	0.48	18
	31	戊$_{9-10}$—21170 采面	8.89	0.48	18
	32	戊$_{9-10}$—21170 采面	19.51	0.53	37
	33	戊$_{9-10}$—21170 采面 50 架	5.72	0.64	9
	34	戊$_{9-10}$—21170 采面	14.11	0.37	38

测定结果表明,随着标高的增加,突出指标数值越大。

2.7.2　己组煤层

通过采集己组煤样,测定其瓦斯放散初速度指标 Δp、坚固性系数指标 f 和综合指标 K 如表 2-16 所列。

表 2-16　　　　　　　己组煤层 Δp 、f 、K 测定结果

序号	采样点工作面	Δp	f	K
1	己$_{15}$—24030 风巷	8	0.07	114
2	己$_{15-16}$—24060 机巷	16.45	0.5	33
3	己$_{15-16}$—24060 机巷	8.41	0.51	16
4	己$_{15-16}$—24090 风巷	9.49	0.61	16
5	己$_{15-16}$—24090 风巷	13.06	0.32	40
6	己$_{15-16}$—24090 机巷	24.72	0.24	103
7	己$_{15-16}$—24090 机巷	15.43	0.43	36
8	己$_{15-16}$—24110	19.126	0.185	103
9	己$_{15-16}$—24110	17.037	0.667	26
10	己$_{15-16}$—24110	21.084	0.167	126
11	己$_{15-16}$—24110	23.108	0.171	135

根据煤样的测定结果，f 值随深度和地质构造的变化不明显，但 Δp、K 随埋藏深度和构造的影响而变化。

2.8 平煤十矿构造煤发育及分布特征

2.8.1 矿井构造特征

平顶山煤田位于秦岭构造带东部、淮阳山字型构造西反射弧东北侧，区内以宽缓的李口向斜及高角度正断层为主，次级褶皱及中型逆断层发育。平煤十矿位于李口向斜的南西翼向轴部的过渡区，井田内主要构造有平煤十矿向斜、郭庄背斜和 F_2 逆断层、牛庄逆断层、原十一矿逆断层、赵庄逆断层(如图 2-20 所示)，褶曲轴线与断层线的伸展方向大致平行，为北西—南东向，两条褶曲展布整个井田，F_2 断层和赵庄断层在井田内延伸 1 km 左右，牛庄逆断层与原十一矿逆断层组合成地垒构造形式，矿井构造分区明显，构造分区造成煤层瓦斯赋存、分布的不均衡。统计资料表明：倾角大于 $60°$ 的断层数目大于倾角小于 $30°$ 的断层数，断层落差小于 2.0 m 的占 85%，矿井内以高角度的小断层为主，深部采区断层密度降低而落差增加，对煤层破坏程度和影响范围扩大，煤、瓦斯突出危险性增加。

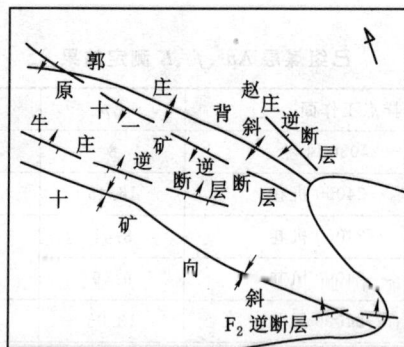

图 2-20 平煤十矿井田内主要地质构造分布图

平煤十矿戊、己组煤层的构造煤在地质构造稳定的区域内，均分布在两煤层合层结合部的夹矸上下，但在夹矸变薄的区域致使两层构造煤叠加，从而造成瓦斯赋存量大，煤体强度降低而容易发生动力现象，同时褶皱越强烈，其构造煤发育越强烈，发育不稳定的范围也越大。在不对称褶皱中一般变形大的陡翼构造煤发育更大,一般复式褶皱中的次级小褶皱带内构造煤发育变化量大。

2.8.2 戊$_{9-10}$煤层构造煤的分布

(1)根据井下观测、收集的资料进行统计,戊$_{9-10}$煤层构造煤分布在煤层柱状方向,紧挨夹矸的戊$_9$煤层构造煤较薄,煤厚为 0.2~0.6 m,夹矸下的戊$_{10}$煤层构造煤相对较厚,为 0.1~1.0 m。

(2)在标高-550~-350 m 区域内的戊$_{9-10}$煤层合层区,煤层倾角变化较大,戊$_{9-10}$煤层的中部分布着厚度稳定的构造煤。一般厚度 1.2 m 左右,-550 m 以下煤层倾角变缓,戊$_{9-10}$煤层夹矸逐渐增厚,戊$_{9-10}$煤层分叉,构造煤逐渐变薄。

2.8.3 己$_{15-16}$煤层构造煤的分布

构造煤在中、东部的己$_{15-16}$煤层合层区域,一般厚度在 0.1~1.2 m 左右。在西部己$_{15-16}$煤层分层区,紧挨夹矸的己$_{15}$构造煤厚度为 0.2~0.5 m,夹矸下的己$_{16}$构造煤厚度为 0.1~0.8 m。

2.9 平煤十矿瓦斯地质规律

矿井瓦斯地质图如图 2-21、图 2-22(图 2-21、图 2-22 见插页)所示。

根据平煤十矿井田采区构造特征、煤层瓦斯赋存特点,结合实验数据、瓦斯地质资料、煤与瓦斯突出和采掘工作面瓦斯涌出特征,煤层瓦斯地质规律如下:

(1)平煤十矿是一个构造复杂区域,整个井田被郭庄背斜、十矿向斜、原十一矿逆断层和牛庄逆断层一系列 NWW 向展布的压扭性构造带所贯穿,均是李口向斜形成时由南西向北东推挤作用形成的,由此决定了瓦斯储运、煤与瓦斯突出的分布规律,煤与瓦斯动力现象在受推挤作用形成的褶皱构造区处表现较明显。

(2)瓦斯涌出量向深部逐渐增大,并受地质构造的控制作用较为明显。

(3)瓦斯涌出量与煤层赋存厚度的变化存在很大的关联关系,煤层的分、合对瓦斯涌出量的控制作用明显,由于煤层合并分岔复杂,煤层厚度变化大,瓦斯压力大,瓦斯含量高,合层区域瓦斯涌出量明显增加,分层区域瓦斯涌出量有减小的趋势。

(4)平煤十矿历次突出的统计分析表明,突出前瓦斯涌出量、钻孔瓦斯涌出初速度 q 和钻屑量 S 的变化规律不明显,根据这些指标难以判定突出发生和措施的有效性。在突出发生地点,一般都存在煤层变软、倾角增大、构造发育等地质异常。就突出分布的区域性看,瓦斯放散初速度 Δp 的大小和突出危险带的分布具有一定的一致性。

(5) 应用瓦斯地质方法进行分区预测,对戊组及其中、东区和己组及己四采区的突出危险性进行了区域划分,结果如下。

① 戊组煤层突出危险区域划分结果:煤层瓦斯涌出量大于或等于 10 m^3/min 的区域划分为突出危险区域,瓦斯涌出量为 5~10 m^3/min 的区域为突出威胁区域,瓦斯涌出量小于 5 m^3/min 的区域为无突出危险区域。

② 中区突出危险区域划分结果:以戊$_9$ 与戊$_{10}$ 煤层夹矸厚度 5 m 为分界线,厚度达 5 m 以上的西北部区域为突出威胁区,厚度小于 5 m 为突出危险区。

③ 东区突出危险区域划分结果:整个戊组东区为突出危险区。

④ 己组煤层突出危险区域划分结果:以平煤十矿向斜南翼瓦斯涌出量 10 m^3/min 等值线为界,瓦斯涌出量大于或等于 10 m^3/min 等值线的区域为突出危险区域,瓦斯涌出量为 5~10 m^3/min 的区域为突出威胁区域,瓦斯涌出量小于 5 m^3/min 的区域为无突出危险区域。

⑤ 己四采区突出危险区域划分结果:以己$_{15}$ 与己$_{16}$ 煤层夹矸厚度 5 m 为分界线,厚度达 5 m 以上的西北部区域为突出威胁区,厚度小于 5 m 为突出危险区。

各区域具体范围以瓦斯地质图为准。

参考文献

[1] 袁崇孚. 构造煤和煤与瓦斯突出[J]. 瓦斯地质,1985,创刊号.

[2] 张铁岗. 矿井瓦斯综合治理示范工程[M]. 北京:煤炭工业出版社,2006.

[3] 郭德勇,韩德馨. 平顶山十矿构造煤结构成因研究[J]. 中国煤田地质,1996,8(3):22-25.

[4] 金玉明,衣冠勇. 平煤集团十矿己$_{15}$—22210 工作面瓦斯涌出规律[J]. 东北煤炭技术,1999,8(4):33-36.

[5] 廖斌琛. 采面瓦斯随采随抽方法及影响因素探讨[J]. 煤矿开采,2001,12(月增刊):42-46.

[6] 陈向军,王兆丰,贾东旭. 史山煤矿回采工作面瓦斯涌出量预测研究[J]. 煤炭科学技术,2007,35(5):87-89.

[7] 国家安全生产监督管理总局. 矿井瓦斯涌出量预测方法(AQ1018—2006),2006 年 2 月 27 日发布.

3 瓦斯爆炸防控技术

3.1 概述

瓦斯爆炸是目前煤矿中最为惨重的事故,其规模之大、频次之高、一次伤亡人员之多和经济损失之惨重均为事故之最,对社会产生的不良影响也最为严重。

据我全国煤矿 1991~2000 年统计,仅一次死亡 3 人以上瓦斯煤尘爆炸事故就发生 2 903 起,死亡 21 940 人,平均 1.3 天发生一起;其中发生 10 人以上特大瓦斯煤尘爆炸事故 532 起,死亡 10 192 人,相当于 7 天发生一起;其中发生一次死亡 50 人以上特别重大瓦斯煤尘爆炸事故 22 起,死亡 1 850 人。2002 年煤矿一次死亡 10 人以上的特大事故中,瓦斯爆炸事故就占 90% 以上。2003 年瓦斯爆炸事故占全国发生一次死亡 30 人以上特别重大事故占 42.86%。2004 年死亡人数超过 30 人的特别重大事故共 14 起,死亡 861 人,其中矿难 6 起,占 42.8%,而在这 6 起矿难中 5 起是煤矿瓦斯爆炸事故。2005 年 2 月 14 日辽宁阜新孙家湾煤矿瓦斯爆炸,死亡 214 人;2006 年 2 月 1 日山西寺河矿发生瓦斯爆炸,死亡 147 人;2009 年 2 月 20 日山西屯兰矿发生瓦斯爆炸,死亡 78 人。后两个矿井是目前我国现代化程度最高的矿井,可见瓦斯爆炸是残酷的。

平顶山矿区是我国较严重的瓦斯灾害矿区之一,历史上发生过 4 起重特大瓦斯爆炸事故。如 1993 年 5 月 8 日平煤十一矿一掘进工作面测试爆破母线产生明火,引起瓦斯爆炸,波及采煤工作面,死亡 39 人;1996 年 5 月 21 日平煤十矿一贯通采煤工作面多头扩帮引起瓦斯积聚,爆破引燃爆炸,死亡 84 人,经济损失巨大,教训惨痛。

平顶山矿区煤尘均具有爆炸危险性,历史上发生过 3 起煤尘参与的瓦斯爆炸严重事故。如 1960 年 11 月 28 日五矿发生瓦斯爆炸,引发煤尘爆炸,死亡 187 人;1976 年 11 月 13 日六矿发生煤尘爆炸,死亡 75 人,重伤 5 人,轻伤 9 人;1996 年 5 月 21 日,平顶山十矿己二采区己$_{15}$—22210 回采准备工作面发生特大瓦斯爆炸,灾害波及整个采区 2 个生产面、2 个准备面、3 个掘进面等地,死亡 84 人,伤 68 人,直接经验损失达 984.45 万元。

迄今为止,世界上各地煤矿发生了数以万计的瓦斯爆炸事故,每起瓦斯爆炸事故在事故的原因、地点、时间等方面都存在一定的特点,但是对大量事故进行统计分析发现,瓦斯爆炸事故从发生地点、引燃火源、瓦斯积聚原因、传播方式等方面呈现明显的统计规律。

国内外对瓦斯爆炸现象开展了大量的研究工作,取得了一些研究成果。但是,由于矿井瓦斯爆炸在参爆物质量、瓦斯浓度、发生环境和传播过程等方面各异,迄今还没能清楚阐明瓦斯爆炸传播全过程的本质,其爆炸的抑制技术还有待进一步研究。目前研究结果为:

在正常生产条件下,矿井巷道瓦斯爆炸为爆燃状态,矿井瓦斯爆炸的传播实际上爆炸冲击波的传播过程。但爆燃状态可向爆轰状态转化。

爆炸传播路线上的障碍物对瓦斯爆炸传播影响的实验和数值模拟研究,现已成为国内外研究者关注的重点。实验和数值模拟的结果表明,障碍物对爆炸压力和火焰传播都有较大影响。

煤矿瓦斯爆炸事故发生的原因是多方面的,除了爆炸的三个物理条件外,还与管理因素密切相关。对我国所发生的瓦斯事故的统计分析表明,绝大部分事故是由于管理失误造成的。技术和管理措施不到位,形成瓦斯积聚;瓦斯积聚后不能及时发现和处理;因人的有意和无意失误,产生引火源。这些因素交叉便会发生瓦斯爆炸。若矿井通风系统的回风不畅通、设有障碍物,则会阻碍爆炸气体排除,还可能发生风流逆转,致使灾害范围扩大。

瓦斯事故救援的风险很大,可伴生火灾、发生多次连续爆炸,造成救援人员伤害。这在我国救灾历史上屡见不鲜。

瓦斯爆炸事故发生影响因素众多,过程短暂,具有潜在性、突发性、破坏性和灾难性,事故现场破坏严重,致使事故调查取证相当困难。

煤矿瓦斯爆炸事故不仅严重影响煤矿的安全生产,而且会造成人民生命和财产的巨大损失,制约了煤炭工业的可持续发展。因此,研究煤矿瓦斯爆炸事故的预警防范控制技术是我国煤矿安全生产工作中迫切需要解决的重大课题。

3.2 煤矿瓦斯爆炸条件与参数

3.2.1 瓦斯爆炸的充要条件

(1)爆炸环境具备的必要条件是:

① 氧气浓度>12%;

② 瓦斯爆炸下限为 5%～6%,上限为 14%～16%;

③ 一定能量的点燃火源。

(2) 爆炸环境具备的充分条件是:在氧气浓度＞12％环境中,浓度在爆炸界限内,瓦斯与火源相互作用。

三个必要条件缺一不可,但仅满足必要条件不满足充分条件也是不会发生爆炸的。

3.2.2 瓦斯爆炸影响因素

(1) 瓦斯浓度

理论分析和试验研究表明:在正常的大气环境中,瓦斯只在一定的浓度范围内爆炸,这个浓度范围称为瓦斯的爆炸界限,其最低浓度界限叫爆炸下限,其最高浓度界限叫爆炸上限。瓦斯在空气中的爆炸下限为 5％～6％,上限为14％～16％。

瓦斯浓度低于爆炸下限时,遇高温火源并不爆炸,只能在火焰外围形成稳定的燃烧层。浓度高于爆炸上限时,在该混合气体内不会爆炸,也不燃烧,如有新鲜空气供给时,可以在混合气体与空气的接触面上进行燃烧。

在正常空气中瓦斯浓度为 9.5％时,化学反应最完全,产生的温度与压力也最大。瓦斯浓度在 7％～8％时最容易爆炸,这个浓度称为最优爆炸浓度。

必须强调指出,瓦斯爆炸界限不是固定不变的,它受到许多因素的影响,其中重要的有以下几个因素。

① 氧的浓度。正常大气压和常温时,瓦斯爆炸浓度与氧浓度关系形成柯瓦德爆炸三角形(如图 3-1 所示)。该图呈三角形,所以称为爆炸三角形。图中 AD

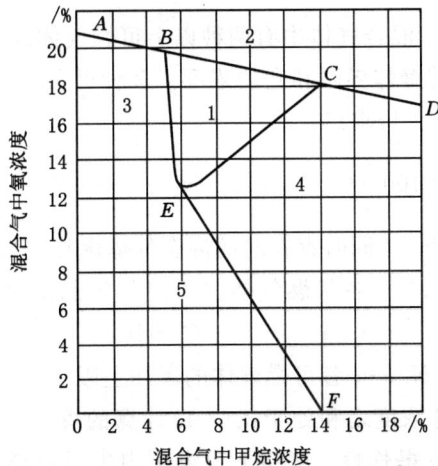

图 3-1　柯瓦德爆炸三角形

线表示新鲜空气中甲烷增加时,氧浓度相应降低后的数值。这时甲烷的爆炸下限位于 B 点($5\%CH_4$,$19.88\%O_2$),上限位于 C 点($15\%CH_4$,$17.79\%O_2$)。当氧浓度因惰性气体(N_2 或 CO_2)的掺入而降低时,甲烷的爆炸下限略有增大(如 BE 线所示),爆炸上限则明显降低(如 CE 线所示),两条爆炸浓度变化曲线相交于 E 点。该点称为爆炸临界点,其坐标根据混合气体中除甲烷、空气以外,掺入的惰性气体成分的不同而不同。例如掺入 CO_2 时,E 点坐标为 $5.96\%CH_4$ 和 $12.32\%O_2$;掺入 N_2 时,E 点坐标为 $5.18\%\ CH_4$ 和 $9.47\%O_2$。图中 BEC 三角形内为爆炸区,若甲烷和氧浓度的坐标位于该三角形内,那么这种混合气体遇高温火源就能爆炸。三角形以外的右侧为甲烷浓度过大不爆炸区,但掺入新鲜空气后,坐标点则可移入三角形内,成为有爆炸危险的混合气体。三角形以外的左侧为甲烷浓度和氧浓度不足的不爆炸区。氧浓度降低时,爆炸下限变化不大(BE 线所示)爆炸上限则明显降低(如 CE 线所示)。氧浓度低于 12% 时,混合气体就失去爆炸性。

《煤矿安全规程》规定,井下工作地点的氧气浓度不得低于 20%。上述关系似乎没有实际意义,但在密闭区,特别是密闭火区内,情况却不同,其中往往积存有大量瓦斯,且有火源存在。只有氧浓度很低时,才不会发生爆炸。如果重开火区,或火区封闭不严而大量漏风时,新鲜空气不断流入,氧气浓度达到临界浓度(一般为 12%)以上时,就可能发生瓦斯爆炸。爆炸三角形对火区封闭或启封时以及惰性气体灭火时判断有无瓦斯爆炸危险,具有一定的参考意义。所以当高瓦斯的火区封闭与启封,都必须制定专门的防止瓦斯爆炸的措施。

② 其他可燃气体。混合气体中有两种以上可燃气体同时存在时,其爆炸界限决定于各可燃气体的爆炸界限和它的浓度。多种可燃气体同时存在的混合气体的爆炸界限,可由式(3-1)求出:

$$N = 100/(C_1/N_1 + C_2/N_2 + \cdots + C_n/N_n) \tag{3-1}$$

式中　N——多种可燃气体同时存在时的混合气体爆炸上限或下限,%;

　　　$C_1,C_2,C_3,\cdots,C_n$——各可燃气体占可燃气体总的体积百分比,%,$C_1 + C_2 + C_3 + \cdots + C_n = 100\%$;

　　　$N_1,N_2,N_3,\cdots,N_n$——各可燃气体的爆炸上限或下限,%。

如果多种可燃气体浓度之和处于式(3-1)计算的爆炸上、下之间,那么这一混合的可燃气体就具有爆炸性。表 3-1 为煤矿内常见可燃气体的爆炸上限和下限。

表 3-1 煤矿内常见可燃气体的爆炸上限和下限

气体名称	化学符号	爆炸下限/%	爆炸上限/%
甲烷	CH_4	5.00	16.00
乙烷	C_2H_6	3.22	12.45
丙烷	C_3H_8	2.40	9.50
氢气	H_2	4.00	74.2
一氧化碳	CO	12.50	75.00
硫化氢	H_2S	4.32	45.00
乙烯	C_2H_4	2.75	28.6
戊烷	C_5H_{12}	1.40	7.80

式(3-1)适用于烃类与 CO 等混合气体。该式应用的条件是预先知道混合气体中可燃组分及其浓度。因此,只有具备连续取样,并用计算机处理数据时,才具有实际意义。

③ 环境温度。甲烷—空气混合气体爆炸界限与环境温度的关系如表 3-2 所列。从表中可以看出,随着环境温度的升高,甲烷爆炸下限降低,上限升高,即爆炸界限扩大。

表 3-2 甲烷—空气爆炸界限与环境温度的关系

环境温度/℃	爆炸下限/%	爆炸上限/%
20	6.00	13.40
100	5.45	13.50
200	5.05	13.80
300	4.40	14.25
400	4.00	14.70
500	3.65	5.35
600	3.35	16.40
700	3.25	18.75

④ 环境压力。环境压力的高低对甲烷—空气混合气体的爆炸界限也有影响。实验表明,随着环境压力的升高,甲烷的爆炸下限变动很小,而上限升高很大。可爆性气体压力增高,使其分子间距更为接近,碰撞几率增高。因此使燃烧反应易进行,爆炸极限范围扩大。例如,环境压力为 1.0 MPa 时,甲烷的爆炸下限为 5.9%,上限为 17.2%。这种情况可以发生在密闭火区的连续爆炸时。

⑤ 煤尘。煤尘具有爆炸危险,300～400 ℃时就能从煤尘内挥发出多种可燃气体,形成混合的爆炸气体,使瓦斯的爆炸危险性增加。

⑥ 惰性气体。惰性气体的混入使氧气浓度降低,并阻碍活化中心的形成,可以降低瓦斯爆炸的危险性。例如,加入 N_2 或 CO_2 可使瓦斯的爆炸下限提高,上限降低。加入 25.5% 或 36% 的 N_2,可以使任何浓度的瓦斯失去爆炸性。

⑦ 火源的点燃能量。火源点燃甲烷时释放的能量越大,甲烷的爆炸范围也就越宽,如表 3-3 所列。

表 3-3 　　　　　　　　　　**点燃能量对甲烷爆炸界限的影响**

火源点燃能量/J	爆炸下限/%	爆炸上限/%
1	4.9	13.8
10	4.6	14.2
100	4.25	15.1
1 000	3.60	17.5

(2) 瓦斯爆炸的热能参数

瓦斯的最低点燃温度和最小点燃能量决定于空气中的瓦斯浓度、环境压力、火源的能量及其放出强度和作用时间。正常环境下点燃瓦斯—空气混合气体的最低温度为 650 ℃,最低点燃能量为 0.28 mJ。煤矿井下的明火、煤炭自燃、电弧(平均 4 000 ℃)、电火花、赤热的金属表面以及撞击和摩擦火花,都能点燃瓦斯。此外,采空区内砂岩悬顶冒落时产生的碰撞火花也能引起瓦斯的燃烧或爆炸。前苏联的研究认为,岩石脆性破裂时,它的裂隙内可以产生高压电场(达 108 V/cm),电场内电荷流动,也能导致瓦斯燃烧。

0.28 mJ 的点燃能量就足以引起瓦斯爆炸,因此,瓦斯爆炸的点燃源是最难控制的因素。

从空间上来看,点燃是从很小的一个点发展开来的,因此,集中放散的任何形式的能量都很容易点燃瓦斯,而均匀加热的一块热板,只有达到很高的温度(如接近瓦斯的自燃温度 650 ℃)才能点燃瓦斯。例如,从顶板落下的一块岩石,如果是落在输送机胶带上,则能量被柔软的胶带分散,因此很难引燃瓦斯;而如果是落在坚硬的机械设备表面或岩石上,能量集中在撞击点上放散,则很可能产生足以引燃瓦斯的火花。

实验表明,高能量的点燃源可以引起更加强烈的爆炸,而且瓦斯空气混合气体的爆炸下限也大大降低,10 000 J 的点燃源可以引爆浓度 3.6% 的瓦斯。

前苏联的研究认为,火源性质对甲烷—空气混合气体的点燃温度影响很大。

火源性质是指它向大气中释放的能量的大小,能量的集中程度,能量放出的强度和作用时间等。例如,绝热压缩时,甲烷—空气混合气体的点燃温度为 565 ℃;与赤热表面接触时为 650 ℃;冲击波波速 1 200～1 350 m/s 时,其波后的着火温度为 500 ℃。

煤矿井下的明火(火柴 1 200 ℃,香烟吸烟时 650～800 ℃,香烟点燃未吸时 450～550 ℃)、煤炭自燃、电弧(平均 4 000 ℃)、电火花、爆破(可达 2 000 ℃)、赤热的金属表面(可达 1 500 ℃)以及撞击和摩擦火花(977～2 800 ℃),都能点燃甲烷—空气混合气体。此外,采空区内砂岩悬顶冒落时,也能引起采空区内的瓦斯爆炸。

安全火花型电气设备通过限制电路的参数,使之在电路切换时放电的能量低于工作环境中可燃气体的最小点燃能量。

(3) 瓦斯引火延迟性

瓦斯与高温热源接触后,不是立即燃烧或爆炸,而是要经过一个很短的间隔时间,这种现象叫引火延迟性,间隔的这段时间称为感应期。感应期的长短与瓦斯的浓度、火源温度和火源性质有关,而且瓦斯燃烧的感应期总是小于爆炸的感应期,表 3-4 为瓦斯爆炸的感应期。由此可见,火源温度升高,感应期迅速下降,瓦斯浓度增加,感应期略有增加。

表 3-4 　　　　　　　　　　瓦斯爆炸的感应期

瓦斯浓度 /%	火源温度/℃						
	775	825	875	925	975	1 075	1 175
	感应期/s						
6	1.08	0.58	0.35	0.20	0.12	0.039	
7	1.15	0.6	0.36	0.21	0.13	0.041	0.010
8	1.25	0.63	0.37	0.22	0.14	0.042	0.012
9	1.3	0.65	0.39	0.23	0.14	0.044	0.015
10	1.4	0.68	0.41	0.24	0.15	0.049	0.018
12	1.64	0.75	0.44	0.25	0.16	0.055	0.020

瓦斯爆炸的感应期,对煤矿安全生产意义很大。在井下高温热源是不可避免的,但关键是控制其存在时间在感应期内。例如,使用安全炸药爆炸时,其初温能达到 2 000 ℃ 左右,但高温存在时间只有 $10^{-7}～10^{-6}$ s,都小于瓦斯的爆炸感应期,所以不会引起瓦斯爆炸。如果炸药质量不合格,炮泥充填不紧或爆破操作不当,就会延长高温存在时间,一旦时间超过感应期,就能发生瓦斯燃烧或爆

炸事故。为了安全,井下电气设备必须采用安全火花型或隔爆型,将电火花存在的时间控制在 $10^{-6} \sim 10^{-2}$ s 内,电弧存在时间在 $10^{-4} \sim 1$ s 内。

3.3 瓦斯爆炸的演化与传播过程

发生在煤矿井下的瓦斯爆炸属于可燃气体爆燃现象。

3.3.1 瓦斯爆炸的化学原理

矿井瓦斯爆炸是一定浓度的甲烷和空气中的氧气在高温热源的作用下发生激烈氧化反应的过程,并伴随有强烈力学效应的现象。化学反应式可概括为

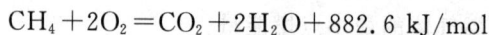

$$CH_4 + 2O_2 = CO_2 + 2H_2O + 882.6 \text{ kJ/mol}$$

或

$$CH_4 + 2\left(O_2 + \frac{79}{21}N_2\right) = CO_2 + 2H_2O + 7.52N_2$$

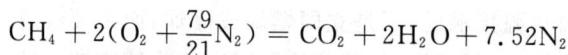

如果煤矿井下 O_2 不足,则反应式为

$$CH_4 + O_2 = CO + H_2 + H_2O$$

从上式知,混合气体中的氧与甲烷全部燃尽时,1 个体积的甲烷要同 2 个体积的氧气化合,也就是要同 $2+7.52=9.52$ 个体积的空气化合。这时甲烷在混合气体中的浓度为 $1/(1+9.52) \times 100\% = 9.5\%$,这一浓度是理论上爆炸最猛烈的浓度。1 mol 的甲烷爆炸后将产生 882.6 kJ 的热量。1 kg 碳氢化合物相当于 4 kg TNT 炸药。

近代化学研究表明,碳氢化合物的氧化、燃烧和爆炸都是链反应过程。其特点是不论由什么原因引起,只要反应一旦开始,便相继发生一系列的连续反应,好似链条一样,一环扣一环。反应过程中始终有游离原子或游离基交替生成和消失,使反应可以不断进行,直至产生稳定的化合物。

所有的链反应都是由三个基本步骤组成,即链的引发、链的发展或传递、链的断裂(或终止),下面将分别介绍。

① 链的引发是由反应物分子生成最初的游离原子或游离基(又称活化中心)。这个过程必须给予反应物一定的能量,使它的分子键断裂,形成活化中心。引发的方式可以是光照射、热离解或加入引发剂,等等。

② 链的发展或传递是活化中心与分子相互作用的交替过程。活化中心的数量愈多,引起链反应的数目也愈多,反应进行的速度就愈快。这一过程中始终有游离基交替生成与消失,即链的反应一直连续进行,直到参与反应物质的分子完全用尽或链的反应断裂为止。

③ 链的断裂(或终止)。链反应过程中,如果活化中心与器壁碰撞(如瓦斯火焰穿过安全灯罩时)或与另外的惰性粒子相撞(如用岩粉防止煤尘爆炸),使活化中心失去能量;或者由于某些物质的作用,促使活化中心形成稳定的分子(如用阻化剂防灭火),这样的过程称为游离基的消毁或链的断裂。

链反应可分为不分支的链反应和分支的链反应。不分支的链反应时,每个参与反应的游离基只生成一个游离基;分支的链反应时,一个游离基可以生成一个以上的游离基。分支链反应时,自由基数目成倍增长,反应链数目增加,反应速度迅速增加,短时间内将释放出大量的能量,如此循环,将使反应加速到爆炸。

甲烷爆炸是分支的链反应,甲烷火焰的光谱分析表明,火焰中存在着 CH_3、OH 和 CH_2O 游离基,但是反应的中间过程还没有一致的意见。一种意见认为,甲烷在热能的引发下分解为 $CH_3 \cdot$ 和 $H \cdot$ 两个活化中心,它们与 O_2 反应生成新的活化中心,使链反应继续发展:

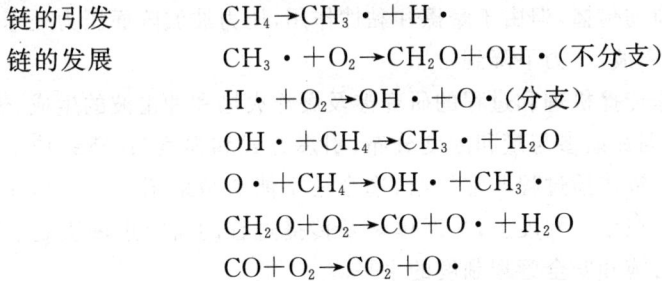

链的引发 $CH_4 \rightarrow CH_3 \cdot + H \cdot$

链的发展 $CH_3 \cdot + O_2 \rightarrow CH_2O + OH \cdot$(不分支)

                     $H \cdot + O_2 \rightarrow OH \cdot + O \cdot$(分支)

                     $OH \cdot + CH_4 \rightarrow CH_3 \cdot + H_2O$

                     $O \cdot + CH_4 \rightarrow OH \cdot + CH_3 \cdot$

                     $CH_2O + O_2 \rightarrow CO + O \cdot + H_2O$

                     $CO + O_2 \rightarrow CO_2 + O \cdot$

在甲烷气体爆炸的过程中,产生的自由基有 $CH_3 \cdot$、$H \cdot$、$CH_2O \cdot$、$OH \cdot$、$O \cdot$ 等,在甲烷爆炸的过程它们都是转瞬即熄的中间产物。同时在这一过程中,这些中间产物增多或减少将影响爆炸过程的发展。

此外,上述反应很多是放热反应,当反应生成的热量大于散发的热量时,反应物的温度上升,反应速度进一步加快,最后形成爆炸。

链反应理论为人们对瓦斯、煤尘的燃烧与爆炸和煤的自燃等过程的本质的认识,以及探索新的高效预防措施,提供了理论根据。例如,在甲烷—空气混合物内加入 4.2% 的 CBr_2F_2(二氟二溴甲烷)就能防止甲烷的爆炸。

爆炸速度。根据爆炸传播速度可将爆炸分为三类:

爆燃——传播速度仅为每秒数十厘米至每秒数米;

爆炸——传播速度为每秒数十米至每秒数百米;

爆轰——传播速度超过声速,可达每秒数千米。

3.3.2 瓦斯爆炸传播过程

瓦斯爆炸可概括为三个阶段:

第一阶段——点火阶段。在外界火源作用下,激发链式反应,经过链式反应,瓦斯被点燃,反应产生的热量使气体产物膨胀,压力升高,燃烧区未燃气体扩张。由于热力作用,已燃气体与可燃气体之间出现压力梯度,压力梯度增大到一定程度,即产生压力间断,形成冲击波。这一阶段由于时间极为短暂,爆炸涉及的空间也很小,因此可以忽略。

第二阶段——压缩燃烧阶段。在冲击波作用下,已燃气体向远离火源方向移动,未燃气体被压力波锋面压缩,在高温作用下迅速被点燃。燃烧产生的热量一方面用来克服冲击波向前传播所产生的阻力耗散和气体膨胀产生的阻力;另一方面使前驱冲击波的锋面压力和能量不断增加。这一阶段实际上是高速燃烧阶段。我们假设这一阶段燃烧瞬间完成,气体状态方程服从指数分布,气体初始压力、温度为已知。

第三阶段——单一冲击波传播阶段。可燃气体被耗尽后,高温气体在压力梯度作用下继续向前传播,但由于摩擦和黏性作用,压力波波阵面压力处于衰减状态,最后衰变为声波,压力下降到常压。

矿井瓦斯爆炸传播机理和过程的研究涉及爆炸火焰和冲击波的生成、传播、加强、衰减规律。因瓦斯参与量和浓度分布、引爆方式和强度、瓦斯爆炸空间几何特性等不同而导致传播过程非常复杂,迄今还不能清楚地阐明瓦斯爆炸传播全过程的本质。但在很大程度上,瓦斯爆炸及传播过程的研究进展决定了爆炸事故的防治技术措施和安全管理制度的水平。

瓦斯爆炸有爆燃和爆轰两种状态,在本质上是两种根本不同的燃烧模式。爆燃是带压力波的燃烧,其燃烧速度为每秒几米到每秒数百米,瓦斯爆炸多数情况处于这种状态。瓦斯爆燃火焰传播是依靠导热和分子扩散使未燃混合气体温度升高,并进入反应区引起化学反应,从而使燃烧波不断向来燃混合气中推进。爆燃波是一个膨胀波,越过波面的压力和密度都是下降的。而爆轰波则相反,越过波阵面压力和密度是增加的。这两种模式在适当的条件下可以转变,即发生爆燃向爆轰转变。

煤矿巷道发生爆燃,其主要破坏特征是热破坏效应,机械破坏作用较为有限。但一旦发生瓦斯爆轰,出现冲击波,其形成的爆压、爆温、爆速对煤矿矿井的破坏效应比爆燃要大得多,惨重得多。经计算,甲烷在定容绝热条件下的爆燃温度可达2 340 K,超压为0.86 MPa,如果条件具备,瓦斯能从爆燃转变为爆轰;当甲烷浓度为9.5%时,其压力可达1.719 MPa,温度可达2 781 K,爆轰速度可达1 804 m/s[6]。

独头巷道瓦斯爆炸传播过程。掘进巷道发生瓦斯爆炸概率较大,现以独头煤巷中发生的瓦斯爆炸为例简述其爆炸演化和传播过程,如图3-2所示。如果在掘进工作面附近形成爆炸性混合气体[如图 3-2(a)所示]，而且出现了高温火源，那么就将发生瓦斯的初燃(初爆)[图 3-2(b)所示]，并将巷道中其他部分存在的爆炸介质导入这一过程。

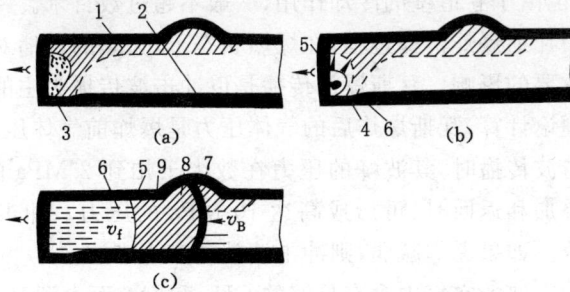

图 3-2 独头煤巷内瓦斯与煤尘爆炸示意图

(a) 爆炸混合物的形成；(b) 发生爆炸；(c) 爆炸传播；

v_f——焰面速度；v_B——冲击波速度

1——局部积聚的瓦斯；2——沉落的煤尘；3——爆炸性混合物；

4——火源；5——焰面；6——爆炸产物；7——前向冲击波；

8——冲击波造成的爆炸混合物；9——反向冲击波

爆炸是由火源(即使火源的作用已中止)所在处产生火焰，向整个爆炸混合物所处空间连续传播的过程。如果火焰没有离开火源，或者离开后就熄灭了，这样的过程就不叫爆炸而称为燃烧。

初燃产生的以一定速度 v_f 移动的焰面(火焰锋面)[5]。火焰锋面是瓦斯爆炸时沿巷道运动的化学反应带和烧热的气体总称。其传播速度变化范围较大，从数每秒数米到最大的爆轰传播速度数每秒数千米。

焰面后的爆炸产物具有很高的温度，由于热量集中而使爆源气体产生高温和高压并急剧膨胀，以极大的速度向四周扩散，从而在所经过的路程上形成威力巨大的前向冲击波，其速度(v_B)大于焰面速度；特殊情况下，两者相等。压力波作用于未燃气体使其温度升高，从而使火焰的燃烧速度进一步增大，这样就产生压力更高的压力波，从而获得更高的火焰传播速度。层层产生的压力波相互追赶并叠加，形成具有强烈破坏作用的冲击波。

爆炸发生后，由于爆炸气体从爆源点高速向外冲击，加上爆炸后生成的部分水蒸气很快冷却和凝聚。因而，在爆源附近就形成了气体稀薄的低压区，这样，在压差的作用下爆炸气体就会连同爆源外围的气体，又以极高的速度反向冲回爆炸地点。这一过程称为反向冲击(也称回程冲击)。当冲击波遇到阻塞物或巷道突然扩大、缩小和交叉时，也可能产生反向冲击波。

如果巷道顶板附近或冒落孔内积存着瓦斯，或者巷道中有沉落的煤尘，在冲击波的作用下，它们就能均匀分布，形成新的爆炸混合物，使爆炸过程得以连续下去[如图 3-2(c)所示]。

单纯的瓦斯爆炸，火焰锋面传播范围不大，一般为火源附近数十米；高温气体的传播范围，也由于巷道壁的冷却作用，一般不超过数百米。

独头巷道中瓦斯爆炸传播过程，在爆燃状态下，火焰的传播对爆炸压力和传播速度有极为重要的影响。瓦斯爆炸传播是以冲击波传播为主的热传播过程。

经实验和理论计算，瓦斯爆炸后的气体压力是爆炸前气体压力的 7～10 倍。

在正向冲击波传播时，其波峰的压力在数十千帕到 2 MPa 的范围内变化；当正向冲击波叠加和返回时，可形成高达 10 MPa 的压力。冲击波的传播速度不可能低于音速。如果爆炸减弱，则冲击波就转变为声波。

如果反向冲击波的空气中含有足够的 CH_4 和 O_2，而火源又未消失，就可以发生第二次爆炸。此外，瓦斯涌出量较大的矿井，如果在火源熄灭前，瓦斯浓度又达到爆炸浓度，也能发生再次爆炸。如辽源太信一井 1751 准备区掘进巷道复工排放瓦斯时，因明火引燃瓦斯，导致大巷内瓦斯爆炸，在救护队处理事故过程中和采区封闭后，6 天内连续发生爆炸 32 次。

3.3.3　障碍物对瓦斯爆炸传播影响

周心权、林柏泉、徐景德、王大龙等在管道和巷道中进行了障碍物对瓦斯爆炸传播的实验室实验和数值模拟研究。其结果表明：由于障碍物的存在，形成强烈的激励作用，加剧了压力场与湍流的强度，促进了燃烧反应的进行，改变了火焰和冲击波的传播特性。主要发生以下影响：

（1）障碍物的存在将引起火焰前锋褶皱度增大，提高了火焰前方未燃气体及火焰内部流场的湍流强度，使火焰的传播速度大大增加，由每秒几米增大到每秒数十米，火焰区的激励效果优于非火焰区；由于火焰运动速度的加快，促使燃烧速度增大，增加了爆炸强度；反过来又激发燃烧，使火焰温度迅速上升。因此，在瓦斯爆炸事故现场，虽然在燃烧区高温火焰经过时间虽然极为短暂，但是人员往往被火焰严重烧伤，设备被严重破坏。

（2）当冲击波经过障碍物附近区域时，在附近形成强烈的紊流区，从而导致发生压力波动、产生峰值以及峰值时间延长的效应。

（3）由于障碍物的激励，高速运动的流体形成的强烈紊流加速效应，可使爆燃速度达到临界速度，从而向爆炸状态转变，即传播路线上的障碍物可能成为爆燃转变为爆轰的条件。

（4）除了障碍物外，巷道分叉、巷道截面突变、巷道壁的粗糙度和热效应、瓦斯浓度和火源、巷道反射波及尺度效应等都会对瓦斯煤尘爆炸火焰和冲击波的传播产生影响。

3.3.4 瓦斯爆炸在分岔管道的传播特性

2008 年,林柏泉通过在如图 3-3 所示分岔管道中所进行的瓦斯爆炸实验中得出结论:对于 B 点,可以看成一楔形障碍物,是一扰动源。在分岔点后面积突然扩大,因此瓦斯爆炸在经分岔管道传播时经历了面积突扩和障碍物诱导双重作用。因障碍物会诱导湍流的产生、增大燃烧速度;而面积突然变大而导致湍流度增大,燃烧速度同样增大;由于冲击波在 CBD 壁面上的反射、绕射等作用,冲击波传播更加复杂。

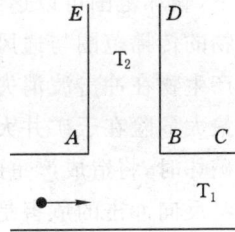

图 3-3 分岔管道爆炸实验

在分岔点处,爆炸波的超压值和火焰的传播速度有所降低;但到分岔点后,爆炸波超压值、火焰传播速度迅猛增大,对分岔壁面的破坏特别严重。分支管道 T_2 内,火焰传播的加速度和爆炸波超压值均比分支管道 T_1 内的大。

分岔管道末端的开口和闭口对火焰传播速度和爆炸波超压变化有很大的影响,管道的直径对火焰传播速度和爆炸波超压变化有很大的影响。

在矿井巷道开拓设计时,应根据分岔巷道瓦斯爆炸传播规律采取相应的预防措施,以阻止瓦斯爆炸的传播和降低强度,降低瓦斯爆炸的破坏作用。

3.4 瓦斯爆炸的危害

矿内瓦斯爆炸的危害主要表现在产生高温的火焰锋面、冲击波、有害气体和造成爆炸区域内氧气浓度降低等四个方面。

(1) 爆炸产生高温

试验研究表明,爆炸产生的焰面是巷道中运动着的化学反应区和高温气体,其速度大、温度高。当瓦斯浓度为 9.5％时,爆炸时产生的瞬间温度可达 1 850～2 650 ℃,爆轰式传播速度可达(2 500 m/s)。这样高速、高温,不仅会烧伤人员、烧坏设备,还可能点燃木材、支架和煤尘,引起井下火灾和煤尘爆炸事故,扩大灾情。

火焰锋面通过时,可使人的衣服被扯下,造成大面积皮肤的深度烧伤、呼吸器官甚至食道和胃的黏膜烫伤,烧坏电气设备与电缆,当电缆有电时可能引起二次性的电气火灾,引燃井巷的可燃物造成二次性灾害——火灾。

(2) 爆炸产生高压(冲击波)

正向冲击的危害是,由于巷道气体压力的骤然增大,且以极高的速度(每秒几百米或每秒几千米)向前冲击,从而推倒支架、损坏设备、使巷道或工作面的顶板坍塌及造成现场人员伤亡,将使矿井遭受严重破坏。在有煤尘参与爆炸的情况下,破坏范围可以达到几千米,冲击波的作用范围也进一步扩大。爆炸的气体产物的传播范围与通风系统、风量以及爆炸时对通风系统的破坏情况有关。气体产生物在冲击波消失和火焰熄灭后,继续随风流运行。因此瓦斯和煤尘爆炸的最大危险在于矿井大气成分的改变,它在大多数情况下,尤其是全矿通风系统遭破坏时,将造成严重的后果。

反向冲击的危害是,虽然这种冲击的力量较正向冲击的力量小,但由于它是在正向冲击的基础上发生的,是沿着已经遭受破坏的路程和区域反冲,所以其破坏性往往更大。反向冲击还可能引起连续爆炸事故。

正向、反向和斜向冲击波通过时会引起:人体的创伤,在大多数情况下这些创伤具有综合和多样的特征,如创伤和烧伤综合,这给急救造成困难,需要细心护理;移动、翻倒和破坏电气设备、机械设备,甚至可能发生二次性着火;破坏支架、堵塞巷道、引起冒顶,破坏通风设施与通风系统,这不仅会扩大灾情,而且会使抢险救灾、救人困难化复杂化。表 3-5 给出了瓦斯煤尘爆炸时冲击波压力及其作用特点。

表 3-5　　　　　　　瓦斯煤尘爆炸时冲击波压力及其作用资料

压力/MPa	压力对物体或设施的作用		压力对人体作用创伤严重程度
	品　名	压力对物体或设施的作用特点	
<0.01	支架和设备	无明显的机械损伤	无刨伤
0.01~0.02	木支架	部分破坏(木梁倾斜,某些支柱或顶梁被崩掉),特别是支架楔得不紧时	头昏轻伤(打伤)
	通风设施(密闭)	密封性破坏(当密闭做得不稳固时)	
0.02~0.06	木支架	相当程度的破坏(圆木梁槛崩出几米远),形成圆形冒落拱	压力达 0.04 MPa 时,为中伤;震伤、失去知觉、四肢脱白、骨折
	通风设施	完全破坏	
	风筒	从支架上脱落,整体性破坏和变形	
	电缆和电线	从支架上脱落并部分地破坏绝缘性	
	金属支架,混凝土支架,钢筋混凝土整体浇注支架	不大的损坏(架设不好的金属构件损坏和移动,出现裂缝和砼土的片状脱落)	压力达 0.06 MPa 时为重伤:内脏器官受伤、严重脑震荡、脱白和骨折
	质量小于 1 t 的设备(绞车,局部通风机启动器等)	从基础上出现位移、翻倒、断裂,框架变形	
	空矿车	车身变形	

压力 /MPa	压力对物体或设施的作用		压力对人体作用 创伤严重程度
	品 名	压力对物体或设施的作用特点	
0.06～ 0.3	木支架	完全破坏,形成密实的堆积物	当压力达 0.15 MPa 时,极重伤,直至人 体的完整性遭破坏
	装配式钢筋混凝土支架	相当大的破坏并形成冒落拱	
	金属支架,混凝土支架	部分破坏并形成裂缝,支架崩离原位变形	
	整体浇注的钢筋混凝土支架	不大的损伤(出现裂缝)和片状脱落	
	井下铁道	钢轨从枕木脱开,钢轨变形	
	质量小于 1 t 的设备	整体性遭破坏,变形,位移	
	重矿车	脱离钢轨,车身和车架全面变形	压力达 0.3 MPa 时, 死亡可能性为 75%
	质量＞1 t 的设备(电机车)	翻倒,位移,部分和零件变形	
0.3～ 0.66	装配式钢筋混凝土支架,金属 支架	巷道全长的全面破坏并形成密实的堆 积物	当压力达 0.4 MPa 时,人的死亡率 为 100%
	混凝土支架	相当大的损坏,形成冒落	
	整体性的钢筋混凝土支架	部分破坏并形成深裂缝,混凝土的整体性 遭破坏	
	设备和设施	完全破坏	
0.66～ 1.7	混凝土支架	完全破坏并形成密实的堆积物	
	整体钢筋混凝土支架	相当大的破坏,损坏配件,形成冒落拱	
＞1.7	整体钢筋混凝土支架	完全破坏并形成密实的堆积物;	

根据瓦斯事故爆炸后,人体遭伤害情况的调查以及模拟试验研究的结果,可知人体能承受的最大冲击压力为 30 kPa。当遭受火焰锋面或冲击波袭击时,人在巷道中处于站立位置时最危险,其次为坐位。所以,一旦发生爆炸事故,应立即俯卧于巷道有水沟的那一侧。为了预防有害气体的毒害,应立即佩戴自救器。没有自救器时,可用湿毛巾掩住口、鼻,待火焰锋面和冲击波通过后,向新鲜风流方向撤退。

（3）爆炸产生大量有害气体

瓦斯爆炸后,会产生大量有害气体。据分析,瓦斯爆炸后的气体成分为:氧气 6%～10%、氮气 82%～88%、二氧化碳 4%～8%、一氧化碳 1%～2%。而当空气中一氧化碳浓度达到 0.4% 时,人就会中毒死亡;当氧气浓度减少到 10%～12% 时,人就会失去知觉窒息而死。如果有煤尘参与爆炸,CO 的生成量更大。统计资料表明:在瓦斯、煤尘爆炸事故中,死于一氧化碳中毒的人数占死亡总人数的 70% 以上。因此,强调入井人员必须佩戴自救器是非常必要的。

瓦斯与煤尘爆炸的最终产物的大概组成见表 3-6。从中可知,当甲烷浓度愈靠近爆炸上限时,爆炸后残余氧浓度就愈低,当甲烷浓度接近爆炸浓度上限和煤尘为最佳爆炸浓度时,氧气的浓度可能降到零。释放出的有毒有害气体量与可燃组分的燃烧完全程度有关。在完全燃烧的情况下生成 CO_2 与 H_2O 最多,这正对应于最佳甲烷浓度,而其他浓度时这些气体生成量明显减少。已知,高浓度 CO_2(>5%)的作用犹如有毒气体,它溶于血液,能造成死亡性中毒。高浓度热水蒸气可能造成内脏器官的烫伤。CO 是不完全燃烧的产物,因此在甲烷爆炸上限浓度时以及有煤尘参与爆炸时,能释放出大量的剧毒物 CO,当浓度达 0.5% 时,仅几分钟人员即有死亡危险。释放出来的可燃气体(CO、H_2、CH_4 及其同系物)如果达到爆炸界限,可以发生二次爆炸。

表 3-6   **瓦斯、煤尘爆炸最终产物组成表**

矿内大气成分变化	甲烷爆炸时的浓度			煤尘爆炸时的浓度			甲烷和煤尘共同参加爆炸时的浓度
	爆炸下限	最佳爆炸浓度	爆炸上限	爆炸下限	最佳爆炸浓度	爆炸上限	
残余的氧浓度/%	16~18	6	2	5~16	2~5	3~8	0
CO(其爆炸下限为12%)/%	—	微量	12	1~2	4~8	2~7	<16
CO_2/%	微量	9	微量	5~10	6~9	4~8	<12
水蒸气/%	<10	<16	<4	8~16	12~20	6~10	<24
H_2(其爆炸下限为4%)/%	—	微量	12	0~1	1~5	0~5	<16
甲烷及其同系物/%	—	—	—	0~2	2~5	0~3	<5

(4) 爆炸区域内氧气浓度降低

爆炸不仅会产生大量有害气体而且会使氧气大大减少。瓦斯爆炸后生成大量有害气体,分析某些煤矿爆炸后的气体,发现氧气浓度为 6%~10%,这成为人员大量窒息伤亡的主要原因。

上述四个有害因素的危险程度取决于它们的波及范围。当通风系统破坏时会造成特别重大恶性事故。

3.5 煤矿井下瓦斯爆炸参数与特性[3,4,5,7,8]

瓦斯爆炸参数主要包括:爆炸火焰传播速度、冲击波传播速度、爆炸压力、燃烧产物温度、爆炸燃烧产物及浓度等。

不论是事故的防治,还是进行事故的调查、处理,都需要了解和研究瓦斯爆炸发生、发展的参数与基本特性。

可燃气体的爆炸与炸药爆炸最根本的区别就是爆源特征。炸药爆炸可以看做是理想的点源爆炸,能量的释放是瞬时的,且爆源的尺寸与爆炸的影响范围相比表征为一个点。瓦斯爆炸则不同,爆炸性混合气体的特征尺寸与火焰锋面可以达到的最远距离相比是不能忽略的,有时甚至为同一数量级。

衡量瓦斯爆炸特征的参数主要有火焰锋面的传播速度、爆炸火焰的温度、爆炸产生的最大压力、爆炸压力的上升速率等。由于爆燃过程的多样性和井下环境的复杂性,这些参数的值受到多种因素的影响。因此,不论是实验矿井的测试数据还是管道实验的数据都有差别。

3.5.1 爆炸火焰的温度

爆炸火焰的最高温度在实验中比较容易测量,根据燃烧产物的组分也可以较精确地计算出反应放出的热量和火焰的绝热温度。不同浓度的可燃气体燃烧具有不同的火焰温度,当火焰温度低于某一值时,火焰锋面就不能自动传播,该温度对应的可燃气体浓度即为爆炸界限。大多数可燃气体引燃的温度为 630～900 ℃,瓦斯的点燃温度为 650 ℃。

可燃气体混合物的最高火焰温度在 2 230 ℃左右,表 3-7 为部分可燃气体的实测火焰温度值。

表 3-7　　　　几种可燃气体混合物的火焰温度

可燃气体名称	浓度/%	实测火焰温度/℃
甲烷	10.0	1 960
乙烯	6.5	2 110
乙炔	7.7	2 330
丙烷	4.0	1 980

3.5.2 瓦斯爆炸火焰传播速度与规律

爆炸传播过程中火焰、爆炸波的发展变化特性决定了爆炸事故破坏程度的大小。因此,研究瓦斯煤尘爆炸火焰、冲击波传播规律尤显重要。

燃烧速度是可燃气体燃烧锋面向未燃区域扩展的速度。瓦斯与空气混合气体的层流燃烧速度约为 0.5 m/s,发生在井下的爆炸绝大多数属于爆燃。根据已有的实验测定结果,燃烧速度不超过 150 m/s。爆炸火焰传播的速度是相对于某固定位置火焰锋面的速度,实验中比较容易测量,也常用来表征爆炸反应的快慢。

爆炸发生后,对井下空气产生的第一道压力波立即以音速沿巷道传播,此后加速燃烧产生的压力波都在前一压力波扰动的区域内传播。前导冲击波和爆炸燃烧产生的膨胀作用使得扰动区域内的空气以一定的速度运动,这种运动持续的时间不长,距离较短,但速度较快(不超过音速),通常可达 100 m/s 以上。

火焰的传播是由慢到快的一个加速过程,管道实验获得的爆轰最大速度可达 1 500 m/s;实验巷道和管道中测得的速度大多在 100~200 m/s 之间。

火焰波传播规律与本身所处的参爆瓦斯量、空间几何参数等因素有密切的关联。但基本规律是,瓦斯爆炸火焰波传播经历三个阶段(如图 3-4 所示)。

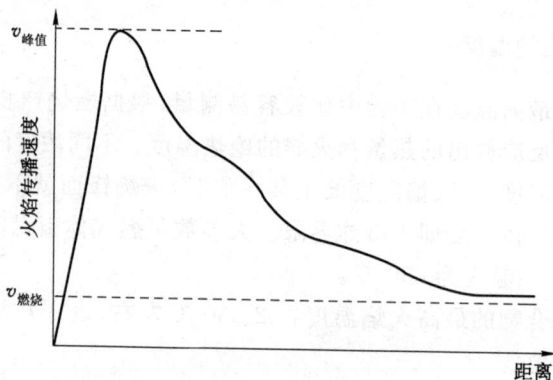

图 3-4 爆炸火焰传播规律变化趋势

(1)火焰波因爆炸能量而加速至峰值速度($v_{峰值}$);

(2)火焰波加速至峰值速度后,因受到传播过程的各种干扰,如壁面热损失、障碍物的存在、反应产物膨胀等因素都会耗损能量,导致其减至某一速度传播,此速度可看做是层流预混气体正常燃烧速度;

(3)火焰波以燃烧速度($v_{燃烧}$)恒速传播直至耗尽瓦斯。

3.5.3 瓦斯爆炸压力及冲击波传播

煤矿井下瓦斯爆炸产生两类压力,即静压和冲击动压。静压在所有方向上的作用力相等,这是由于高温气体膨胀和沿巷道流动产生的,并推动冲击波面的前进。冲击动压是由于冲击波的作用使得空气高速流动产生的,具有方向性。静压和动压均摧毁、破坏沿途巷道中的调节门、风门和障碍物,并在巷道转弯等处造成强烈的破坏。1952 年舒尔茨·容霍夫(Schultze-Rhonhof)在美国一个废弃矿井进行了两次瓦斯浓度 9.5%、积聚区域 300 m 的大型爆炸实验,爆炸测得峰值压力 1.01 MPa,火焰传播速度接近 1 000 m/s。司荣军[14]在 896 m、断面积 7.2 m² 的半圆拱形试验巷道中进行的瓦斯量均为 200 m³、浓度在 9.5%左右的瓦斯爆炸、瓦斯煤尘爆炸实验中测得瓦斯爆炸最大爆炸压力值为 0.332 MPa;瓦斯煤尘爆炸试验的最大爆炸压力值为 0.822 MPa。在实验室中使用封闭球体测定定容爆炸压力,10.1%的瓦斯—空气混合气体测定得到的定容爆炸压力大约为 0.71~0.81 MPa。徐景德进行的爆炸实验中,瓦斯浓度 8.6%,体积 50 m³,测得的最大压力约为 65.86 kPa;瓦斯浓度 9.5%,体积 100 m³,测得的最大压力 0.18 MPa;瓦斯浓度 9.5%,体积 200 m³,测得的最大压力为 0.46 MPa。

瓦斯爆炸传播实际上是燃烧和冲击波过程的耦合。当燃烧阵面后边界有约束或障碍时,燃烧产物就会产生一定的压力波,这个波以当地声速向前传播。由于压力波传播速度比燃烧阵面(火焰阵面)要快,行进在燃烧阵面前,因此也叫前驱冲击波。

前驱冲击波的传播规律受到火焰波的传播状态的密切影响,表现出与火焰波相似的传播规律。即开始阶段,前驱冲击波压力和速度不断加强,随着火焰波传播速度到达峰值后减速传播,前驱冲击波的压力和速度也开始减弱,如图 3-5 所示。

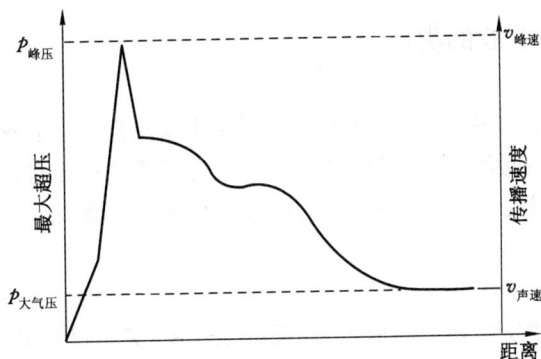

图 3-5　爆炸冲击波传播变化趋势

火焰波和前驱冲击波在传播距离和存在时间上有很大的差异;另外,实际参与反应的瓦斯量和瓦斯浓度是影响瓦斯爆炸火焰波传播规律的重要因素。由于影响煤矿瓦斯爆炸传播规律因素的多样性、复杂性以及影响因素之间互相耦合性,对于煤矿瓦斯爆炸传播规律还需进一步研究。

缺乏足够能量支持的前驱冲击波还要承担克服巷道摩擦阻力、壁面散热、压缩波前气体和稀疏波弱化作用所产生的能量损失,导致前驱冲击波在经历加速阶段之后慢慢减速传播。火焰波消失后,前驱冲击波传播演变为没有能量支持的惰性冲击波传播。惰性冲击波的压力和速度的下降趋势更为明显,最终冲击波压力下降到当地正常大气压力(p),传播速度衰减为声速(v)。

3.5.4 爆炸源的能量

瓦斯爆炸的能量来源于瓦斯与氧的燃烧反应,每 1 kg 瓦斯完全燃烧放出的热量是 55 MJ,而普通炸药的爆炸热为 5 MJ/kg,也就是说同样质量的瓦斯含有爆炸燃烧热是普通炸药的 11 倍。但是,瓦斯和炸药的能量密度却差别很大。典型 TNT 炸药的密度为 1 600 kg/m³,能量密度为 8 000 MJ/m³;而浓度为 9.51% 的瓦斯—空气混合气体,瓦斯密度为 0.068 kg/m³,能量密度为 3.74 MJ/m³,只有炸药的 0.05%。浓度为 9.5% 的 1 m³ 瓦斯—空气混合气体爆炸放出的热量相当于 0.75 kg 炸药爆炸放出的热量。

瓦斯爆炸要依靠空气中氧气的参与才能完成。因此,爆炸实际释放的能量要受到瓦斯、空气混合是否均匀、空气的温度、周围环境状况等多种因素的影响,通常不能完全释放出来。对于密闭的容器,能量基本上可以全部释放;对于井下巷道系统,释放率一般可达 50%~70%。

3.6 瓦斯爆炸事故的类型

因参与瓦斯量的多少、是否有煤尘参与爆炸以及是否引起火灾和风流紊乱,瓦斯爆炸事故有不同的爆炸后果,对其处理也有不同的难易程度。

瓦斯爆炸按其特点和波及的范围,可分为局部瓦斯爆炸、大型瓦斯爆炸和瓦斯连续爆炸三类。

(1) 局部瓦斯爆炸事故

瓦斯爆炸事故发生在局部地点,如采掘工作面、采空区和巷道的局部瓦斯积聚处,不对相邻的区域产生影响。其特点是:

① 参与爆炸的瓦斯量较少;如果遇有巷道转弯、断面扩大或缩小,爆炸冲击力和火焰的威力降低很快。

② 仅局部地点遭到破坏,不对相邻的工作地区产生影响,不破坏矿井的通风系统。

③ 除爆炸源附近的巷道破坏严重外,远处支架一般保持完好。但若支架质量差、煤岩疏松,也可能会出现支架倒塌、煤岩垮落,甚至造成巷道或工作面堵塞、埋人的情况。

④ 在爆炸点附近的人员,主要受爆炸冲击力和火焰的伤害。在远离爆炸点的回风侧人员,主要受有毒有害气体的伤害,但不严重,如果能及时抢救,不会发生死亡。在爆炸冲击力和火焰波达不到的进风侧,人员无伤害。

⑤ 爆炸发生在掘进工作面,局部通风将遭到破坏。爆炸产生的有毒有害气体不能在短时间内扩散和排除,在巷道中的人员除受爆炸冲击力和火焰的伤害外,还会遭受有毒有害气体的伤害。

⑥ 局部爆炸引起的火灾,可采用直接灭火法将火灾扑灭。

总之,局部瓦斯爆炸,参与爆炸的瓦斯量少,破坏威力小,对矿井的危害也较小,事故处理比较简单。

(2) 大型瓦斯爆炸事故

① 一般发生在有大量瓦斯积聚的采掘工作面、封闭的巷道和采空区,有煤尘参与爆炸。由于参与爆炸的瓦斯量大或有煤尘参与,爆炸产生的冲击波、爆炸火焰以及有毒有害气体可影响一个采区、一个水平、矿井的一翼甚至整个矿井。

② 矿井通风系统遭到破坏,有时很严重,在短时间内恢复通风困难。

③ 可出现风流逆转现象。大量有毒有害气体四处蔓延,会造成大量人员中毒死亡。

④ 爆炸产生的冲击波。爆炸火焰能够破坏井下各种设备和设施。

⑤ 巷道支架破坏严重,可出现数处冒顶区,造成巷道堵塞、埋人,给抢救遇难人员和处理事故带来极大困难。

大型瓦斯爆炸影响范围大、破坏严重、人员伤亡惨重。近年来,我国特大型瓦斯爆炸时有发生。全国 2000 年以来死亡 100 人以上的瓦斯爆炸事故如表 3-8 所列。

表 3-8　　　　全国 2000 年以来死亡 100 人以上的瓦斯爆炸事故表

时间	省市	矿井	伤亡人数
2000.9.27	贵州水城	木冲沟	162
2002.6.20	黑龙江鸡西	城子河	124
2004.10.20	河南新密	大平	148
2004.11.28	陕西铜川	陈家山	166
2005.2.14	辽宁阜新	孙家湾	214
2005.12.7	河北唐山	恒源公司	108

(3) 瓦斯连续爆炸事故

矿井发生瓦斯爆炸事故后,紧接着发生第二次、第三次,以至数次、数十次爆炸,称为连续爆炸。

井下发生瓦斯连续爆炸的原因一般说来有两种可能:一是由于瓦斯爆炸产生的高温点燃了坑木或其他可燃物而引起发火,而附近有瓦斯继续涌出且达到一定浓度和有足够氧气,就可能发生连续爆炸;二是在第一次爆炸产生的反向冲击的空气中含有足够的瓦斯和氧气,流入爆源附近的火源尚未熄灭,或因爆炸产生有新火源,就可能造成第二次甚至多次连续爆炸事故。

连续瓦斯爆炸的特点是:

① 多发生在瓦斯涌出量较大或有瓦斯喷出、煤与瓦斯突出的煤层或矿井。

② 瓦斯连续爆炸的引火源,通常是矿井火灾。在高瓦斯矿井,煤炭自燃容易发生瓦斯连续爆炸事故。

③ 瓦斯连续爆炸的次数和各次爆炸的间隔时间,与灾区的通风状况有直接关系。火源周围为高浓度瓦斯(在瓦斯爆炸上限),提高进风量会使爆炸次数增多,爆炸间隔时间缩短,且爆炸威力增大;火源周围为低浓度瓦斯(在瓦斯爆炸下限),减少进风量也会增加瓦斯爆炸次数及缩短爆炸的间隔时间,但每次爆炸的威力不大。各次爆炸的间隔时间有几分钟、几小时,也有十几小时、甚至几十小时不等。由于灾区内瓦斯涌出的不稳定,供风量不能完全控制(如灾区内进、回风通道堵塞、灾区内突然发生冒顶造成风流变化等),因此,瓦斯连续爆炸的间隔时间一般都不正常,也很难估计和掌握。

④ 瓦斯连续爆炸使煤体破碎,煤尘飞扬,最容易引起煤尘的爆炸。

⑤ 瓦斯连续爆炸可使火区面积扩大,巷道温度升高,气体压力增大,使矿井遭到严重的破坏。

瓦斯连续爆炸给救护工作带来很大困难,不但延长了救护的时间,而且不得不将大面积地区封闭隔绝起来,使采区被迫停产。在封闭过程中,往往因连续爆炸导致救护队员伤亡。

3.7 煤矿瓦斯爆炸事故的一般规律

对煤矿发生的瓦斯爆炸事故进行统计分析,就能找出一般性的规律,以便有针对性地采取措施,杜绝事故的发生。根据国内外煤矿发生的瓦斯爆炸统计资料,可以得出下列结论:

(1)瓦斯涌出量愈大,瓦斯爆炸的危险性也愈大。

随着矿井开采深度的增加和规模的扩大,一般说来,瓦斯涌出量也要增加,通风管理更加复杂、困难。这就很容易发生瓦斯积聚,导致瓦斯燃烧、爆炸事故的增多。

前苏联顿巴斯矿区曾根据 20 年内发生的瓦斯燃烧、爆炸事故次数,分析了它与矿井瓦斯涌出量关系,如表 3-9 所列。由此可以看出,瓦斯燃烧、爆炸事故的绝大多数发生在相对瓦斯涌出量超过 15 m^3/t 的矿井(分别为 88.5% 和 86.6%)。

表 3-9　　　　　　顿巴斯矿区瓦斯燃烧、爆炸与相对瓦斯涌出量的关系

矿井相对瓦斯涌出量/$m^3 \cdot t^{-1}$	矿井数	瓦斯爆炸/%	瓦斯燃烧/%
<5	102	2.9	1.9
5~10	62	8.6	3.9
10~15	56	1.9	5.7
>15	357	86.6	88.5

我国管理比较规范的国有矿井也基本符合这一统计规律。

(2) 在低瓦斯矿井,瓦斯爆炸也时有发生。

对于我国地方煤矿,特别是小煤窑,尽管瓦斯涌出量不大,但由于通风、瓦斯、爆破和机电设备的管理操作不符合规程要求等一系列原因,曾经就多次发生瓦斯燃烧、爆炸事故。例如,1987 年 9 月 22 日,云南××矿某井低瓦斯矿(相对瓦斯涌出量<5 m^3/t),因架线电机车产生电弧,引起瓦斯爆炸,导致多人伤亡。该井在 K_9 煤层运输大巷掘进溜煤眼时,因爆破后瓦斯大,造成 3 人窒息,原因是停止该溜煤眼的掘进和通风,致使该处瓦斯积聚。9 月 21 日全矿停产学习,主要通风机停止运转。22 日第一班恢复生产,因故主要通风机又停止运转,致使溜煤眼溢出的瓦斯积聚在运输大巷的顶部,未被冲淡排出。7 时 20 分电机车行驶到该处时,电弧引起瓦斯爆炸。爆炸 10 min 后主要通风机才开动,有害气体被风流带入下风侧的一个掘进工作面和采煤工作面,导致多人中毒伤亡。

国内外的统计资料也表明,低瓦斯矿井由于通风、爆破和机电设备管理不严格,导致爆炸事故时有发生。

建井时期,通风系统不断改变,独头巷道多,大量使用局部通风机,造成大断面巷道内风速较低。井巷揭开瓦斯含量较高的煤层或在煤层中掘进时,很容易发生瓦斯积聚现象。如果机电设备防爆性能不好,炸药使用不当,就有可能发生瓦斯爆炸事故。

(3) 采掘工作面发生瓦斯煤尘爆炸的概率大。

井下任何地点都有发生瓦斯爆炸的可能,但大部分发生在煤巷掘进工作面和采煤工作面。据统计,我国国有重点煤矿在 1983~1989 年间发生的 96 次特大瓦斯爆炸事故中,发生在采掘工作面的有 84 次,占总次数的 87.5%,其中掘

进工作面 61 次,占总次数的 63.5%。表 3-10 为我国 1970～1979 年 10 年间,瓦斯、煤尘爆炸发生地点的分类。

表 3-10 瓦斯、煤尘爆炸地点分类表

地点	次数	百分比/%
采煤工作面	43	49.43
掘进工作面	41	47.13
材料上山	2	2.3
溜煤眼	1	1.14
总计	87	100

瓦斯爆炸发生的场所主要有:① 采煤工作面;② 掘进工作面;③ 巷道或工作面的冒落区;④ 盲巷或瓦斯聚集区;⑤ 通风不良的场所;⑥ 机电硐室。

采煤工作面容易发生瓦斯爆炸的地点是工作面上隅角。因为在采空区内积存高浓度瓦斯的情况下,由于瓦斯相对密度小,能沿倾斜向上移动,部分瓦斯就从上隅角附近逸散出来。上隅角又往往是采空区漏风的出口,漏风将高浓度瓦斯带出。若有火源,则爆炸的机会增多。

采煤工作面内另一容易发生事故的地点是采煤机工作时切割机构附近,截槽内、截盘附近和机壳与工作面煤壁之间。此处瓦斯涌出量大,通风不好,容易积聚瓦斯。根据英国一个综采工作面测定,截槽内瓦斯浓度有时高达 75%。若采煤机械电气设备防爆性能不好,截齿与坚硬岩石(如黄铁矿)摩擦火花就成为点燃瓦斯的火源。

掘进工作面中,一方面,局部通风管理比较复杂、难度大,容易出现失误或管理不善。如局部通风机任意停开而临时停风、风筒损坏或接设不严而漏风、风筒末端距工作面太远而风量不足风速过低等,都不能将瓦斯及时冲淡、排出,常导致瓦斯积聚达到爆炸浓度。另一方面,煤巷掘进多用电钻打眼,经常爆破,出现机电设备失爆和爆破不符规定而产生引爆火源的可能性也较多。

对于煤与瓦斯突出矿井,地面井口附近、进风大巷也能积聚大量瓦斯,从而发生瓦斯燃烧与爆炸事故。如郑煤集团大平矿 2004 年 10 月 20 日因突出导致瓦斯涌入进风大巷,遇架线电机车火花引起爆炸事故。

(4) 通风管理不好是引起瓦斯积存,导致瓦斯爆炸的主要原因。

瓦斯积存的基本原因是大量瓦斯不断地涌出,而对其冲淡排出的风量不足、风速低,甚至完全停风。据统计,瓦斯积聚的规律是,越是靠近瓦斯涌出源的地点,瓦斯积聚的概率越高;越是风量不足、风速低或供风停顿延续的时间越长,瓦斯积聚量越大。

　　根据我国 1970～1979 年 10 年间发生瓦斯煤尘爆炸事故统计资料,引起瓦斯直接积聚的主要原因是停风、无风或通风不良,见表 3-11。由此可见,搞好通风管理工作,防止瓦斯积聚,是预防瓦斯爆炸的基本措施。

表 3-11　　　　　　　　瓦斯爆炸事故资料中积存瓦斯的直接原因统计表

积存瓦斯直接原因	局部通风机停运	风筒脱节	采掘工作面风量不足	风道堵塞	水采工作面无回风巷	改变通风系统	风流短路	自然通风	采空区瓦斯	总计
比例/%	42.8	6.8	19.7	4.5	2.2	3.4	1.1	11.5	8.0	100

　　(5)井下一切高温火源都有可能引起瓦斯燃烧、爆炸,但主要火源是电气火花和爆破。

　　煤矿井下的火源多种多样,常见的有:明火(火柴、香烟、气焊、喷灯、火灾)、煤炭自燃、爆破(爆破火焰、高温气体与微粒)、冲击摩擦火花(岩石与岩石、岩石与金属、金属与金属之间的冲击与摩擦)、绝热压缩高温(爆炸或大面积基本顶冒落产生的冲击波压缩)、电气火花、电弧、静电火花(高电阻介质摩擦产生高电位而静电放电)、高温热表面等。这些高温火源都能点燃瓦斯。表 3-12 为我国 1970～1979 年 10 年间发生瓦斯爆炸事故的火源分类统计表。从中可以看出电气火花引爆次数最多(56.2%),其次为爆破(27.7%)。

表 3-12　　　　　　　　　　引起瓦斯爆炸的火源原因统计表

引火原因	未封或少封炮泥	放糊炮	发爆器	多电缆放连珠炮	导爆索爆破	带电检修电气设备	矿灯	煤电钻	照明线路	蓄电池动力机车控器	动力电缆漏电短路	架线电机车火花	其他电火花	小绞车闸皮间的摩擦	自然明火	坚硬顶板冒落撞击火花	手镐刨石火花	井下吸烟
占爆炸总数的比例/%	10.4	4.6	5.8	5.8	1.1	13.8	11.5	8	4.6	2.3	2.3	1.1	12.6	1.1	4.6	2.3	3.5	4.6
	27.7					56.2								16.1				

　　随着煤矿机械化程度的提高,摩擦火花引燃瓦斯的事故逐渐增多。例如美国煤矿采掘机械工作时,摩擦火花引起的瓦斯燃烧和爆炸事故,1971 年为 33 次,1975 年为 51 次,1979 年增至 87 次。据英国统计,1965 年到 1973 年间,长壁工作面发生的瓦斯爆炸事故中,一半以上是由截装机构的摩擦火花引起的。

　　(6)特大型瓦斯爆炸发生与通风系统不可靠有关。

分析近年来发生的特大瓦斯爆炸事故的原因可知,它们都是破坏通风系统后造成的。

如 2000 年 9 月 27 日 20 时 30 分,贵州省水城矿务局木冲沟煤矿四采区 41114 机巷发生了一起特别重大的瓦斯煤尘爆炸事故,此次事故波及整个四采区,造成 162 人死亡,37 人受伤,其中重伤 14 人,直接经济损失达 1 227.22 万元。

(7) 特大型瓦斯爆炸一般都有煤尘参与爆炸。

(8) 绝大多数瓦斯爆炸事故是人为因素造成的,瓦斯积聚与现场管理有关。

国内外瓦斯爆炸事故原因的调查表明,绝大多数瓦斯爆炸具有组织上和人为的特点:思想麻痹,主观蛮干,管理松懈,违反劳动纪律和违章作业。根据 1970~1979 年 10 年间发生的 87 次瓦斯煤尘爆炸事故原因的分析,人为因素主要为:

① 违反技术规范,乱采乱挖,造成通风系统混乱,漏风严重,有效风量不足,瓦斯经常超限。这种现象在小煤窑开采时尤为严重。

② 瓦斯检查制度执行不严。在 87 次爆炸事故中竟有 72 次(占爆炸次数的 82.8%)未按规定检查瓦斯。

③ 局部通风管理很差,风筒破裂、脱节,被压现象严重;不执行局部通风机使用、维护和检修制度,甚至任意停开局部通风机。

④ 违章爆破,如多母线一次装药分次爆破,不装或少装炮泥,放糊炮,等等。

⑤ 井下电气设备失去防爆性能、带电检修以及电缆、照明线路漏电产生火花引起瓦斯爆炸。

⑥ 思想麻痹、管理松懈及违章作业。

国内外的事故统计表明,思想麻痹、管理松懈、违章指挥、违章作业,违反劳动纪律、作业前后不检查瓦斯浓度或"漏检"等是发生事故的重要原因。例如有的矿井在瓦斯涌出量很小的区域甚至在平常几乎都检查不出瓦斯存在的地点却发生了爆炸,就是这些原因所致。

3.8　预防瓦斯爆炸技术

生产矿井巷道中,氧气浓度大于 12% 的条件始终是具备的。所以,预防瓦斯爆炸的措施就是防止瓦斯的积聚和杜绝或限制高温热源的出现。此外还必须采取措施防止事故的扩大。

3.8.1　防止瓦斯积聚措施

3.8.1.1　引起瓦斯积聚的主要原因

所谓瓦斯积聚是指瓦斯浓度超过 2%，其体积超过 0.5 m³ 的现象。

井下瓦斯积聚是瓦斯爆炸的主要原因之一，也是爆炸的主要发源地。掌握引起瓦斯积聚的原因对制定预防对策和措施至关重要。瓦斯积聚的主要原因有：

（1）局部通风机停止运转

这种现象导致瓦斯积聚而引起爆炸的比例最大。有的是设备检修，有计划停电、停风；有的是机电故障、掘进工作面停工而停风；还有的是局部通风机管理混乱，任意开停等。

（2）局部通风机出现循环风

由于局部通风机安设的位置不合规定或全风压供给风量小于该处局部通风机的吸入风量等原因，都可能使局部通风机出现循环风，致使掘进工作面涌出的瓦斯反复回到掘进工作面，越积越多而达到爆炸界限。

（3）风筒断开或严重漏风

主要是施工人员不爱护通风设施，将风筒掐断、压扁、刮坏等，而通风人员义不能及时发现和进行维护、修补，造成掘进工作面风量不足而导致瓦斯积聚。

（4）采掘工作面风量不足

造成采掘工作面风量不足的原因多种多样，如不按需要风量配风、通风巷道冒顶堵塞、单台局部通风机供多头、风筒出口距掘进工作面太远等，都可能造成采掘工作面风量小、风速低而导致瓦斯积聚。

（5）风流短路

如打开风门而不关闭、巷道贯通后不及时调整通风系统等，都可能造成通风系统的风流短路而引起瓦斯积聚。

（6）通风系统不完善

自然通风、不合规定的串联通风、扩散通风和无回风道独眼井及通风设施不齐全等都是不合理通风，都可能引起瓦斯积聚而导致爆炸事故。

（7）采空区或盲巷

采空区或盲巷没有风流通过，往往积存有大量高浓度瓦斯，在气压变化或冒顶等使其涌出或突然压出时都可能导致瓦斯爆炸。

（8）瓦斯涌出异常

断层、褶曲或地质破碎地带是瓦斯的富集区域，在接近或通过这些地带时，瓦斯涌出可能会突然增大，或忽大忽小变化无常，而且容易冒顶造成瓦斯积聚。

(9) 排放瓦斯时未进行有效控制

3.8.1.2　瓦斯积聚预防和处理

(1) 预防瓦斯积聚

凡井下瓦斯涌出量较大、通风不良或风流达不到的地点,都很容易发生局部瓦斯积聚。如采煤工作面的上隅角,采掘工作面输送机底槽内,顶板冒落空洞内,临时停风的掘进巷道,风速较低的巷道顶板附近以及采煤工作面的采空区边界处等。

老空区和封闭的盲巷内往往积存有大量的高浓度瓦斯,如果密闭墙不严密、漏风压差增大,可能从墙内漏出,在墙外形成积聚。

确定井下完全避免发生积聚的地段,进行定期检查和处理。

① 加强瓦斯抽采,提高瓦斯抽放率,减少瓦斯涌出,这是源头防止瓦斯积聚的有效措施。

② 建立合理、可靠的通风系统,防止瓦斯积聚。

有效的通风是防止瓦斯积聚最基本最有效的方法。针对采掘工作面瓦斯涌出特点合理选择通风系统,做到风流稳定,实现按需供风,保证有足够的风量和风速,避免循环风;局部通风风筒末端要靠近工作面,爆破时间内也不能中断通风,向瓦斯积聚地点加大风量和提高风速,等等。

③ 加强局部通风管理。

瓦斯爆炸事故的统计分析表明,因局部通风管理不善导致瓦斯爆炸的案例所占比重较大。因此,加强局部通风管理是防止瓦斯积聚和爆炸的重要措施。

④ 加强对瓦斯浓度和通风状况进行检测和巡检,及时发现和处理瓦斯超限。瓦斯燃烧和爆炸事故统计资料表明,由于瓦斯检查工不负责,玩忽职守,没有认真执行有关瓦斯检查制度是造成瓦斯积聚的重要原因之一。

⑤ 认真执行排放停风区瓦斯的安全措施。

停风区在恢复通风前,必须首先检查瓦斯浓度。只有其最高瓦斯浓度不超过 1.0% 和最高二氧化碳浓度不超过 1.5% 时,方可人工开启局部通风机,恢复正常通风。否则,必须采取安全措施,有控制地排放瓦斯,且其回风系统内必须停电撤人。

(2) 预防和及时处理局部瓦斯积存

生产中容易积存瓦斯的地点有:采煤工作面上隅角,独头掘进工作面的巷道隅角,顶板冒落和突出的空洞内,低风速巷道的顶板附近,停风的盲巷中,综放工作面放煤口及采空区边界处,以及采掘机械切割部分周围,等等。预防和及时处理局部瓦斯积存是矿井日常瓦斯管理的重要内容,也是预防瓦斯爆炸事故,搞好安全生产的关键工作。

① 采煤工作面上隅角瓦斯积聚的处理我国煤矿处理采煤工作面上隅角瓦斯积聚的方法很多,大致可以分为以下几种:

a. 风障引导风流法。在工作面上隅角附近设置风障或木板隔墙,迫使一部分风流经过上隅角将积聚的瓦斯排出,如图 3-6(a)所示。

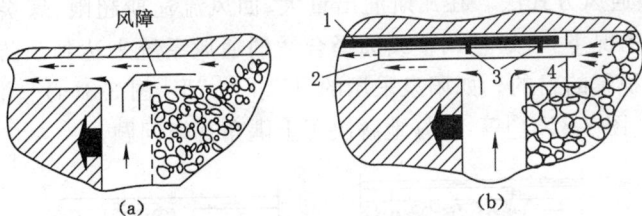

图 3-6　风障和引射器法处理工作面上隅角瓦斯积聚
(a)风障引导法处理上隅角瓦斯积聚;(b)水利引射器处理上隅角瓦斯积聚
1——水管;2——导风筒;3——喷嘴;4——风障

b. 风筒导排风流法。又可分为水利引射器、电动通风机、压气引射器三种导排方式,其原理和布置方法是相同的,如图 3-6(b)所示。风筒进风口设在上隅角瓦斯积聚点,工作面中的一部分风流流经上隅角进入风筒口时,把积聚的瓦斯冲淡、带走。

c. 尾巷排放法。此法是将回风巷后面的联络眼的密闭打开,在工作面回风巷中增设调节风门或挂风帘,迫使一部分风流漏入采空区,以冲排上隅角积聚的瓦斯,风流最后经联络眼排出,如图 3-7(a)所示。

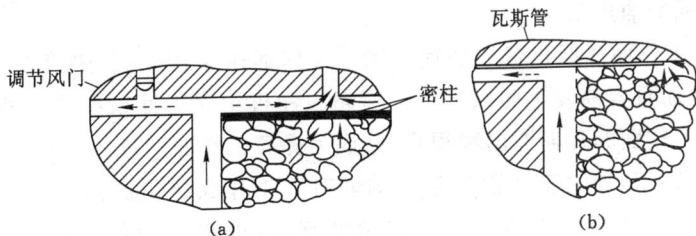

图 3-7　尾巷和抽放法处理工作面上隅角瓦斯积聚
(a)沿空留巷排放法;(b)抽放排除法

d. 沿空留巷排放法。其实质同尾巷排放法,即在工作面回风巷中打密柱沿空留巷,使部分风流通过上隅角,以冲淡和带走上隅角积聚的瓦斯,如图 3-7(a)所示。

e. 抽放排除法。即通过向采空区打钻或埋设管路,利用矿井瓦斯抽放系统

（或移动抽放瓦斯泵）将上隅角积聚的瓦斯抽出（进入抽放瓦斯主管路或排人矿井总回风道），如图 3-7（b）所示。

　　f. 局部通风机排除法。选择合适位置安设局部通风机，其风筒口接至上隅角，利用局部通风机的风量稀释和排出积聚的瓦斯。

　　g. 调整通风方式法。在瓦斯涌出量大、回风流瓦斯超限、煤炭无自然发火危险条件的情况下，可通过调整或选择合适的通风系统来达到预防和排除上隅角局部瓦斯积聚的目的。如阳泉采用的"U"＋"L"形［图 3-8（a）］、淮南采用"Y"形通风系统［图 3-8（b）］等，很好地解决了上隅角瓦斯问题。

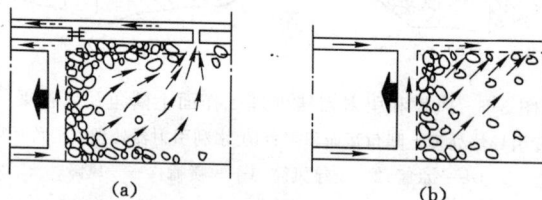

图 3-8　调整通风方式
（a）带尾巷的"U"形系统；（b）"Y"形通风系统

　　高瓦斯工作面采用并联掺新的通风系统，不但可以降低采煤工作面的风速，而且掺新的风流与工作面流出的风流相遇而紊流混合，就能防止瓦斯积聚。

　　在工作面绝对瓦斯涌出量超过 $5\sim6$ m³/min 的情况下，单独采用上述方法，可能难以收到预期效果，必须进行邻近层或开采煤层的瓦斯抽放，以降低整个工作面的瓦斯涌出量。

　　② 综采工作面瓦斯积聚的处理。综采工作面由于产量高、进度快，不但瓦斯涌出量大，而且容易发生回风流中瓦斯超限和机组附近瓦斯积聚。处理高瓦斯矿井综采工作面的瓦斯涌出和积聚，已成为提高工作面产量的重要任务之一。目前采用的措施是加大工作面风量。例如有些工作面风量高达 $1\,500\sim2\,000$ m³/min。为此，应扩大风巷断面与控顶宽度，改变工作面的通风系统，增加进量。

　　可通过防止采煤机附近的瓦斯积聚增加工作面风速或采煤机附近风速。国外有些研究人员认为，只要采取有效的防尘措施，工作面最大允许风速可提高到 6 m/s。工作面风速不能防止采煤机附近瓦斯积聚时，应采用小型局部通风机或风、水引射器加大机器附近的风速。也可采用下行风防止采煤机附近瓦斯积聚。

　　③ 顶板附近瓦斯层状积聚的处理。如果瓦斯涌出量较大，风速较低（小于 0.5 m/s），在巷道顶板附近就容易形成瓦斯层状积聚。层厚由几厘米到几十厘

米,层长由几米到几十米。层内的瓦斯浓度由下向上逐渐增大。据统计,英国和德国瓦斯燃烧事故中,有 2/3 发生在顶板瓦斯层状积聚的地点。预防和处理瓦斯层状积聚的方法有:

a. 加大巷道的平均风速,使瓦斯与空气充分地紊流混合。一般认为,防止瓦斯层状积聚的平均风速不得低于 0.5~1 m/s。

b. 加大顶板附近的风速。如在顶梁下面加导风板将风流引向顶板附近;或沿顶板铺设风筒,每隔一段距离接一短管;或铺设接有短管的压气管,将积聚的瓦斯吹散;在集中瓦斯源附近装设引射器。

④ 将瓦斯源封闭隔绝。如果集中瓦斯源的涌出量不大时,可采用木板和黏土将其填实隔绝,或注入砂浆等凝固材料,堵塞较大的裂隙。

⑤ 顶板冒落孔洞内积存瓦斯的处理常用的方法有:用砂土将冒落空间填实;用导风板或风筒接岔(俗称风袖)引入风流吹散瓦斯。

⑥ 对恢复有大量瓦斯积存的盲巷或打开密闭时的处理措施要特别慎重,必须制定专门的排放瓦斯安全措施。

3.8.2　防止瓦斯引燃的措施

防止瓦斯引燃的原则是要坚决杜绝一切非生产必须的热源。生产中可能发生的热源,必须严加管理和控制,防止它的产生或限定其引燃的能力。

3.8.2.1　引起瓦斯爆炸的主要火源

煤矿井下引起瓦斯爆炸的点燃源主要有如下几类:

① 机械类。包括机械运行中的摩擦、坚硬岩石及钢铁支架、设备之间的撞击。

② 电气类。与输电线路、电气设备有关的电火花、电弧、电器失爆等。

③ 火焰类。有燃烧反应的点燃,如吸烟、火灾、气体切割和焊接等。

④ 炸药类。与炸药爆破有关的点燃,如使用非许可炸药、钻孔充填不当引起爆破火焰等。

⑤ 其他类。上述不包含的点燃,如闪电、压缩管路破裂气体喷出等。

(1) 电火花

由于对井下照明和机械设备的电源及电器装置的管理不善或操作不当,如矿灯失爆、电钻失爆、带电作业、电缆漏电或短路、电缆明头或抽线、电器开关失爆、电机车架线出火及杂散电流、静电等而产生的电火花,是引起瓦斯爆炸的主要火源之一。据 1983~1989 年不完全统计,这 7 年内所发生的 96 次特大瓦斯爆炸事故中,电火花引爆次数占 46.9%,其中矿灯失爆、电缆漏电、明接头及带电作业所占比例较大。

（2）爆破火花

主要是炮泥装填不满、最小抵抗线不够和放明炮、放糊炮、接线不良、使用不符合瓦斯等级的炸药和炸药变质等引起的。据1983～1989年统计,爆破火花引爆瓦斯的次数占爆炸总次数的35.4%,是引爆瓦斯事故的另一主要火源。

（3）撞击、摩擦火花

煤矿井下岩石和金属撞击、金属摩擦产生火花的情形多种多样,机械设备之间的撞击、截齿与坚硬夹石之间的摩擦、坚硬顶板冒落时的撞击、金属表面之间的摩擦等,都可能产生火花而引爆瓦斯。随着机械化程度的提高,因撞击、摩擦火花引爆的瓦斯事故在逐渐增多,仅次于电火花和爆破火花。

（4）明火

井下虽严禁明火,但因种种因素影响,井下明火并未能杜绝。井下明火的来源主要有煤炭自然发火及形成的火区、井下施焊、吸烟等,这使得明火引起的瓦斯爆炸事故时有发生。

（5）煤炭自燃

煤炭自燃是引燃采空区瓦斯爆炸的火源之一,在我国曾多次发生此类事故。如2006年6月28日阜新五龙煤矿瓦斯爆炸就是因为煤炭自燃引起的,这次事故造成32人死亡,伤31人,直接经济损失839万元。2003年丰城建新煤矿"11.14"瓦斯爆炸是煤炭自燃引燃突出孔洞内积聚的瓦斯造成的,导致51人死亡,5人轻伤。此类事故总数不少。

3.8.2.2 防止瓦斯引燃的措施

控制和严禁一切非生产的火源,防止引燃。《煤矿安全规程》规定,严禁携带烟草、点火物品和化纤衣服入井;必须有防止烟火进入井筒的安全措施;井下严禁使用灯泡取暖和电炉,不得从事电焊、气焊和喷灯焊接等工作;井口房、扇风机房和抽瓦斯泵房周围20 m范围内,禁止有明火;矿灯应完好,如果有电池漏液、亮度不够、电线破损、灯锁不良、灯头密封不严、灯头圈松动、玻璃破裂等情况,不得发出;应爱护矿灯,严禁拆开、敲打、撞击;任何人发现井下火灾时首先应立即采取一切可能的方法直接灭火,并迅速报告矿调度室;严格井下火区管理等。

① 采用安全炸药,严格执行爆破规程。

炮眼布置不当,炮泥充填不符合要求,导致爆破效果低,产生的气体温度高,存在时间长;炸药或雷管质量不好或失效,爆破后能残留带有余热的碎屑,这些都是引燃瓦斯的热源。例如,1985年8月24日淮南某矿,在高瓦斯煤层掘进时,发生爆破引起瓦斯爆炸事故。事故中专职检查员和爆破工都死在迎头62 m左右的发爆器附近,这说明,爆破后未摘掉母线就发生了瓦斯爆炸。调查表明,这次事故违反了有关规定,炮眼内煤粉未掏尽,药卷之间未接实,无底座炮泥,采用反向爆破,残孔中的炮泥长度不够而留下明显的拔炮燃烧痕迹,最终导致爆破火焰引起瓦斯爆炸。

在有瓦斯或煤尘爆炸危险的煤层中,采掘工作面都必须使用取得产品许可证的煤矿许用炸药和雷管。

有瓦斯或煤尘爆炸危险的采掘工作面,应采用毫秒爆破。在掘进工作面必须全断面一次起爆;在采煤工作面,可采用分组装药,但一组装药必须一次起爆。严禁在一个工作面使用 2 台爆破器同时进行爆破。

在高瓦斯矿井中爆破时都应采用正向起爆。低瓦斯矿井采用毫秒爆破时可反向起爆,但必须制定安全措施,经矿总工程师批准。

井下爆破工作必须由专职爆破工担任。在煤与瓦斯突出煤层,专职爆破工的工作必须固定在一个工作面。

打眼、装药、封泥和爆破以及爆破前后的检查、监测与警戒,都必须符合《煤矿安全规程》的有关规定。

必须强调指出,糊炮、明火爆破、一次装药分次爆破和炮泥充填不好,会多次引起瓦斯燃烧、爆炸,必须绝对禁止。

② 正确选用井下电气设备,做好安装、使用和维修工作。

近年来,煤矿自动化程度越来越高,使瓦斯爆炸的潜在危险增加。只有严格按照有关规定,正确选型、安装和操作,并经常检查与维修,使之处于完好状态,才能防止电气设备产生的高温引燃瓦斯。

井下不得带电检修、搬迁电气设备(电缆和电线)。检修或搬迁前,必须切断电源,并用同电源电压相适应的验电笔检验。检查无电后,必须检查瓦斯,在其巷道风流中瓦斯浓度在 1% 以下,方可进行导体对地放电。控制设备内部安有放电装置的,不受此限。必须带电搬迁设备时应制定安全措施,报矿总工程师批准。

井下防爆电气设备在入井前应由指定的、经矿务局考试合格的电气设备防爆检查员检查其安全性能,取得合格证后,方准入井。

为了防止地面雷电波及井下引起瓦斯、煤尘爆炸以及火灾,必须在供电线路的入井处装设避雷装置;在入井轨道和露天架空入(出)井管路的井口附近,金属体必须有不少于 2 处的良好的集中接地;在通信线路的入口处装设熔断器和避雷装置。

井下防爆电气设备的运行、维护和修理,必须符合防爆性能的各项技术要求。防爆性能受到破坏的电气设备应立即更换,不得继续使用。

井下供电应做到无"鸡爪子"、无"羊尾巴"、无明接头,有过电流和漏电保护装置,有螺钉和弹簧垫,有密封圈和挡板,有接地装置;电缆悬挂整齐,设备硐室清洁整齐;防护装置全,图纸资料全,绝缘用具全;坚持使用检漏继电器,坚持使用煤电钻、照明和信号综合保护,坚持使用瓦斯、电和风电闭锁。

③ 防止静电火花。

现代工业中广泛使用高分子聚合材料(塑料、橡胶、树脂等)制品,煤矿井下使用的柔性风筒、运输机胶带和塑料管道等都应使用防静电材料;否则容易因摩擦而积聚静电,当其静电放电时,就能引燃瓦斯或发生火灾。例如某矿曾因塑料管静电放电引起瓦斯爆炸。事后测定,该塑料管表面电阻值高达 3×10^{18} Ω,静电电压高达 9 000 V。

根据《煤矿井下用非金属(聚合物)制品安全性能检验规范》规定,煤矿井下应该采用抗静电难燃的聚合材料制品,其内、外两层表面的表面电阻都必须不大于 3×10^{8} Ω,并在使用中能保持这一数值。

④ 防止摩擦火花和摩擦热表面。

随着煤矿机械化程度的提高,防止机械摩擦火花和金属、非金属表面摩擦的高温发热[如截齿与坚硬夹石(如黄铁矿)摩擦,金属支架与顶板岩石(如砂岩)摩擦,金属部件本身的摩擦或冲击,等等],显得日益重要。国内外都对这类问题进行了广泛研究。防止摩擦火花和摩擦热,表面的主要措施有:在摩擦发热的部件上安设过热保护装置(例如在液压联轴节上的易熔合金塞)和温度检测报警断电装置;使用难引燃性能的合金工具;在摩擦部件金属表面熔敷活性低的金属(如铬),使之形成的摩擦火花难以引燃瓦斯,或在铝合金表面涂敷抗静电物质以降低表面电阻,以防摩擦火花的发生。对于动力传动机构产生摩擦热处,应搞好润滑、保养;清除污物,严防异物进入等,这是预防这类火源的根本措施。

为了防止摩擦冲击火花和过热危险,《煤矿安全规程》规定:工作面遇有坚硬夹矸或硫化铁夹层,应放震动炮处理,不得用采煤机强行截割;掘进机遇有超过设计截割硬度的岩石时,应退出掘进机,然后采用爆破法处理。截齿要定期检查,使它保持完整和尖锐状态;在滚筒截齿的后部多孔喷水或泡沫等对于防止摩擦火花引燃瓦斯也有明显效果。

落锤冲击引燃瓦斯试验结果表明,材质不同,引燃瓦斯所需的功不同,铝合金为 34.3 J,镁合金为 264.8 J;碳钢为 627.6 J,铍铜合金(含铍 2%～3%,钴0.35%～0.65%的铜合金,它比其他铜合金强度大、硬度高)大于 627.6 J。因此在爆炸危险气体环境中,不要使用像钢铁那样脆、容易氧化并且发热量大的材料制作的工具,更不能用铝合金;而要选用像铍铜合金那样软性的不易氧化且发热量又小的材料制成的工具(锤、扳手、铲、镐)。

⑤ 防止煤炭自燃和明火火灾。

3.8.3 防止瓦斯爆炸灾害事故扩大的措施

万一发生爆炸,应使灾害波及范围局限在尽可能小的区域内,以减少损失,因此,建立防爆、隔爆、抑爆体系就是把瓦斯煤尘爆炸控制在最小破坏范围内。

如果井下局部地区一旦发生瓦斯爆炸,就应使其波及范围尽可能缩小,不致引起全矿井的瓦斯爆炸。为此,平时要做好以下工作:

① 每一生产水平、每一采区都要布置单独的回风道,实行分区通风。

② 通风系统力求简单,总进风道与总回风道布置间距不得太近,以防发生爆炸时使风流短路。报废的巷道应及时封闭。

③ 装有主要通风机或分区主要通风机的出风井,必须安装防爆门,以防发生爆炸时通风机被摧毁,造成救灾和恢复生产的困难。

④ 工作面回风系统尽可能不安设调节风窗。实践表明,瓦斯爆炸后导致风流逆转的原因是爆炸后气流排泄不畅通。

⑤ 采取综合防尘措施,减少巷道积尘,防止煤尘参与瓦斯爆炸。

⑥ 在连接矿井的两翼、相邻的采区、相邻的煤层和采掘工作面等处的巷道中,设置"隔爆水棚"或"岩粉棚"、水幕或撒布岩粉,用以阻止爆炸火焰的传播。

⑦ 编制周密的矿井灾害预防和瓦斯爆炸事故处理计划。

参考文献

[1] 张国枢. 通风安全学[M]. 徐州:中国矿业大学出版社,2000.

[2] 赵衡阳. 气体和粉尘爆炸原理[M]. 北京:北京理工大学出版社,1996.

[3] 费国云. 独头巷道中瓦斯爆炸引爆沉积煤尘的试验[J]. 煤炭工程师,1997(4).

[4] 徐景德,徐胜利,杨庚宇. 矿井瓦斯爆炸传播的试验研究[J],煤炭科学技术,2004,32(7).

[5] 林柏泉,叶青,翟成,等. 瓦斯爆炸在分岔管道中的传播规律及分析[J]. 煤炭学报,2008,33(2).

[6] 冯长根. 热爆炸理论[M]. 北京:科学出版社,1988.

[7] 周心权,吴兵,徐景德. 煤矿井下瓦斯爆炸的基本特性[J]. 中国煤炭,2002,28(9).

[8] 徐景德. 矿井瓦斯爆炸冲击波传播规律及影响因素的研究[D]. 徐州:中国矿业大学,2007.

[9] 何学秋,杨艺,王恩元,等. 障碍物对瓦斯爆炸火焰结构及火焰传播影响的研究[J]. 煤炭学报,2004,29(2):186-189.

[10] 林柏泉,张仁贵,吕恒宏,等.瓦斯爆炸过程中火焰传播规律及其加速机理的研究[J].煤炭学报,1999,24(1):56-59.

[11] 林柏泉,周世宁,张仁贵,等.障碍物对瓦斯爆炸过程中火焰和爆炸波的影响[J].中国矿业大学学报,1999,28(2):104-107.

[12] 菅从光.管内瓦斯爆炸传播特性及影响因素研究[D].徐州:中国矿业大学,2003.

[13] 谢波.挡板障碍物加速火焰传播及其超压变化的实验研究[J].煤炭学报,2002,27(6):627-630.

[14] 司荣军.矿井瓦斯煤尘爆炸传播实验研究[J].中国矿业,2008,17(1):81-84.

4 煤与瓦斯突出防控体系

4.1 概述

4.1.1 煤与瓦斯突出的现状

煤与瓦斯突出是在煤层开采过程中,在地应力和瓦斯的共同作用下,破碎的煤岩由煤体或岩体内突然向采掘空间抛出,并伴随大量瓦斯异常涌出的一种复杂动力现象,如图 4-1 所示。

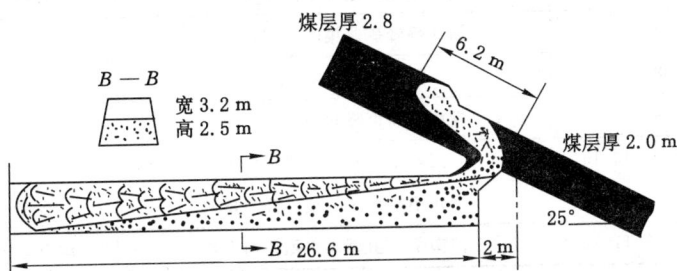

图 4-1　南桐东林矿+310 m 水平石门突出

(突出煤量 130 t)

1834 年 3 月 22 日,在法国鲁阿雷煤田依萨克煤矿急倾斜厚煤层平巷掘进工作面发生了有史料记载的世界上第一次煤与瓦斯突出。

1969 年 7 月 13 日,苏联顿巴斯矿区加加林煤矿发生煤与瓦斯突出,这是世界上最大的一次突出。当石门揭穿厚仅 1.3 m 煤层时,发生了突出,突出煤(岩)14 200 t,涌出瓦斯 25 万 m³。

我国是突出比较严重的国家之一。仅 2006 年,全国共发生一次死亡 3 人以上的煤与瓦斯突出事故 40 起,死亡 262 人,事故起数占瓦斯事故的 26.1%,死亡人数占瓦斯事故的 24.4%[4]。40 起煤与瓦斯突出事故分别发生在全国 10 个省(市)。2006 年和 2007 年全国一次死亡 10 人以上特大煤与瓦斯突出事故情况如表 4-1 所列。

表 4-1　　　　2006 年和 2007 年一次死亡 10 人以上特大煤与瓦斯突出事故汇总

序号	事故日期	事故单位	企业类别	死亡人数
1	2006.01.05	淮南矿业集团望峰岗煤矿	国有重点	12
2	2006.02.10	郑州煤炭工业(集团)马岭山公司	国有重点	15
3	2006.02.25	湖南隆回县周旺镇大园煤矿	乡镇	18
4	2006.03.12	湖南郴州永兴县香梅乡高坪煤矿	乡镇	11
5	2006.03.26	贵州兖矿能化有限责任公司五轮山煤矿	国有重点	15
6	2006.05.10	四川宜宾市兴文县石林镇坳田煤矿	乡镇	11
7	2006.07.29	云南曲靖市富源县滇东能源公司白龙山煤矿	股份制公司	11
8	2006.12.03	湖南娄底市涟源市安平镇观音一矿	乡镇	12
9	2006.12.13	湖南衡阳市常宁市裕民煤矿	国有地方	12
10	2007.3.27	贵州水城矿业集团汪家寨煤矿	国有重点	10
11	2007.4.19	河北峰峰矿业集团大淑村煤矿	国有重点	17
12	2007.4.20	河北邯郸集团陶二矿	国有重点	11
13	2007.5.24	湖南郴州市临武县凤凰岭煤矿	乡镇	13
14	2007.10.13	江西丰城矿务局建新煤矿	国有重点	19
15	2007.11.08	贵州毕节地区纳雍县群力煤矿	乡镇	35
16	2007.11.12	河南平顶山煤业集团公司十矿	国有重点	12

1950 年 4 月 20 日吉林辽源矿务局富国矿西二坑发生煤与瓦斯突出,这是我国有记载的最早的一次突出。我国最大的一次突出发生在 1975 年 8 月 8 日,是四川天府矿务局三汇坝一矿在主平硐揭穿煤层时发生的,突出煤(岩)12 780 t,涌出瓦斯近 140 万 m^3。

平顶山在 1989 年之前为非突出矿区。1984 年 10 月 13 日八矿戊二沿煤皮带下山发生煤与瓦斯突出,是平顶山矿区有文字记载的第一次突出。平顶山最大一次突出于 2000 年 10 月 15 日发生在八矿戊二沿煤皮带下山,突出煤量 551 t,涌出瓦斯 30 103 m^3。

但随着矿井开采深度的增加,突出危险性不断增大。目前,平煤集团有突出矿井 5 对(四矿、五矿、八矿、十矿和十二矿),有突出预兆矿井 5 对(一矿、六矿、十一矿、十三矿和香山公司)。

2007 年 11 月 12 日平煤十矿己$_{15-16}$—24110 采面发生一起由地应力引起的

煤与瓦斯突出事故,突出煤量 2 000 t,突出瓦斯量 40 000 m³,突出煤流长度大于 280 m,造成 12 人死亡。

到 2008 年底,平顶山矿区共计发生各类突出 138 次,因发生突出造成的死亡事故有 5 起,共计 34 人遇难。

由此可见,煤与瓦斯突出在目前乃是我国和平煤集团的主要矿井灾害之一。

4.1.2　煤与瓦斯突出的危害

煤与瓦斯突出是一种极其复杂的动力现象,它在短时间内向采掘空间抛出大量煤(岩)并涌出大量瓦斯,给矿井安全生产造成严重威胁。

小型的煤与瓦斯突出,喷出的煤量和瓦斯量一般不会造成严重后果,不难处理。大型和特大型突出,后果都比较严重。

① 突出产生大量的煤、岩流充塞巷道,摧毁巷道、机电设备和通风设施,破坏通风系统,导致井下风流紊乱。如 2002 年 4 月 7 日,淮北芦岭煤矿Ⅱ818—3# 溜煤斜巷(岩巷)发生特大煤与瓦斯突出。突出瓦斯量约为 93.82 万 m³,突出煤岩总量约 8 729 t,填满的巷道总长度约 796 m。突出共造成 13 人伤亡,其中直接被煤体掩埋 8 人,窒息 5 人;通风系统被破坏,高浓度瓦斯进入进风井底,瓦斯流距突出点最远达 3 120 m ,导致地处 1 200 m 远人员伤亡。

② 大型突出时,巨大的气流可使风流逆转,有害气体扩散到进风系统,扩大灾害范围。如 1971 年六枝矿务局大用煤矿突出煤量 2 000 余吨,死亡 99 人,风流逆转,造成人员窒息,遇害人员距突出地点达 700~800 m。

③ 突出煤岩流直接掩埋附近的工作人员,并造成伤亡。

④ 喷出的大量高浓度瓦斯,造成人员窒息死亡。如 1998 年 12 月 24 日沈阳矿务局红菱矿揭煤时发生特大型突出,突出煤量 4 082 t 瓦斯 41 万 m³,瓦斯逆流 2 160 m,死亡 28 人,遇害多为局矿级和基层单位领导,其中包括矿总工程师、副总工程师、局通风处处长等 5 名处级干部,其他人员除爆破施工人员外,也多为区队长和矿救护人员。

⑤ 高浓度的瓦斯遇火源,引起瓦斯燃烧和爆炸等。如 2004 年 10 月 20 日郑煤集团大平煤矿发生煤与瓦斯突出,导致反向风门破坏,突出瓦斯进入进风风流,造成灾害扩大,造成 148 人死亡,32 人受伤。

⑥ 喷出的粉碎煤炭,如长时间未被清理运出,可发生自燃;突出形成的孔洞若不能及时充填,其内浮煤也可发生自燃。如 2003 年 11 月 23 日,江西丰城建新矿 1010 采煤面运输巷 2# 孔洞内浮煤自燃,并引爆洞内积聚瓦斯,导致特大瓦斯爆炸事故,造成 51 人死亡。

4.1.3 煤与瓦斯突出的分类

（1）按动力现象的力学特征分类

按照煤与瓦斯突出的力学的基本特征，可分突出、压出和倾出三类。其特征如表4-2所列。

表4-2 突出、压出和倾出现象特征表

特征	突出	压出	倾出	三者关系
成因	煤体与构造、地应力和瓦斯压力	地质构造和采动应力为主	重力为主	瓦斯作用逐渐减弱
瓦斯涌出量	大	较大	小，1 h 内降为正常	逐渐减小
强度与破坏性	明显的动力效应，破坏性大	较大	无明显动力效应，破坏性小	逐渐降低
煤块抛出距离	抛出远	整体位移或抛出距离不远	塌落堆积	逐渐减小
抛出物堆积角	小于自然安息角	自然安息角	近似自然安息角	
抛出物分选性	有	无	无	
煤的块度	破碎程度高，煤粉较多		碎煤多	
对通风系统作用	可能有破坏，严重时可能逆流	一般	无	
突出孔洞形状	口小腔大的梨形、舌形等	没有孔洞或呈口大腔小的楔形孔	较规则，自然拱形，孔口大腔小	
预兆	瓦斯增大或忽大忽小，煤壁降温	工作面掉碴，支架来压，煤体内出现劈裂声、闷雷声等	煤硬度变低，工作面掉碴，支架来压等	

注：分选现象是指靠近突出地点巷道下部堆积为块煤，较远的地方为碎煤，远处和煤堆上部为粉煤。

（2）按突出的强度分类

突出强度是指每次突出的煤岩数量和涌出的瓦斯量，主要以突出煤岩量作为划分突出强度的依据。

按照突出强度的大小可分为四类，即：小型、中型、大型和特大型。

① 小型突出:强度小于 100 t;

② 中型突出:强度在 100 t(含 100 t)～500 t(不含 500 t)之间;

③ 大型突出:强度在 500 t(含 500 t)～1 000 t(不含 1 000 t)之间;

④ 特大型突出:强度在 1 000 t(含 1 000 t)以上。

(3) 按突出时间分类

有延期突出和不延期突出两种。延期突出一般占突出总数的百分之几,但有些矿比重较大,如韩城局下裕口矿 17 次突出中有 9 次是延期突出。延长时间无规律,从几分钟到十几小时,有的甚至几天。延期突出多发生于石门揭煤。

4.2　煤与瓦斯突出机理[3,4,5,6]

煤与瓦斯突出机理是指发生突出的起因和过程中主要因素的作用及其相互关系的理论。

4.2.1　煤与瓦斯突出的机理

煤与瓦斯突出是一种复杂的动力现象,它的机理还没有形成统一的见解。世界上许多产煤国家对煤与瓦斯突出的机理开展了广泛研究,提出了多种假说。目前,基本形成的共识是瓦斯压力、地应力和煤的物理力学性能综合作用的结果,是煤岩体内聚积大量潜能迅速释放的形式。

瓦斯与煤岩突出存在三个必要条件:

① 工作面前方存在具有较高瓦斯能量和地应力(顶压)的局部高能量煤体(一定区域内的煤层),其中瓦斯能量是主要的,地应力是第二位的,否则便是冲击地压。

由于采掘活动,在作业面前方形成集中应力带。正常情况下随着工作面的推进,这个集中应力带以与采掘差不多的速度向前移动,煤层的弹性能得到缓慢而均匀的释放,瓦斯涌出也比较均衡。当出现突出危险时,可能有多种情况,但是它们的地应力曲线和瓦斯压力曲线大体上是类似的,即突出前工作面前方的地应力曲线和瓦斯压力曲线都显著变陡,形成较高应力梯度。现以图 4-2 所示为例说明突出过程。

第一种情况如图 4-2(a)所示,煤体硬度不均匀,前方出现硬煤包裹体。当工作面由位置 Ⅰ 推进到位置 Ⅱ 时,地应力曲线由 σ_{I} 变为 σ_{II},因为硬煤包裹体强度大,支撑能力强,集中应力明显增高,应力梯度也变大(曲线变陡);在工作面由位置 Ⅰ 至位置 Ⅱ 的区段(一般推进 1～2 d),看不到煤壁有压出,工作面前方煤层顶底板也观测不到有接近现象,因为硬煤包裹体的支撑,使顶底板的移动发生停

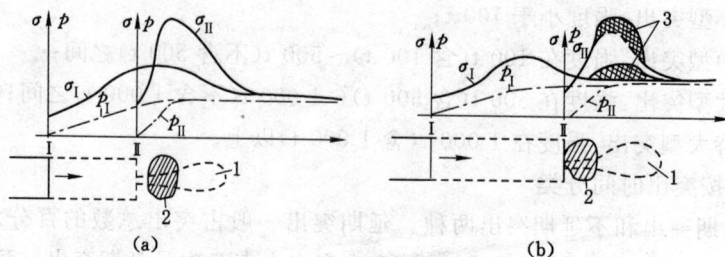

图 4-2　突出前工作面前方地应力与瓦斯压力变化

1——突出孔；2——硬煤体；3——地质构造应力

σ_I、σ_{II}——工作面在 I、II 位置时地应力分布；

p_I，p_{II}——工作面在 I、II 位置时瓦斯压力分布

滞，煤层弹性能的释放也就基本上停止；而硬煤包裹体前方的软煤内经历着一个积蓄弹性能的过程。由于集中应力带的煤的透气性很差，导致瓦斯释放、压力线变陡，即瓦斯压力梯度明显增大。当工作面接近硬煤包裹体时，它逐渐变成临界状态，工作面出现来压、煤变软等突出预兆。这时工作面煤壁对外力很敏感，任何采掘工序，特别是落煤，都可引起硬煤包裹体内薄弱点的力平衡破坏，并且使破碎迅速波及硬煤包裹体前方的软煤突然破碎，使瓦斯压力向巷道方向上的推力增加几倍到十几倍，急速膨胀着的瓦斯流把煤抛入巷道而发生突出。破碎煤被瓦斯及时运走后，突出孔煤壁立即处于单向受压状态，这时煤的强度较原来三向受压时骤然降低，同时突出孔壁的地应力值、地应力梯度以及瓦斯压力梯度又突然增大，引起突出孔煤壁的连锁冲击、破碎，使破碎连续地向煤体深部发展，直到新的平衡建立时突出才停止，可见瓦斯的连续快速运搬作用是突出不断向深部发展的先决条件。

突出也可能是由于原地应力中有较人的地质构造应力所引起的。在地质构造应力区内，煤的强度往往是不均一的，这样，突出的危险就更大了，但是突出的准备、发动、发展过程与上述相仿，如图 4-2(b)所示，图中网线区表示局部地质构造应力区，当工作面推过位置 I 时，地质构造应力区的煤逐渐积蓄新的能量，至位置 II 时开始突出。

② 局部高能煤体与自由面之间的煤岩体的强度要低。

③ 煤体中蕴含大量的可迅速释放的瓦斯。

瓦斯与煤岩突出的充分条件是，存在诱发突出的外部因素，破坏平衡状态。

突出是上述因素综合作用的结果。突出的动力是地应力和煤层中的瓦斯压力；突出的阻力是煤层的强度以及外界条件。控制这些因素是防治煤与瓦斯突出的理论依据和技术基础。

采掘工作面突出前的状态如图 4-3 所示。突出系统由高能煤岩体、隔离体和自由空间三部分组成。突出前,由于高能煤岩体与自由面之间存在一个隔离体(亦称"塞子"),使得系统处于平衡状态。当爆破等外部因素导致隔离体抗拒力(强度)减弱和降低,或采掘活动导致高能岩体的能力增加时,则平衡失去破坏,便发生突出事故。

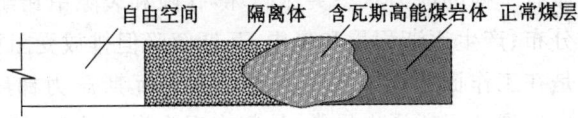

自由空间　隔离体　含瓦斯高能煤岩体　正常煤层

图 4-3　采掘工作面突出前的状态

因此,防控突出的实质就是:① 在采掘活动中要防止形成高能煤岩体;② 在有隔离体的条件下采取技术和工程措施消除、瓦解高能煤岩体,使它的能量在受控制条件下地缓慢地释放;③ 在高能煤岩体消除之前,控制诱发和激发突出的外部因素,不能削弱隔离体强度,破坏平衡状态。

延期突出。是在震动爆破后迟延一段时间突然发生的,对安全生产威胁很大。关于延期突出的原因,还没有完全研究清楚。我国的这类突出大多发生在煤结构不均的地质构造带内,这说明它与地质构造有密切关系。

发动突出需要一定的时间,一般在几秒到几十秒以内即可完成,但是延期突出所需要的时间较长,有的达几小时到十几小时。这说明,突出的发动和发展与时间因素密切相关。如爆破时未突出,说明此时内部条件未成熟,还需要一定的时间才能使突出的条件完备起来,在这段时间煤层内发生着一定的变化,存在能量的积累过程。决定的因素可能是新煤壁内存在着承载能力比较大的硬煤包裹体,它在爆破时以及爆破后一定时间内抗住已升高的载荷和瓦斯压力的作用,并继续积蓄弹性能。如果爆破后没有及时支护或支护不合格,煤壁的稳定性就会随时间而逐步降低,硬煤体的应力逐渐升高,当它处于过载应力状态还得不到足够支护时,煤体便突然破碎,瓦斯的推力也随裂隙的突然增加而成倍增加,导致突出的发生。如果支护及时而又合乎要求,煤岩可免遭突然破碎,瓦斯有时间自然排放,这样就可能不发生突出。与这种认识有关的另一种意见认为,延期的原因是由于爆破效果不好(与炮眼利用率和工作面形状有关),煤层内较硬的煤体没有被迅速破碎,形成不稳定的力的平衡发生蠕变,经过一定时间后煤岩体突然发生屈服破坏,脆弱的平衡状态被打破,进而引发延期突出。

延期突出危害大。避免的方法是,采掘前查清煤层地质情况,根据实际煤层条件进行爆破参数设计,保证炮眼的利用率达85%～90%,使巷道周围煤体得到充分震动,其内瓦斯得到无障碍释放,形成良好的卸压带。

4.2.2 煤与瓦斯突出的过程

煤与瓦斯突出一般分为四个阶段,即孕育、激发、发展和停止阶段。

(1) 突出的孕育阶段。由于外因的诱发作用(如爆破、割煤、风镐作业、打钻等),使得煤体原有平衡的应力状态突然破坏,孔隙和裂隙中瓦斯压力逐渐升高,采动应力重新分布、产生逐渐积累和集中、瓦斯解吸但排放受阻而形成能量积聚区。孕育阶段是在工作面附近的煤壁内地应力与瓦斯压力梯度逐渐增高的过程。一般地应力显现和瓦斯涌出异常,外部表现为煤面外鼓、掉碴、煤体位移、支架压力增加、瓦斯忽大忽小、煤体中出现劈裂声及闷雷声,即通常所说的突出预兆。

(2) 突出的激发阶段。当瓦斯压力梯度及释放的岩石和煤的弹性潜能足够大时,存储在煤岩体内的弹性潜能迅速释放,伴有煤体的破裂声,煤层发生压缩变形,即可破坏煤体,激发突出。当其释放的能量不足或者煤较硬时,煤体只发生局部破坏,而不能破碎到突出的那种粉煤状态,突出就暂时不会发生,但煤体进入不稳定平衡状态。此时,如停止工作,减少外力对煤体的影响或加固煤体等,则可使得突出危险程度减小或免于突出发生。相反,如有外力作用(震动与冲击)的促进,补给部分能量,则破坏煤体的不稳定平衡状态即能激发突出。

(3) 突出的发展阶段。在突出的发展阶段,依靠释放的弹性能以及游离和解吸瓦斯的膨胀能使煤体破碎,并由瓦斯流把碎煤抛出。之后煤体膨胀变形,瓦斯压力降低。随着碎煤被抛出,在突出孔洞壁始终保持着一个较大的地应力梯度和瓦斯压力梯度,从而使煤的破碎过程由突出发动中心向内部和周围发展。因此,煤与瓦斯突出得以发展的充要条件是有足够的瓦斯流把碎煤抛出,保持孔道畅通,以便使孔洞壁形成足够大的地应力梯度和瓦斯压力梯度。随着煤的破碎和抛出,瓦斯压力降低,吸附瓦斯解吸,而大量解吸瓦斯的膨胀加剧了这一过程,又促使煤进一步破碎。

上述的激发阶段和发展阶段可能循环几次。

(4) 突出的停止阶段。当激发突出的能量耗尽,继续放出的能量不足以粉碎煤,或突出孔道受阻碍,不能继续在突出孔洞壁建立大的地应力梯度和瓦斯压力梯度时,突出即告停止。

4.2.3 煤与瓦斯突出影响因素

4.2.3.1 地应力的作用

突出煤层中存在着地应力,它包括上覆岩层自重应力、地质构造应力和采掘活动引起的集中应力。

（1）自重应力场

自重应力场是由上覆岩体重量造成的，分为垂直压应力（σ_z）和水平压应力（σ_x，σ_y）。单元岩体受的自重应力如图 4-4 所示。自重应力的值可用金尼克公式计算。在距地表为深 H 的原始岩体内，垂直压应力（σ_z）为

$$\sigma_z = \gamma H \tag{4-1}$$

式中　γ——岩体容重，t/m^3，组成上部岩石的平均容重约为 2.5 t/m^3；

　　　H——距地表垂深，m。

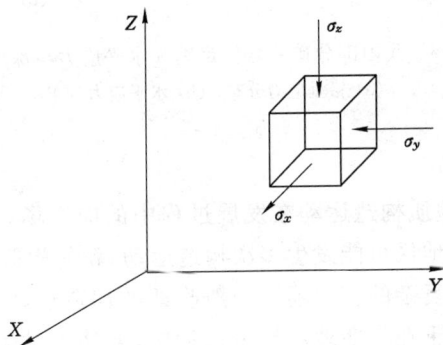

图 4-4　自重应力场

深部岩体在铅垂应力作用下，力图发生水平（X、Y）方向变形，但受到制约，因而自重应力产生水平（X，Y）方向分量 σ_x、σ_y。其值与岩体的侧膨胀性能有关，按广义胡克定律计算即：

$$\sigma_x = \sigma_y = \sigma_z \frac{\mu}{1-\mu} \tag{4-2}$$

式中　μ——岩体的泊松比。

一般把水平应力与垂直应力的比值称为侧应力系数 K，即：

$$K = \mu/(1-\mu) \tag{4-3}$$

K 值随深度增加而增加。根据长沙矿冶研究院室内岩样测试结果，当 $H=200\sim300$ m 时，$K=0.1\sim0.2$；当 $H=300\sim800$ m 时，$K=0.2\sim0.4$；当 $H=2\,000$ m 时，$K\approx1$。即当岩石应力状态趋于极限应力状态——塑性状态时，岩体按流体静力学定律传递上覆岩石重量，即：

$$\sigma_x = \sigma_y \approx \sigma_z \tag{4-4}$$

我国部分矿井岩体铅垂和水平应力与浓度关系如图 4-5 所示。

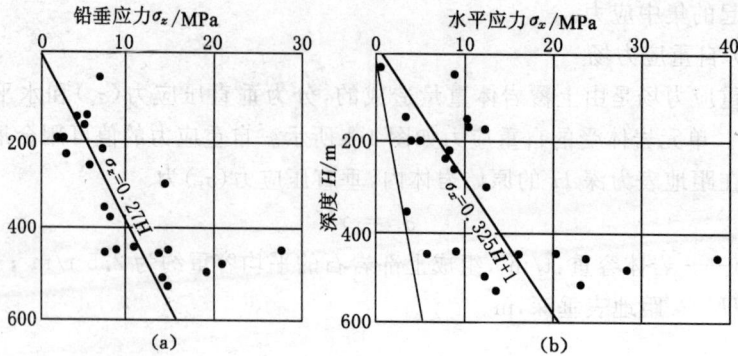

图 4-5　我国部分矿井岩体铅垂和水平应力与深度关系

(a) 铅垂应力分布；(b) 水平应力分布

（2）构造应力场

构造应力场是地质构造运动在发展过程中的应力场，而地质构造运动一般需要很长时间，同一地区可能发生多次构造运动，新的构造应力场与老的构造应力场叠加，形成十分复杂的应力场。一般晚期的构造运动在很大程度上与早期构造体系相复合，由于在早期地质构造运动中，岩体已发生变形和破裂，在岩体中形成较多弱面，所以晚期构造运动可能沿这些弱面发生和发展。但晚期构造应力场与早期构造应力场不一定相同。

由于各地区岩性及基底形态不同，在同一构造运动中，应力分布不均匀，因此局部地区的应力方向有可能偏离整个大区域主应力方向。在大的地质构造运动中，也可能产生次一级、甚至再次一级的构造应力场，并发生次一级和再次一级的变形和破裂。由于构造运动，应力场也会发生多次变化，最有研究价值的是最近一次地质构造运动及与之相应的构造应力场。

构造应力场的主要特征是具有很高的水平应力，并且应力分布不均匀。残余的构造应力主要分布在地质构造变化较剧烈的地带，如断层、褶曲轴的附近，走向和斜向发生剧变的地点，以及煤层厚度发生变化的地区。

（3）采动应力场

开采活动之前，原岩体内应力在一定时期内基本上处于平稳状态。采矿活动之后破坏了平衡，应力重新分布，局部地区应力集中，这对岩体破坏起决定性作用。

采用冒落式开采的工作面回采后，会引起围岩的应力场变化。图 4-6 为工作面回采后采空区周围岩体中矿山压力重新分布垂直剖面示意图[10]。

冒落式开采的采场应力分布影响范围较大，如图 4-7 为采场应力分布水平

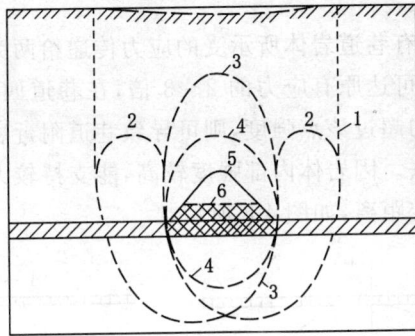

图 4-6 采空区周围岩体中矿山压力重新分布垂直剖面示意图

1——采空区影响区；2——支承压力区；3——卸压区；

4——保护区；5——充分移动区；6——冒落区

剖面示意图。采煤工作面煤壁前方形成的支承压力叫前支承压力（曾称移动支承压力），它随着工作面的推进而不断向前移动。前支承压力作用时间较短，且位置不断变化，一般影响范围为 60～100 m；其峰值为 $(2～4)\gamma H$，峰值的位置可深入煤体内 2～10 m；在顶板方向，由于冒落和下沉，影响范围发展更大。

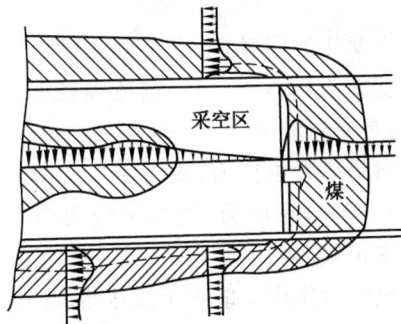

▨ 支承压力影响区　　— — 压力峰值所在位置

图 4-7 冒落式开采的采场应力分布水平剖面示意图

　　回采空区或巷道一侧或两侧的支承压力叫侧支承压力（曾称固定支承压力），其峰值在单一煤层采煤工作面为 $(2～3)\gamma H$。侧支承压力不随工作面推进而移动。

　　两个相邻采煤工作面间相互形成了支承压力的叠加。在采煤工作面煤层凸出角形成的叠合支承压力峰值达到最高，一般可达原岩垂直应力的数倍，高于原始应力,称为应力集中。

巷道掘进以后,原有巷道岩体所承受的应力传递给两旁和前方岩体,使其周围岩体应力增加,最高可达原有应力的 2~3 倍,在巷道四角应力集中可增大 6 倍。如果增加后的应力超过该点强度,则可导致巷道附近岩体的破裂,同时又把应力转移到岩体内部去。因岩体内部强度较高,能支持较大的应力,故应力高峰值一般都距岩壁有一定距离,如图 4-8 所示。

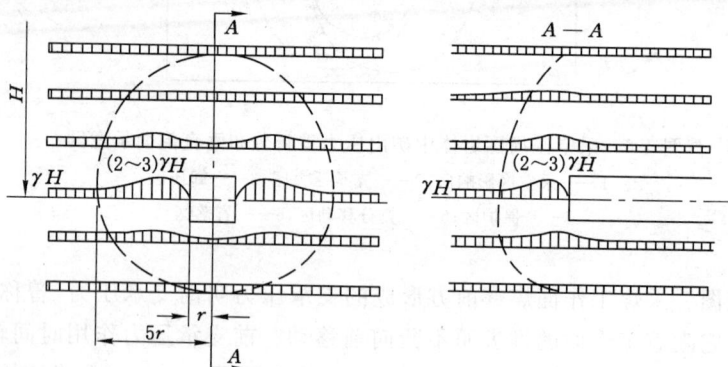

图 4-8　巷道周围垂直应力分布示意图

在巷道两旁发生应力变化的同时,上下应力也相应发生变化,顶板应力影响范围较大,底板较小;深度大或岩体弱,则影响范围较大。在离巷道中心 5 倍巷道半跨度以外,基本上还是原岩应力。

自重应力在铅垂方向是最大主应力,最大主应力对岩体破坏起着决定性作用;如果水平的构造应力大于自重应力,则水平应力对岩体破坏起着决定性作用。两者的变化规律基本相似。

掘进巷道的前方在地应力作用下能产生卸压带、集中应力带和常压带,如图 4-9 所示。掘进过程即是应力高峰向其内部转移的过程,也就是岩体破碎过程。岩体强度与应力高峰值相差越大,或者岩体越呈脆性,则破碎过程越剧烈,甚至出现冲击现象。在单巷掘进的情况下,这种发动冲击地压的重要因素之一是应力梯度,即应力高峰值及其与采面的距离之比。

应力梯度＝应力高峰值$[(2\sim3)\gamma H]$/应力高峰与采面距离

应力梯度越大,越容易发生冲击。一般应力高峰值与采面距离是 5~10 m,小于这个距离便容易发生冲击。

在卸压带中煤体透气系数增大,集中压力带中透气系数降低,这对于巷道前方瓦斯压力的分布产生了重要的影响,如图 4-10 所示。

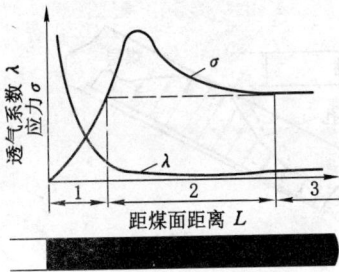

图 4-9　巷道前方煤体中
应力和透气系数分布
1——卸压带；2——集中应力带；
3——常压带

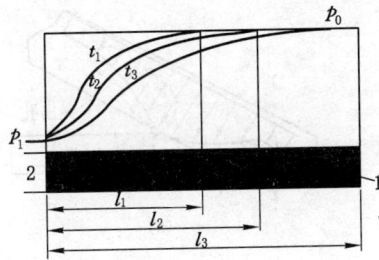

图 4-10　巷道前方煤体中
瓦斯压力分布
1——煤层；2——巷道
p_0——原始瓦斯压力；
p_1——巷道大气压力；
t_1, t_2, t_3——煤壁暴露时间；
l_1, l_2, l_3——流动场长度

　　对比两图可以看出，在卸压带瓦斯压力梯度是平缓的，在集中应力带瓦斯压力梯度显著增大，在工作面前方，卸压带的作用相当于预防突出的缓冲区域，因此卸压带的宽度对是否能发生突出具有重要意义。

　　对于突出是否能发生，除了瓦斯压力梯度是一个重要因素外，煤层的抗剪强度也是抵抗突出的阻力。在煤层未受地压破坏之前，煤层中的自由面是很小的，与煤层的孔隙率成正比，也就是只有暴露煤面的 5%～10% 左右，所以瓦斯压力差不能造成煤体的抛出，但是在地压的冲击作用下，煤体突然破裂推出，在煤层中形成大的自由面，使瓦斯推力得到了发挥，因而能突然抛出煤体，所以预防煤体的突然破裂位移，对防止突出也是很重要的。

　　此外，当煤层结构软硬不匀和地压活动不均衡时，能使煤层透气系数和瓦斯压力梯度发生突然的变化，这也是易于引起突出的原因。

　　在透气系数大而均匀的煤层中，由于瓦斯压力梯度小而且平稳，因此突出危险性小。越是透气系数小，煤质不均匀，煤软而抗剪强度低的煤层，越容易发生突出。

　　从瓦斯流动的观点分析煤面前方瓦斯梯度的变化，以及寻找降低工作面前方瓦斯压力梯度的措施，对防止煤和瓦斯突出的发生具有重要意义。

　　岩巷揭煤时煤层应力分布。岩巷从不同方向（即从煤层顶板或底板）接近煤层时，一般在煤层与巷道最近位置形成应力集中。煤层应力分布如图 4-11 所示。

　　揭煤爆破时，因爆破点距煤层各点的距离不同，从煤岩接触面反射回来的

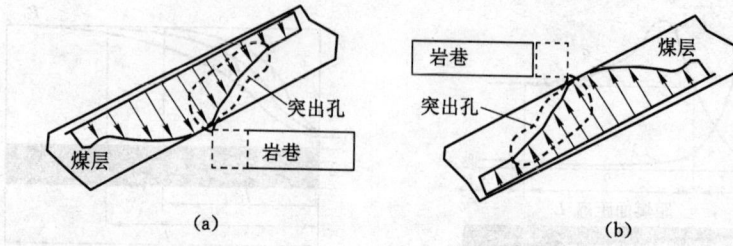

图 4-11 岩巷揭煤时煤层应力分布

拉伸波对煤体各点的破坏力也不一样。离爆破点最近的煤岩界面反射的拉伸波强度最大，所以突出也易于从此点诱发。从顶板方面接近煤层时，有不少突出孔位于下前方，如图 4-11(a)所示；从底板方面接近突出煤层时，几乎所有突出孔都位于石门的上前方，如图 4-11(b)所示。当然拉伸波只是诱导突出的外部条件之一，它要通过煤层内部的诸因素(如瓦斯压力、地应力、煤结构与强度等)而起作用。所以突出，包括突出的部位，最终由内外因素的综合作用所决定。

预防揭开石门的突出最主要的是采取预排巷道周边一定范围内瓦斯的措施。对于由底板方面揭开煤层的石门，应重点预排石门顶板煤体的瓦斯；对于从顶板方面揭开煤层的石门，预排包括石门底部煤体在内的石门四周煤体的瓦斯。

地应力主要起以下作用：

① 激发作用；

② 在发展阶段与瓦斯压力联合作用使煤体剥离、产生位移和突然破碎；

③ 影响煤体内部裂隙发展和生成新的裂隙、控制卸压瓦斯流和瓦斯解吸过程。当煤体突然破坏时，伴随着卸压过程、新旧裂隙系统连通起来并处于开放状态，顿时显现卸压流动效应，形成可以携带破碎煤的有压头的膨胀瓦斯风暴。

在没有开采前，煤岩体处于三向应力平衡状态，当开掘巷道或进行回采工作时，就破坏了原来的应力平衡状态，使煤岩体的应力重新分布，煤体向作业空间膨胀变形。

掘进工作面前方的地应力可分为三个带，即卸压带、集中应力带和常压带，亦叫做原始应力区。从防突角度讲，集中应力区距离工作面越近，工作面煤体越易发生破坏而引发煤与瓦斯突出。解决该问题的措施就是在突出危险区域采取人为卸压措施，如打排放钻孔、实施深孔爆破和放慢掘进速度等，使集中应力带向深部推移。

采煤工作面前方存在一个集中应力区,其峰值距离采面煤壁的距离越小,越容易破坏采面煤体而引发煤与瓦斯突出。因此,必须加强工作面支护,使采面煤体的集中应力向煤体深部推移,或在采面采取人为卸压措施,如打排放钻孔、实施浅孔爆破等。

以上情况说明,具有较高的地应力是发生煤与瓦斯突出的先决条件,即起着发动突出的作用。在地质构造带,由于构造应力的存在,就是采深不大也可能发生突出。

因此,发生煤与瓦斯突出的第一个充分必要条件是:煤层和围岩具有较高的地应力和瓦斯压力,并且在近工作面地带煤层的应力状态发生突然变化,使潜能有可能突然释放。

应力状态的变化一般有下列原因:

① 巷道进入地质破坏区;

② 石门揭开煤层时;

③ 巷道从硬煤进入软煤带;

④ 煤的冒落等。

4.2.3.2 地质构造的作用

突出事故的统计分析表明,地质构造附近是突出最为频繁的部位。

地质构造带附近容易引发突出事故,除构造使地应力增大外,还有两个方面的影响:

① 储积瓦斯,使瓦斯含量增大因为有些类型的地质构造有利于储积瓦斯,如图 4-12 所示。

② 阻碍瓦斯释放。

当采掘工作面前方无地质构造时,瓦斯的释放通道处于最佳状态,随着工作面的推进,在其前方会形成一个相应较宽的卸压带,由于无法聚起突出所需要的足够能量,因而突出很难发生。

地质构造的存在阻碍和影响瓦斯的释放。如图 4-12 所示,地质构造的存在犹如在河道中筑起一道堤坝,使瓦斯像水库中的水一样聚起一定的势能。

当工作面前方为地质构造时,地质构造里侧煤层中的瓦斯已不可能随着工作面的推进得到正常释放。在工作面前方逐渐形成较高的瓦斯压力梯度,当其超出了煤体的承受能力时,必然发生突出。

当工作面从下盘向上盘方向掘进时容易发生突出(如图 4-13 所示)。1988年的 4 月和 10 月,平煤集团公司十矿在掘戊$_{9-10}$—20090 机巷小眼和—320 m 东区出煤巷发生的突出都是由断层的下盘向上盘方向推进引起的。

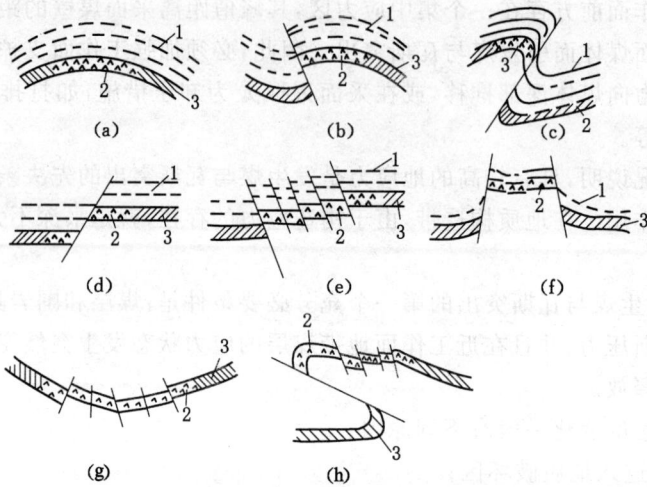

图 4-12　几种储积瓦斯的构造

(a) 背斜轴部;(b) 背斜与断层;(c) 压性断裂;(d) 扭性断裂;

(e) 压性断裂群;(f) 地垒;(g) 向斜轴部与断裂;(h) 断裂与褶皱

1——不透气岩层;2——储瓦斯部位(瓦斯包);3——煤层

瓦斯卸压带的宽度主要与煤层瓦斯压力和煤的透气性有关。当瓦斯压力较小时,工作面离地质构造位置较近时才能发生突出;而当瓦斯压力大时,工作面距地质构造尚有一段距离就可以发生突出。

工作面由断层的上升盘向下降盘方向推进不容易发生突出。但当断层后揭露的一盘出现较大的牵引时,如图 4-14 所示,突出与掘进的方向关系不大。

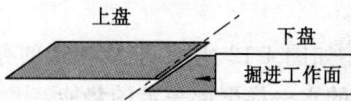

图 4-13　由下盘向上盘掘进

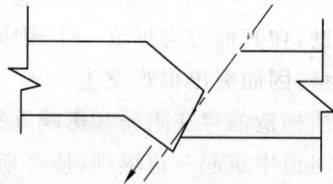

图 4-14　断层后揭露一盘牵引较大

当断层的落差较大时,断层使瓦斯的释放阻力增大,容易发生突出。

4.2.3.3　瓦斯的作用

(1) 瓦斯的存在使突出阻力降低。

瓦斯是成煤过程中的产物,以游离状态和吸附状态存于煤裂隙和孔隙中,其中吸附瓦斯量占瓦斯含量的 80%～90%。在突出煤层中充满煤体孔隙和裂隙的瓦斯犹如润滑剂,使煤块和层理之间的摩擦系数减小,其抗剪强度大大降低,易于破碎,并使突出阻力大大降低。

(2) 瓦斯压力是造成瓦斯突出的重要能量。

瓦斯压力的大小取决于煤层中瓦斯含量的多少和地应力大小,促使煤体产生突出的潜能。

瓦斯压力场与地应力场不同的是各向同性,它对孔隙的作用是径向张力。

在卸压带瓦斯压力梯度是平缓的,在集中应力带瓦斯压力梯度显著增大,形成作用于压力降低方向(掘进迎头)的力,参与突出的发展,并起搬运作用。即有足够的瓦斯流把碎煤抛出,是煤与瓦斯突出发展的充分必要条件。

4.2.3.4 煤的物理力学性质

大量突出事故的统计分析表明,煤结构和力学性质与发生突出的关系很大。在发生突出的地点及附近的煤层都具有层理紊乱、煤质松软的特点,人们习惯上把这种煤叫做软分层或构造煤。

所谓软分层,是与正常煤层相比而言的。从地质角度分析,软分层煤属于构造煤,它是煤层在构造应力作用下形变的产物。

构造煤具有以下特点:

(1) 透气性差,是瓦斯的良好富集带;

(2) 瓦斯解吸速度快;

(3) 容易引起应力集中;

(4) 比正常煤的强度低,具有极端的松散性和易碎性,用手捻搓易成厘米、毫米级碎粒甚至煤粉。

在突出矿井,煤质变软是突出的一种预兆。一般来说,煤愈硬、裂隙愈小,所需的破坏功愈大,要求的地应力和瓦斯压力愈高;反之亦然。因此,在地应力和瓦斯压力为一定值时,软煤分层易被破坏,突出往往沿软煤分层发展。

按照煤在构造作用下的破碎程度,构造煤分为三种类型:碎裂煤、碎粒煤、糜棱煤。

4.2.3.5 外部因素的影响

外部因素(工作面推进度、爆破等)对煤与瓦斯突出的发生和发展也有重要影响。工作面快速推进时,由于工作面前方煤体中集中应力带没有向深部推移时间,高压瓦斯没有有效排放,造成集中应力带到工作面的距离减小,使工作面突出危险性增加,特别是在爆破瞬间的突出危险性最大。反之,工作面缓慢推进时,应力状态变化是平缓的,发生突出的可能性就小。

以上五个影响突出的因素之间是相互联系和相互作用的。如地应力与瓦斯压力之间关系：由于地应力的压缩作用，孔隙中的瓦斯压力增大；反过来，瓦斯压力又对孔隙壁面起着张力作用，力图使孔隙破坏。地质构造导致地应力增大和瓦斯压力增加等。

4.3 煤与瓦斯突出特点及规律

4.3.1 煤与瓦斯突出一般规律

大量突出资料的统计分析表明，突出具有一般的规律性。了解这些规律，对于制定防治突出的措施，有一定的参考价值。

① 突出发生在一定的采掘深度以下。在这个深度以下，突出的次数增多，强度增大。不同矿区和不同煤层开始发生突出的深度差别很大，始突深度最浅的矿井是湖南白沙矿务局里王庙煤矿，仅 50 m，始突深度最大的是抚顺矿务局老虎台煤矿，达 640 m。

② 突出多发生在地质构造附近，如断层、褶皱、扭转和火成岩侵入区附近。据南桐矿务局统计，95％以上的突出（石门突出除外）发生在向斜轴部、扭转地带、断层和褶皱附近。北票矿务局统计，90％以上的突出发生在地质构造区和火成岩侵入区。

③ 突出多发生在集中应力区，如巷道的上隅角，相向掘进工作面接近时，煤层留有煤柱的相对应上、下方煤层处，采煤工作面的集中应力区内掘进时，等等。

④ 突出次数和强度随煤层的厚度特别是软分层的厚度的增加而增加；煤层倾角愈大，突出的危险性也愈大。

⑤ 突出的瓦斯主要是甲烷。平均每吨煤突出的瓦斯量比煤层的瓦斯含量高，从数十到数百立方米；突出煤层的相对瓦斯涌出量一般在 10 m^3/t 以上。同一煤层瓦斯压力越高，突出危险性越大。不同煤层的瓦斯压力与突出危险性之间无直接关系。

⑥ 突出煤层的瓦斯含量和瓦斯压力大于一定值，不同矿区、不同煤层的临界值不同，但两者之间没有固定的关系。需值得注意的是，我国 30 处特大型突出矿井的煤层瓦斯含量都大于 20 m^3/t。

⑦ 突出煤层的特点是强度低，而且软硬相间，透气系数小，瓦斯的放散初速度高，煤的原生结构遭到破坏，层理紊乱，无明显节理，光泽暗淡，易粉碎。如果煤层的顶板坚硬致密，突出危险性增大。

⑧ 突出次数与作业地点类型有一定关系。突出次数由多到少的排列如表4-3所列。

表4-3　　　　　　　　　　不同作业地点类型的突出次数与比例

巷道类别	突出次数	比例/%	最大强度/t	平均强度/t·次⁻¹
煤平巷	4 652	47.3	5 000	55.6
煤上山	2 455	24.9	1 267	50.0
采煤工作面	1 556	15.8	900	35.9
石门	567	5.8	12 780	317.1
煤下山	375	3.8	369	86.3
大直径钻孔及其他	240	2.4	420	31.5
合计	9 845	100	12 780	69.6

⑨ 突出一般都有外因诱发,尤其是在爆破之后。例如重庆地区对132次突出的统计,落煤(包括爆破、水力冲刷、风镐与手镐落煤、打钻)时突出124次,占94%,其中爆破诱导作用最强。

⑩ 石门揭煤突出强度大,一般在100 t/次以上,喷出瓦斯一般都超过数万立方米,瓦斯逆流数百米。

⑪ 突出前有预兆:煤体和支架压力增大,煤壁移动加剧,煤向外鼓出,掉碴,煤脱落,煤块射出,劈裂声,煤炮声,似跑车一样的闷雷声,煤尘变大,瓦斯忽大忽小,温度降低或升高,顶钻或夹钻,煤硬度变化,煤质干燥、光泽变暗、层理紊乱等。掌握预兆,及时采取措施,对保证人员安全是很重要的。

4.3.2　平煤集团的突出特点与规律

(1) 突出存在较明显的区域性和条带性

平顶山煤业集团所属主要矿井突出的次数、煤量和瓦斯量统计如表4-4所列,矿区突出点分布参见图2-21、图2-22。在140次突出中,突出主要分布在四矿、五矿、八矿、十矿和十二矿5对矿井,共突出136次,占总数的97%,而其中矿区东部的八矿、十矿和十二矿3个矿井突出112次,占总数的80%。由此可见,突出存在较明显的区域性。

表 4-4　　　　平煤集团各矿井突出的次数、煤量和瓦斯量统计

矿别	突出次数 /次	突出煤量 /t	突出瓦斯量/m³	平均煤量 /t	平均瓦斯量/m³	所占比例 /%
一矿	1	2	420	2	420	0.71
四矿	13	292	11 875	22.46	913	9.29
五矿	11	371	21 668	33.72	1 970	7.86
六矿	2	14	905	7	453	1.43
八矿	38	3 496	214 799	92	5 653	27.14
十矿	51	2 170	102 637	42.55	2 012	36.43
十二矿	23	1 535	118 346	67	5 145	16.43
十三矿	1	196	3 840	196	3 840	6.71

（2）突出强度随采深增加而增大

平顶山煤业集团所属主要矿井在不同深度时突出的次数、煤量和瓦斯量统计如表 4-5 所列。由表 4-5 可见，突出强度（突出的煤量和瓦斯量）随采深增加而增大；突出次数在 −400 m 以上随采深增加而增多，在 −500 m 水平以下略有下降，可能是由于防突力度加大的缘故。突出最高标高为 −230 m。实际上，突出危险性和强度随采深增大而增加。

表 4-5　　　　突出的次数、煤量和瓦斯量统计与突出深度关系表

标高 /m	突出次数 /次	突出煤量 /t	突出瓦斯量/m³	平均煤量 /t	平均瓦斯量/m³	所占比例 /%
−250 以上	4	84	1 786	21	446.5	2.86
−300～−250	13	769	45 190	59.2	3 476	9.29
−400～−301	62	1 992	150 178	33.2	2 503	44.29
−500～−400	40	2 008	110 164	52.8	2 899	28.56
−500 以下	21	3 223	167 154	153.5	7 960	15

（3）突出煤层分类

表 4-6 是平煤集团开采煤层突出次数、煤量和瓦斯量分布表。由表可见，突出煤层主要分布在丁组、戊组、己组三个煤层。其中丁组煤突出 39 次，占总数的 27.86%；戊组煤突出 39 次，占总数的 27.86%；己组煤突出 62 次，占总数的 44.29%。

表 4-6 突出煤层突出情况表

突出煤	突出次数/次	突出煤量/t	突出瓦斯量/m³	平均煤量/t	平均瓦斯量/m³	所占比例/%
丁$_{5-6}$	39	451	21 862	11.56	560.56	27.86
戊$_{9-10}$	39	1 852.6	112 524	47.5	2 885.23	27.86
己$_{15}$	25	3 401	197 118	136.0	7 884.7	17.85
己$_{15-17}$	17	112	85 078	6.59	5 004.59	12.14
己$_{16-17}$	14	492	27 174	35.14	1 941.0	10.00
己$_{15-16}$	6	3 553	102 854	592.2	17 142.3	4.29

（4）突出与构造的关系

突出与构造有着密切的关系。平煤集团突出与构造关系统计分析如表 4-7 所列。在 140 次突出事故中，遇到构造或因构造影响的突出有 81 次，占总数的 57.86%，但在掘进工作面因构造影响的突出达 70% 左右。所以掘进工作面都采取深孔探测（30～40 m），及时探清前方构造和煤层赋存状况，以便及早采取针对性措施，减少事故的发生。

表 4-7 突出与构造关系表

构造情况	突出次数/次	突出煤量/t	突出瓦斯量/m³	平均煤量/t	平均瓦斯量/m³	所占比例/%
有构造	81	5 991.0	357 599.0	73.96	4 414.80	57.86
无构造	59	2 085.6	116 873.0	35.35	198 090	42.14

（5）生产工序与突出关系

平煤集团生产工序与构造关系统计分析如表 4-8 所列。由表可见，因爆破引起突出的次数最多，占总数的 47.8%，其次是割煤，占总数的 36%。这说明爆破和割煤对煤体震动较大，使煤层中瓦斯应力得到急剧释放，诱导突出的发生。外力的作用是发生突出的重要条件。

表 4-8 不同生产工序突出统计表

作业方式	突出次数/次	突出煤量/t	突出瓦斯量/m³	平均煤量/t	平均瓦斯量/m³	所占比例/%
爆破	68	3 553	102 854	52.25	1 512.56	48.57
割煤	50	3 443	142 044	68.86	2 840.88	35.72
打钻	5	80.0	3 090.0	16	618	3.57
其他	17	1 018.0	54 379.0	59.88	3 198.76	12.14

（6）突出类型统计分析

平煤集团突出类型的统计分析如表 4-9 所列。由表可见，从突出类型来分析，平煤以压出为主，突出动力以地应力为主导因素。

表 4-9 不同突出类型统计表

突出类型	突出次数/次	突出煤量/t	突出瓦斯量/m³	平均煤量/t	平均瓦斯量/m³	所占比例/%
突出	22	6 903	306 469	313.77	13 930.41	15.71
压出	102	3 587.6	227 133.0	35.17	2 226.79	72.86
倾出	16	370.0	13 008.0	23.13	813.0	11.43

（7）按突出地点统计分析

平煤集团突出类型的统计分析如表 4-10 所列。由表可见，在 140 次突出中掘进占 99 次，占总数的 70.71%，回采突出 39 次，占总数的 27.86%，揭石门时突出 2 次，占总数的 1.43%。掘进工作面形成三面应力，采取措施后使应力逐渐前移，遇到地质条件变化时，应力集中在工作面时，在外力的作用下就容易发生突出。

表 4-10 不同施工工艺的突出情况

施工工艺	突出次数/次	突出煤量/t	突出瓦斯量/m³	平均煤量/t	平均瓦斯量/m³	所占比例/%
掘进	99	7 493.6	448 337	75.69	4 528.66	70.71
石门揭煤	2	318.0	5 216.0	159.0	2 608.0	1.43
回采	39	2 927	89 557	75.05	2 296.33	27.86

（8）突出的其他特点与规律

① 软分层厚度增加，突出危险越大。如平顶山矿区的突出，60% 以上与煤层中的软分层厚度有关。

② 突出的气体主要是甲烷。

③ 采掘应力集中区容易发生突出。有以下几种情况：

a. 相邻巷道的应力叠加（包括两巷相交和巷道贯通等）；

b. 采区巷道的应力叠加；

c. 相邻采场的应力叠加。采场的影响范围比较大，两采场互相接近，产生的应力叠加更加明显。如相向回采和邻近煤层采掘活动引起的应力叠加等。

④ 历次突出中 90% 左右有预兆。

综上所述，平煤集团公司 140 次突出事故中，十矿突出次数最多，共突出 51

次,占总突出次数的 37.5%;突出最高标高为-230 m 水平;突出最多的煤层是已组,达 61 次,占总数的 43.6%;突出遇到构造或因构造影响的达 81 次,占总数的 57.86%;突出最多工序为爆破,共 68 次,占总数的 48.57%;突出最多的作业地点为掘进,共 99 次,占总数的 70.71%。

4.3.3　平煤集团煤与瓦斯突出的控制因素

对 140 次突出资料的分析表明,埋藏深度、地质构造、构造软煤和作业工艺是平煤集团煤与瓦斯突出的主要控制因素。

(1) 埋藏深度

瓦斯突出是煤体弹性潜能、瓦斯内能快速释放的过程。煤层埋藏深度越大,意味着煤体受到的地应力和储存在煤层中的瓦斯压力越高,煤体中积蓄的弹性潜能和瓦斯内能越大,煤层发生瓦斯突出的危险性也就越大。从某种角度而言,它是控制瓦斯突出的主导因素。

丁组突出最浅标高-310 m,戊组突出最浅标高-247 m,已组突出最浅标高为-416 m。瓦斯突出的频度和强度随开采深度的增加逐渐加大(见表 4-5);采深 400 m 以后,突出频度和强度逐渐降低,但这绝不意味煤层突出危险程度随埋藏深度增加而减小,这是由于近年来加大了瓦斯突出防治力度的结果。如果不加大防突措施力度,可以预见,开采埋深超过 400 m 的煤层时,瓦斯突出的强度和频度会不断加大。

(2) 地质构造

丁组突出全部发生在丁$_{5-6}$合层处;戊组突出全部发生在戊$_{9-10}$合层区;已组突出全部发生在已$_{15-16}$合层区,分布在矿井郭庄背斜北翼,多数突出点都发生在断层附近。掘进工作面因构造影响而发生的突出达 70%。地质构造对瓦斯突出具有两个方面的促进作用:其一,地质构造区常常存在残余构造应力,有利于提升煤体的弹性潜能水平,增加发生瓦斯突出危险程度;其二,地质构造区煤体结构破坏严重,往往伴生着构造软煤,煤体强度大幅降低,造成抵抗瓦斯突出的能力下降。

(3) 构造软煤

构造软煤是煤层发生瓦斯突出的必备条件之一。构造软煤对瓦斯突出的主要影响在于削弱煤体的强度,减小发生瓦斯突出所需的能量,降低煤体抵抗瓦斯突出的能力。平煤矿区 140 次突出中,几乎都发生在有"软煤发育"、"煤层变软"和"软煤变厚"的地点。

(4) 作业工艺

作业工艺是发生煤与瓦斯突出的外因,对突出只具有诱导作用。

平煤矿区瓦斯突出与突出发生前的作业工艺有关,爆破、割煤、打钻、其他等作业工艺过程中均诱导过突出。在各类可以诱导瓦斯突出的作业方式中,爆破落煤诱导突出的次数最多,发生 68 次,占总突出次数的 48.6%,位居第二的是割煤作业,共诱导突出 50 次,占总突出次数的 35.7%。

4.3.4 平煤十矿煤与瓦斯突出特点与规律

十矿自 1988 年 4 月 22 日在戊$_{9-10}$—20090 机川发生第一次煤与瓦斯突出起,截至 2007 年 11 月,共发生煤与瓦斯突出 51 次,突出的主要参数如表 4-11 所列,矿井煤与瓦斯突出点分布如图 2-21、图 2-22 所示。其突出特点如下:

表 4-11 平煤十矿历次突出主要参数表

煤层	编号	突出时间	突出地点	标高 /m	垂深 /m	煤量 /t	瓦斯量 /m³
丁组	1	1995.10.15	丁$_{5-6}$—21130 采面	−326	580	3	10.6
	2	1995.10.25	丁$_{5-6}$—21130 采面	−325	580	12.6	350
	3	1995.10.26	丁$_{5-6}$—21130 采面	−320	580	13.5	247
	4	1995.11.3	丁$_{5-6}$—21130 采面	−310	560	14	371
	5	1995.11.9	丁$_{5-6}$—21130 采面	−312	560	6.4	180
	6	1995.11.14	丁$_{5-6}$—21130 采面	−330	580	8.1	236
	7	1995.11.18	丁$_{5-6}$—21130 采面	−320	580	3.5	141
	8	1996.4.17	丁$_{5-6}$—21130 采面	−336	556	11.2	1 054
	9	1996.4.18	丁$_{5-6}$—21130 采面	−332	552	8.4	595
	10	1996.4.20	丁$_{5-6}$—21130 采面	−337	557	3	694
	11	1996.4.21	丁$_{5-6}$—21130 采面	−330	550	4.5	590
	12	1996.4.26	丁$_{5-6}$—21130 采面	−317	537	2.8	518
	13	1996.4.28	丁$_{5-6}$—21130 采面	−328	548	2.5	98
	14	1996.4.30	丁$_{5-6}$—21130 采面	−326	546	5	295
	15	1996.5.11	丁$_{5-6}$—21130 采面	−333	553	3.6	512
	16	1996.5.18	丁$_{5-6}$—21130 采面	−333	553	19	1 076
	17	1996.7.3	丁$_{5-6}$—21130 采面	−321	541	0	100
	18	1996.7.9	丁$_{5-6}$—21130 采面	−321	541	7	402
	19	1996.9.19	丁$_{5-6}$—21130 采面	−321	541	33	1 728
	20	1996.10.11	丁$_{5-6}$—21130 采面	−321	537	15	240
	21	1996.10.21	丁$_{5-6}$—21130 采面	−328	550	35	592
	22	1996.12.22	丁$_{5-6}$—21130 采面	−319	533	5	35
	23	1997.1.1	丁$_{5-6}$—21130 采面	−337	551	14	690
	24	1997.1.22	丁$_{5-6}$—21130 采面	−325	535	2	62

煤层	编号	突出时间	突出地点	标高/m	垂深/m	煤量/t	瓦斯量/m³
戊组	1	1988.4.22	戊$_{9-10}$—20090 机川	−247	420	55	1 500
	2	1988.10.7	−320 东区出煤巷	−290	485	54	1 176
	3	1990.5.20	戊$_{9-10}$—20080 机巷	−320	515	15	600
	4	1990.9.12	东区戊组轨道上山	−295.5	481.2	32	300
	5	1994.11.29	戊$_{9-10}$—21130 风巷	−292	476.7	9	125
	6	1996.11.23	戊$_{9-10}$—20150 机巷	−426	730	20	3 024
	7	1997.3.19	戊$_{9-10}$—20150 机巷	−420	724	28	720
	8	1999.8.2	戊$_{9-10}$—21150 机巷	−388	568	25	2 329
	9	2000.6.24	戊$_{9-10}$—21150 机巷	−360	548	76	7 682
	10	2000.8.22	戊$_{9-10}$—21150 机巷	−357	545	34	4 245
	11	2000.9.24	戊$_{9-10}$—21150 机巷	−356	544	50	6 438
	12	2000.10.16	戊$_{10}$—20120 机巷	−473	687	15	2 100
	13	2000.12.24	戊$_9$ $_{10}$—21150 采面	−328	496	6	1 170
	14	2002.2.10	戊$_{10}$—20120 专用回风巷	−384			
	15	2002.3.21	戊$_{10}$—20120 专用回风巷	−360	570	14	1 026
	16	2002.6.21	戊$_{9-10}$—21170 机巷	−445	660	18	1 520
	17	2002.7.23	戊$_{9-10}$—21170 机巷	−448	666	15	706
	18	2002.12.17	戊$_{9-10}$—21170 机巷	−421	644	27	1 480
	19	2003.4.29	戊$_{9-10}$—21170 机巷	−446	670	18	2 000
己组	1	2001.1.23	己$_{15}$—24020 出煤巷	−541	735	326	18 816
	2	2002.11.18	己$_{15-16}$—24090 风巷	−578	804	170	11 000
	3	2003.1.17	己$_{15-16}$—24090 机巷	−613	913	200	3 000
	4	2003.7.28	己$_{15}$—24060 机巷	−567	767	483	14 400
	5	2003.8.10	己$_{15}$—22230 风巷	−416	536	240	5 500
	6	2006.3.30	己$_{15-16}$—24080 机巷	−621	896	159	4 878
	7	2007.3.3	己$_{15-16}$—24110 切眼	−650	937	385	21 760
	8	2007.11.12	己$_{15-16}$—24110 采面	−650	937	2000	40 000

(1) 突出事故的煤层分布。在十矿建矿以来共发生 51 次煤与瓦斯突出,其中丁组煤发生 24 次,占 47.1%;戊组煤发生 19 次,占 37.2%;己组煤发生 8 次,

占 15.7%。

（2）丁组突出全部发生在丁$_{5-6}$合层处，突出标高−337～−310 m，最大突出强度 35 t，全部发生在采煤工作面。

（3）戊组突出全部发生在戊$_{9-10}$合层区，煤层厚度较大；突出标高−448～−247 m；从强度来看均属于中、小型突出，最大突出强度 76 t；突出点分布在矿井郭庄背斜北翼二水平，突出点附近煤结构破坏严重，煤质松软，有片帮现象，软分层厚度明显增厚，煤强度有所降低；由断层的下降盘向上升盘推进时突出危险性大。从实测煤层瓦斯压力情况分析，已测 6 个点均大于 0.6 MPa，瓦斯含量值也较高。例如在−320 东区出煤巷测定瓦斯压力为 17 个大气压（1 个大气压＝101 325 Pa），煤层瓦斯含量 13.46 m³/t。此外在突出点处 Δp 值较大，f 值较小。如戊轨上山实测 $\Delta p=11$，$f=0.19$。根据在掘进施工过程中实测，钻孔瓦斯涌出初速度均达到或超过了临界指标值（$q_m = 4.5$ m³/min）。

（4）己组突出全部发生在己$_{15-16}$合层区，分布在矿井郭庄背斜北翼，始突标高为−541 m，最浅突出标高为−416 m。突出标高−679～−416 m，最大突出强度 2 000 t，突出瓦斯量 40 000 m³；除 1 次发生在采煤工作面外，其余均发生在掘进工作面；多数突出点都发生在断层附近，煤结构破坏严重，煤质松软，有片帮现象，软分层厚度明显增厚，煤强度有所降低；大多数煤与瓦斯突出具有一定的预兆，如煤炮、喷孔等异常现象。

（5）瓦斯含量与涌出量。十矿戊$_{9-10}$煤层在瓦斯含量大于 8.5 m³/t，采煤工作面绝对瓦斯涌出量大于 10 m³/min 的条件下才具有煤与瓦斯突出危险性。戊$_{9-10}$煤层标高−250 m 以下，采煤工作面绝对瓦斯涌出量为 10～20 m³/min，己$_{15}$煤层标高−350 m 以下，采煤工作面绝对瓦斯涌出量为 10～20 m³/min，具有煤与瓦斯突出危险性。

（6）工作面从断层的下降盘向上升盘方向推进容易发生突出。

（7）丁、戊和己组煤层的突出的差异性。丁组煤层均发生在采煤工作面，并且全部是煤层的整体位移，掘进工作面未曾发生过突出；戊、己组煤层的突出则主要发生在掘进工作面，突出类型除己二上部的己$_{16}$—22150 机巷为煤层的整体位移外，其余在浅部的表现为煤与瓦斯压出，而深部的则表现为突出。

（8）突出多发生小型断裂构造附近。煤与瓦斯突出往往发生在小断层附近，尤其是压扭性小构造，大多与落差小于 2 m 的断层有关，调查还发现巷道掘进由断层的下降盘向上升盘推进时更容易突出。例如在郭庄背斜北翼戊$_{9-10}$—20090 机川发生的煤与瓦斯突出，在北翼中区 20090 机川掘进至设计巷道位置 15 m（标高−247 m，垂深 430 m）处，于 1988 年 4 月 22 日施工中爆破诱导，发生了第一次煤与瓦斯突出，涌出瓦斯 1 500 m³。在距巷道迎头第一支架 3.5 m 处，有一条落差 1.5 m 的逆断层,横断该巷道掘进方向。突出点附近煤质松软,层理紊乱,突出前出现片帮现象,突出发生在断层下降盘向上升盘推进时。

(9) 突出类型:51 次突出事故中,突出 6 次,占 11.8%;倾出 3 次,占 5.9%;压出 42 次,占 82.3%。

(10) 在矿井深部开采时有冲击地压伴生煤与瓦斯突出。

4.3.5　平煤十矿煤层突出指标参数

煤层的突出指标参数主要有 Δp、f、K。测定结果表明,随着标高的增加,突出指标数值越大。

(1) 戊组煤样

对戊组煤样的 Δp、f 采样分析,结果如表 4-12 所列。

表 4-12　　　　　　　　　　戊组煤层 Δp 、f 、K 测定结果

	序号	工作面名称及距某点位置	Δp	f	K
中区	1	20160 机巷	9.85	0.13	76
	2	戊$_{9-10}$—20190 采面	17.7	0.64	27
	3	20190 采面	17.71	0.65	27
	4	戊$_{9-10}$—20190 采面	14.77	0.35	42
	5	20160 机巷掘进头	6.02	0.43	14
	6	2008 采面(机上 20 m)	10	0.16	62.5
	7	2008 采面(风下 20 m)	15	0.18	83.3
	8	戊$_{9-10}$—20130 风巷	7	0.21	33.3
	9	戊$_{9-10}$—20130 机上 20 m	10	0.16	62.5
	10	戊$_{9-10}$—20130 采面机上 40 m	6	0.31	19.4
	11	中区戊组通下 22 点前 40 m	12	0.27	44
	12	戊$_{9-10}$—20170 机巷	4	0.39	10
	13	戊$_{9-10}$—20150 机巷 518 点前 10 m	8	0.27	40
	14	戊$_{9-10}$—20160 机巷	9.85	0.13	76
东区	1	21110 风巷	4.7	0.51	9.2
	2	21110 机巷	7	0.33	21.2
	3	戊$_{9-10}$—21130 采面机 1342 点前 1 m	4.6	0.3	25
	4	戊$_{9-10}$—21130 机 36 点前 67 m	9	0.21	43
	5	戊$_{9-10}$—21170 采面	19.51	0.53	37
	6	21110 风巷	4.7	0.51	9.2

（2）己组煤样

煤样的瓦斯放散初速度指标 Δp、坚固性系数指标 f 和综合指标 K 如表 4-13 所列。

表 4-13　　　　　　　　　己组煤层 Δp 、 f 、 K 测定结果

序号	工作面名称及距某点位置	Δp	f	K
1	己₁₅—24030 风巷	8	0.07	114
2	己₁₅₋₁₆—24060 机巷	16.45	0.5	33
3	己₁₅₋₁₆—24060 机巷	8.41	0.51	16
4	己₁₅₋₁₆—24090 风巷	13.06	0.32	40
5	己₁₅₋₁₆—24090 机巷	24.72	0.24	103
6	己₁₅₋₁₆—24110	19.126	0.185	103
7	己₁₅₋₁₆—24110	21.084	0.167	126
8	己₁₅₋₁₆—24110	23.108	0.171	135

由表 4-13 可见，其 Δp 变化范围在 8～24.72 之间， f 在 0.17～0.7 之间， K 值在 16～135 之间，变化范围较大。

根据煤样的测定结果， f 值随深度和地质构造的变化不明显，但 Δp、 K 随埋藏深度和构造的影响而变化。

通过以上数据分析，结合十矿的开采技术条件（矿井构造属于较复杂型）以及逐渐向深部开采的特点可见，十矿发生煤与瓦斯突出危险性较大。今后开采过程中必须注意在构造带附近、掘进工作面和爆破过程中的防突；必须加强对突出的研究，推广区域性防突措施，建立较准确的突出预测系统，采用新型的煤巷突出预测技术及效果检验技术，建立可靠的井下突出预防系统，防止矿井煤与瓦斯突出事故的发生。

4.4　煤层突出危险性预测

国内外开采突出煤层的实践证明，突出只发生在突出煤层中的某些局部地带，突出矿井发生的突出区段仅占采掘总面积或掘进总长度的 5％～17％[8]；突出危险性的煤层都具有特定的特征信息。只要通过一定的技术手段采集到这些特征信息，就可准确地勾画出突出危险区、危险带和危险的采掘工作面。采用一定技术手段获取突出的特征信息并用这些信息勾画出突出危险区、危险带和危险的采掘工作面的工作即是突出危险性预测。

突出危险性预测的目的,就是将突出煤层中真正具有突出危险的区段尽可能地区分出来,以缩小防突范围,减少防突工作的盲目性,在保证安全的前提下将突出矿井中有限的防突资金与人力用在真正有突出危险的地方,以提高突出矿井的防突效率和降低突出矿井的生产成本。

煤与瓦斯突出预测是综合防突体系的关键环节之一。

突出危险性预测分为突出矿井和突出煤层鉴定,以及突出煤层中的区域预测和局部预测,即采取逐步缩小范围的方法,查明突出区域和突出采掘工作面。

4.4.1 突出煤层与矿井鉴定

(1) 根据突出历史确定

发生瓦斯动力现象的煤层即为突出煤层,煤层所处矿井即为突出矿井。

(2) 根据突出指标确定

当动力现象特征不明显或没有动力现象时,应当根据测定的煤层瓦斯压力 p、煤的破坏类型、煤的瓦斯放散初速度 Δp、煤的坚固性系数 f 等指标进行鉴定。当每一项指标均达到了表 4-14 所列的临界值时即为突出煤层。

表 4-14 　　　　　　　　　煤层突出危险性鉴定单项指标临界值

煤层突出危险性	破坏类型	瓦斯放散初速度(Δp)	坚固性系数(f)	瓦斯压力(表压)/MPa
突出危险	Ⅲ、Ⅳ、Ⅴ	≥10	≤0.5	≥0.74

4.4.2 突出危险性区域预测方法与指标

突出危险性矿井在开采突出煤层前应采用区域预测方法将突出煤层的(区段或采区)划分为突出危险区、突出威胁区和无突出危险区,然后再采用工作面预测方法将突出危险区进一步区分为突出危险工作面和无突出危险工作面。

经验告诉我们:突出危险区和无突出危险区之间不可能有明显界限,它们之间有一个过渡地带,这个地带就是突出威胁区。突出威胁区有可能成为突出危险区,也有可能成为无突出危险区。

突出煤层中的区域预测可采用瓦斯地质统计法、综合指标法或其他经试验证实有效的方法进行。

(1) 瓦斯地质统计法

根据已开采区域掌握的煤层赋存与地质构造条件、突出分布规律和对预测区域探测的煤层地质构造,划分出突出危险区域与突出威胁区域。划分突出危

险区一般应符合下列要求:

① 在上水平发生过一次突出的区域,下水平的垂直对应区域应预测为突出危险区。

② 根据上水平突出点与地质构造的关系确定突出点距构造的两侧最远距离线,并结合地质部门提供的下水平或下部采区的地质构造分布,按照上水平构造线两侧的最远距离线向下推测下水平或下部采区的突出危险区域(如图 4-15 所示)。

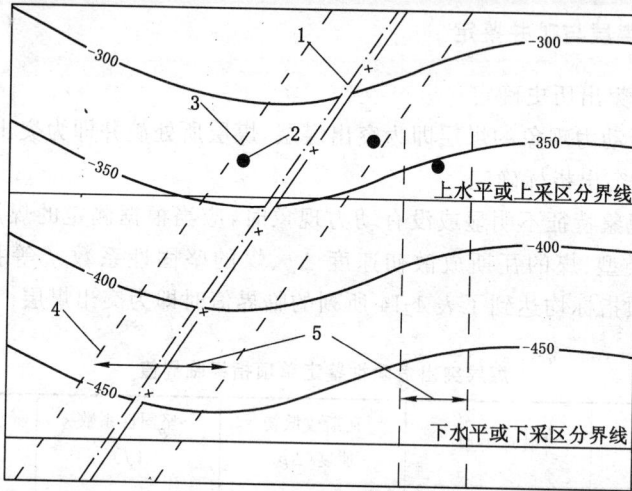

图 4-15 用瓦斯地质统计法向下推测下水平或

下部采区的突出危险区域示意图

1——断层或构造线;2——突出点;

3——上水平或上部采区突出点在断层两侧的最远距离线;

4——推测的下水平或下部采区在断层两侧的最远距离线;

5——推测的下水平或下部采区的突出危险区域

③ 除煤层瓦斯风化带以外未划定的其他区域为突出威胁区。

④ 处于煤层瓦斯风化带的区域为无突出危险区域。

瓦斯地质统计法应结合其他方法使用,并且任一种方法划分出的突出危险区都作为突出危险区,对于同一区域只有每种方法都划分为突出威胁区时,才能确定为突出威胁区。

(2)综合指标法

综合指标法主要依据煤层的瓦斯压力、煤的坚固性系数、煤的瓦斯放散初速度、埋藏深度等参数计算区域性预测的综合指标 D、K 值。其计算方法为

$$D = \left(\frac{0.0075H}{f} - 3 \right) \times (p - 0.74) \tag{4-5}$$

$$K = \frac{\Delta p}{f} \tag{4-6}$$

式中　D——煤层的突出危险性综合指标(考虑地应力、瓦斯压力和煤体物理特性);

　　　K——煤层的突出危险性综合指标(考虑瓦斯解析能力和煤体物理特性);

　　　H——开采深度,m;

　　　p——煤层瓦斯压力,MPa;

　　　Δp——软分层煤的瓦斯放散初速度指标;

　　　f——软分层煤的坚固性系数。

　　综合指标 D、K 的突出临界指标值应根据本矿区实测数据确定,如无实测资料,可参照表 4-15 所列的数据确定区域突出危险性。

表 4-15　　综合指标 D 和 K 预测煤层区域突出危险性的临界值

煤层区域突出危险性	煤层突出危险性综合指标 D	煤层突出危险性综合指标 K	
		无烟煤	其他煤种
无突出危险	<0.25		
突出威胁	≥0.25	<20	<15
突出危险	≥0.25	≥20	≥15

注:(1) 如果 $D = \left(\frac{0.0075H}{f} - 3 \right) \times (p - 0.74)$ 式中两个括号内的计算值都为负时,则不论 D 值多大,都为突出威胁区域;

　(2) 地质勘探和新井建设时期进行煤层突出危险倾向性预测时,突出威胁视为无突出危险煤层。

　　对于局部区域预测,还应符合下列要求:

　　① 应主要依据实测的煤层瓦斯压力、煤的瓦斯放散初速度、坚固性系数等数据进行预测。测定煤层瓦斯压力等参数的地点应按照不同的地质单元分别进行布置。每个地质单元内宜根据地质单元的范围、地质复杂程度等实际情况和条件沿走向和倾向方向分别布置一定数量的测点,但必须至少沿煤层走向方向布置不少于 2 个测点,倾向方向不少于 3 个测点。

　　② 当用穿层钻孔测定瓦斯压力时,在打测压孔的过程中每米煤孔采取一个煤样,测定煤的坚固性系数 f,把每个钻孔中坚固性系数最小的煤样混合后测定煤的瓦斯放散初速度(Δp),则此值及所有钻孔中测定的最小坚固性系数 f 值作为软分层煤的瓦斯放散初速度和坚固性系数参数值。

　　③ 若用顺层钻孔测压,则在孔口附近巷帮采取软分层煤样测定煤的坚固性

系数 f 和煤的瓦斯放散初速度指标 Δp。

④ 如果测压孔所取得的煤样粒度达不到测定 f 值所要求的粒度（20～30 mm）时，可采取粒度为 1～3 mm 的煤样进行测定，所得结果按下式换算：

$$f_{1\sim3} \leqslant 0.25 \text{ 时}, f = f_{1\sim3} \tag{4-7}$$

$$f_{1\sim3} > 0.25 \text{ 时}, f = 1.57f_{1\sim3} - 0.14 \tag{4-8}$$

式中　$f_{1\sim3}$——粒度为 1～3 mm 煤样的坚固性系数。

（3）其他经试验证明有效的方法

本矿区和矿井通过试验研究证明预测突出有效的方法均可应用。

4.4.3　局部区域和工作面突出危险性预测方法

在突出煤层的新采区完成采区主要巷道的施工后，应进行局部区域预测，预测结果用于指导工作面的设计和采掘生产作业。

局部区域预测应主要依据预测区域煤层瓦斯的实测资料，并结合地质勘探资料、上水平的实测和生产资料等进行。

在工作面推进过程中还应进行工作面突出危险性预测，将工作面区分为突出危险工作面和无突出危险工作面。需要进行突出危险性预测的工作面主要有：石门、立井和斜井揭煤工作面、煤巷掘进工作面和采煤工作面。

工作面预测突出危险性预测结果的准确与否，主要取决于敏感指标选用是否符合实际以及临界值确定是否准确。

《防治煤与瓦斯突出规定》中给出的采掘工作面突出预测方法有两大类：一是根据采掘工作面的动力征兆和煤层、地质构造预测；二是根据预测指标进行预测。预测指标除综合指标 D 和 K 外，还有钻屑瓦斯解吸指标 Δh_2 和 K_1、煤层坚固性系数 f 和可解吸瓦斯含量指标 W_j、钻孔瓦斯涌出初速度、钻屑指标和 R 值指标等。

（1）物探、钻探与现场观测法

在采掘工作面推进过程中，可采用物探、钻探等手段探测前方地质构造，以及现场观察分析工作面揭露的地质构造、采掘作业及钻孔等发生的各种现象，实现工作面突出危险性的多元信息综合预测和判断。

当出现下列两种种情况之一时，应判定为突出危险工作面：

① 在工作面出现喷孔、顶钻等动力现象；

② 工作面出现明显的突出预兆。

当有下述情况时，应视为突出危险工作面并实施相关措施：

① 煤层的构造破坏带，包括断层、剧烈褶皱、火成岩侵入等；

② 煤层赋存条件急剧变化；

③ 采掘应力叠加。

（2）钻孔瓦斯涌出初速度（q）法

钻孔瓦斯涌出初速度是在采掘工作面的煤层中按规定的技术要求施工钻孔后，测量在距孔底 0.5 m 长的空间内单位时间内瓦斯涌出量（L/min），一般用 q 表示。钻孔布置如图 4-16 所示。

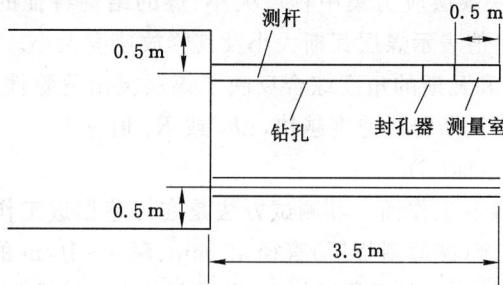

图 4-16　测定钻孔瓦斯涌出初速度布置图

煤巷掘进工作面测试方法：

① 靠近巷道两帮，各打一个平行于巷道掘进方向直径 42 mm、深 3.5 m 的钻孔，钻孔布置在软分层中；

② 用专门的封孔器封孔，封孔后测量室长度为 0.5 m；

③ 测试工作必须在钻孔打完后 2 min 内完成。

每预测循环可进尺 1.5 m，留 2 m 的超前距。煤层钻孔瓦斯涌出初速度测定表明，大多数情况下在开始测量后 0.5～2 min 内函数 $q = f(t)$ 达到最大值。

本方法由前苏联马凯耶夫煤矿安全研究所提出，在突出带和非突出带，q 和煤层力学性质不同，此法综合反映了煤层的破坏程度、瓦斯压力和瓦斯含量、煤体的应力状态及透气性，可以综合评价煤层的突出危险性。瓦斯涌出初速度越大，工作面突出危险性越大，此规律可用来预测采掘工作面的突出危险性。

判断突出危险性的钻孔瓦斯涌出初速度的临界值 q_m 应根据实测资料分析确定，平煤十矿的突出临界值定为 4.0 L/min。

如无实测资料时，可参照表 4-16 确定。当实测值 $q \geqslant q_m$ 时，该工作面应预测为突出危险工作面；当实测值 $q < q_m$ 时，该工作面应预测为突出威胁工作面。采用这一方法预测时，掘进工作面应每掘进 2 m 进行一次预测。

表 4-16　　　判断突出危险性的钻孔瓦斯涌出初速度临界值

煤的挥发分 V_{daf}/%	5～15	15～20	20～30	>30
q/L·(m·min)$^{-1}$	5.0	4.5	4.0	4.5

用钻孔瓦斯涌出初速度法预测煤层掘进工作面突出危险性时,如预测为无突出危险,每循环应留 2 m 的预测超前距。

(3) 钻屑指标法

钻屑指标法有钻屑量指标(S)和钻屑瓦斯释放速度 Δh_2 或 K_1 指标。

钻屑量 S 是反映煤层应力集中程度大小、煤的结构特征的指标;钻屑瓦斯释放速度 Δh_2 或 K_1 值表示煤层瓦斯大小及其释放速度大小。该方法分别从地应力、煤的结构特征和瓦斯的角度综合反映了煤层突出危险性的大小。地应力越大,S 值越大;钻屑瓦斯释放速度越快,Δh_2 或 K_1 值越大。

① 钻孔钻屑量指标(S)

该指标适用于煤巷工作面。其测试方法是在煤巷掘进工作面打 2 个(倾斜或急倾斜煤层)或 3 个(缓倾斜煤层)直径 42 mm、深 8~10 m 的钻孔,收集每钻 1 m 钻孔的全部钻屑,计算其质量或体积,其单位为 kg/m 或 L/m。

钻孔应尽可能布置在软分层中,一个钻孔位于巷道工作面中部,并平行于掘进方向,其他钻孔的终孔点应位于巷道两侧轮廓线外 2~4 m 处。

② 钻屑瓦斯解吸指标法(Δh_2 或 K_1)

由于直接测定煤层瓦斯解吸能力比较困难,人们通过研究,采用试验模拟方法间接进行测量,提出了 Δh_2 或 K_1 的概念。

此法适用于石门揭煤和煤巷掘进工作面。煤巷掘进面测定方法与钻屑量法相同。在石门揭煤工作面适当位置至少打三个钻孔,在钻孔钻进到煤层时每钻进 1 m 采集一次孔口排出的粒径 1~3 mm 的煤钻屑,测定其瓦斯解吸指标 Δh_2 值或 K_1 值(瓦斯解吸特征值)。测定时,应考虑不同钻进工艺条件下的排渣速度。

a. Δh_2 即在固定煤炭粒度(1~3 mm)、煤炭质量(10 g)、暴露时间(3 min)和测量时间(2 min)的情况下测定的瓦斯解吸量。但直接测量解吸量很困难,而测量产生的瓦斯压力更容易,于是就产生了测试 Δh_2 的仪器与方法。

b. K_1 是煤样从煤体脱落暴露后,第 1 分钟内每克煤的累积瓦斯解吸量。其理论依据如下:

$$K_1 = \frac{Q + W_1}{\sqrt{t_1 + t_2 + t_3}} \tag{4-9}$$

式中　Q——煤样解吸测定开始后,第 1 分钟内每克煤样累积瓦斯解吸量,
　　　　mL/g;

　　　W_1——解吸测定开始前,煤样在暴露时间内损失的瓦斯解吸量,mL/g;

　　　t_1——取样到启动仪器时间,min;

　　　t_2——解吸测定时间,min;

t_3——煤样从煤体脱落到钻孔口时间(一般取 $0.1\,L$，L 为钻孔长度，
　　　m)，min。

由于式(4-9)中有两个未知数 Q 和 W_1，因此需要用作图法或试算法获得。
目前，Δh_2 用 MD—2 解吸仪测定，K_1 用 ATY 突出预测仪测定。

钻屑量指标和钻屑瓦斯解吸指标的突出临界值应根据实测数据确定；如无
实测数据时，可参照表 4-17 中所列的指标临界值预测突出危险性。

表 4-17　　　　　　　　　钻屑法预测突出危险性判定表

突出危险性	最大钻屑量 S_{max}		钻屑解吸指标		
			Δh_2	K_1/mL $\cdot$ (g $\cdot$ min$^{1/2}$)$^{-1}$	
	kg/m	L/m	/Pa	$f \geqslant 0.35$	$f < 0.35$
突出危险工作	$\geqslant 6$	$\geqslant 5.4$	$\geqslant 200$	$\geqslant 0.7$	$\geqslant .5$
突出威胁工作面	< 6	< 5.4	< 200	< 0.7	< 0.5

预测时，当任何一个预测孔实测得到的 S_{max}、Δh_2 或 K_1 值等于或大于临界
值时，该工作面预测为突出危险工作面；当所有预测孔的值都小于临界值时，该
工作面预测为突出威胁工作面。采用该法时，工作面每掘进 $4 \sim 5$ m 应预测
一次。

(4) R 值指标法

R 值指标法是依据钻屑煤量和钻孔瓦斯涌出初速度越大，煤与瓦斯突出危
险性越大的规律来预测采掘工作面的突出危险性。R 用式(4-10)计算：

$$R = (S_{max} - 1.8) \times (q_{max} - 4) \tag{4-10}$$

式中　S_{max}——每米预测钻孔钻屑量的最大值，L/m；

　　　q_{max}——每米预测钻孔瓦斯涌出初速度值，L/(m $\cdot$ min)。

R 值指标法判断煤巷掘进工作面突出危险性，应根据实测资料确定，如无实
测资料时，应按以下指标判断：

当任一钻孔的 $R \geqslant 6$ 时，为突出危险工作面；

当任一钻孔的 $R < 6$ 时，为无突出危险工作面；

当 R 值为负值时，若最大钻屑量 S_{max} 达到或超过 6 kg/m(或 5.4 L/m)或最
大瓦斯涌出初速度 q_{max} 达到或超过表 4-16 所列临界值时，该工作面预测为突出
危险工作面；否则，如未发现其他异常情况即可判断为无突出危险工作面。

钻屑量 S 主要考虑了煤层的强度性质和应力状态，瓦斯涌出初速度则主要
考虑了瓦斯因素，把两者结合在一起用来预测突出危险性是合适的。

该方法同时考虑了工作面的应力状态、物理力学性质、瓦斯含量、透气性和

煤层的放散能力,即考虑了决定突出危险性的主要因素,是一个综合指标。

R 值指标法测试钻孔布置参见图 4-17,方法如下:

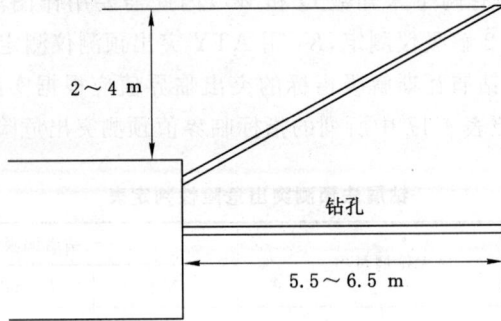

图 4-17 R 值指标法钻孔布置图

① 在缓倾斜煤层掘进工作面应向前方煤体至少打 3 个钻孔,在倾斜或急倾斜煤层至少打 2 个直径 42 mm、孔深 8~10 m 的钻孔,测定钻孔瓦斯涌出初速度和钻屑量指标。

② 钻孔尽可能布置在软分层中,一个钻孔位于巷道工作面中部平行于掘进方向,其他钻孔的终孔点应位于巷道轮廓线外 2~4 m 处。

③ 钻孔每钻进 1 m 收集该段的全部钻屑量 S,并测定钻孔瓦斯涌出初速度 q。

④ 测 q 时,测量室长度为 1 m,根据每个钻孔的最大钻屑量和最大瓦斯涌出初速度按式(4-10)确定 R 值。

⑤ 每预测循环留 2 m 超前距。

(5)瓦斯放散初速度指标(Δp)

煤的瓦斯放散初速度表示含有瓦斯的煤体充分暴露时,释放瓦斯(从吸附转化为游离状态)快慢的一个指标。在瓦斯含量相同的条件下,Δp 越大,煤的破坏程度越严重,越容易发生突出。

Δp 值在实验室由专用的仪器测定:煤样 3.5 g、直径 0.2~0.25 mm,先经 1.5 h 真空泵脱气,然后用浓度为 95% 的瓦斯,在0.1 MPa 压力下充气 1.5 h,向真空空间释放瓦斯,分别测定经过 10 s 和 45~60 s 时释放的压力值,两者差值即是。

一般,$\Delta p \geq 10$ mmHg(1 mmHg=133.322 4 Pa)时为突出煤层。

(6)复合指标法

采用复合指标法预测煤巷掘进工作面突出危险性时,其各项指标临界值应根据实测资料确定。如无实测资料时,可参考表 4-18 中的临界值。实测得到的任一指标 q、S 的任一测定值等于或大于临界值时,该工作面即预测为突出危险工作面;否则,如未发现其他异常情况即可判断为无突出危险工作面。

表 4-18   复合指标法预测煤巷掘进工作面突出危险性的参考临界值

煤的挥发分 V_{daf}/%		5～15	15～20	20～30	＞30
q_m/L·min^{-1}		5.0	4.5	4.0	4.5
S_{max}	kg/m	6	6	6	6
	L/m	5.4	5.4	5.4	5.4

（7）瓦斯含量法

采用瓦斯含量法预测煤巷掘进工作面突出危险性时,应向工作面前方煤体至少打 2 个孔深 8～30 m 的钻孔,测定煤层可解吸瓦斯含量 W_j,并在工作面煤壁取软分层煤样测定煤的坚固性系数 f。钻孔的终孔点应位于巷道两侧轮廓线外 3～6 m 处。

各钻孔每钻进 3 m 取样测定 1 次可解吸瓦斯含量指标。

采用瓦斯含量法预测石门揭煤工作面突出危险性时,应根据条件由石门揭煤工作面向煤层的适当位置至少打 3 个钻孔测定煤层的可解吸瓦斯含量指标 W_j,并且每个钻孔在煤层中每钻进 1 m 分别取煤样测定煤的坚固性系数 f,煤层厚度大于 2 m 的煤层每个钻孔至少测定两次可解吸瓦斯含量指标。

采用瓦斯含量法预测煤层突出危险性的指标临界值,应根据现场测定资料确定。如无实测资料时,可参考表 4-19 的临界值确定工作面的突出危险性。

表 4-19   瓦斯含量法预测掘进工作面突出危险性的参考临界值

各钻孔煤样的最小坚固性系数 f	煤层可解吸瓦斯含量指标 W_j 临界值/m³·t^{-1}
≥0.5	4.5
＜0.5	3.5

实测得到的最大可解吸瓦斯含量等于或大于临界值时,该工作面即预测为突出危险工作面;否则,如未发现其他异常情况即可判断为无突出危险工作面。

4.4.4   突出危险性预测指标的选取及其临界值确定

（1）预测指标选取原则

一般认为突出是由于地应力、瓦斯压力和煤层结构三个因素引起的。但各矿、各煤层发生突出的主导原因是不完全相同的,多数人认为是综合作用的结果。因此,在选取预测指标上,既要充分考虑选取起主导作用的预测指标,又要考虑其他方面的原因,一般要选取两个以上起不同作用的预测指标。

不同预测指标其预测突出因素的作用原理是有区别的。

① 预测地应力作用指标:煤的破坏类型,钻孔钻屑量 S。

② 预测瓦斯作用指标:瓦斯压力 p,瓦斯放散初速度 Δp,瓦斯解吸指标 Δh_2 或 K_1,钻孔瓦斯涌出初速度 q,爆破 30 min 瓦斯涌出量等。

③ 预测煤层特性指标:煤的坚固性系数 f,瓦斯放散初速度 Δp,钻孔钻屑量 S。

④ 预测综合作用指标:预测地应力、煤结构特性、瓦斯的综合指标 D;预测瓦斯、煤层特性的综合指标 K;预测地应力、煤层特性、瓦斯的综合指标 R。

选取预测指标要结合矿井煤层实际情况,积累数据,摸索分析突出规律,找出该矿突出煤层的预测指标。危险值的选取要靠实践找到,在没找到之前,可将《防治煤与瓦斯突出规定》规定值作为参考指标。

为了提高预测的准确性和可靠性,在主要采用敏感指标进行工作面突出危险性预测的同时,可根据实际条件结合测定一些辅助指标(如工作面瓦斯涌出量动态变化、AE 声发射、电磁辐射、钻屑温度、煤体温度等),并采用物探、钻探等手段探测前方地质构造,观察分析工作面揭露的地质构造、采掘作业及钻孔等发生的各种现象,实现工作面突出危险性的多元信息综合预测和判断。

单项指标判断工作面的突出危险性具有一定的片面性,预测效果不够理想,通常采用双指标进行判断,即地应力指标和瓦斯指标。

确定这些临界值时必须考虑安全系数,同时又要照顾到采掘成本。安全系数大,预测出来的突出危险工作面的次数就多,需要执行防治瓦斯突出的措施工程量就会增加,矿井的采掘成本随之升高,反之则相反。

(2) 区域预测方法的选择

突出煤层中的区域预测可采用瓦斯地质统计法、综合指标法或其他经试验证实有效的方法进行。

瓦斯地质统计法是根据开采区域已发生的煤与瓦斯突出规律来预测深部区域的突出危险性,对于未发生过煤与瓦斯突出的突出危险煤层,一般不适用瓦斯地质方法。

综合指标法一般用于岩石工作面揭煤时,预测揭煤标高以下煤层的突出危险性,主要用于未发生过瓦斯动力现象的突出危险煤层的区域预测。

鉴于以上预测方法的不同适用条件,在对平煤十矿戊、己组煤层进行突出危险性区域预测时,主要采用瓦斯地质统计法(己组区域预测不再赘述),根据已发生的突出与地质构造的关系,并结合区域构造分布、煤样化验指标、突出预测指标以及瓦斯涌出量等,按照不同的瓦斯地质单元,对平煤十矿戊组煤层突出危险区域进行预测。

(3) 局部预测指标选取

石门揭煤一般选用综合指标法、钻屑瓦斯解吸指标法、瓦斯含量法或其他经试验证实有效的方法。

立井、斜井揭煤工作面的突出危险性预测,按照石门揭煤工作面的各项要求和方法执行。

煤巷掘进工作面选用:① 钻屑指标法;② 复合指标法;③ 瓦斯含量法;④ R 值指标法;⑤ 其他经试验证实有效的方法。

采煤工作面的突出危险性预测,可采用钻屑瓦斯解吸指标法进行。但应沿采煤工作面每隔 10～15 m 布置一个预测钻孔,深度 5～10 m,除此之外的各项操作等均与煤巷掘进工作面突出危险性预测相同。

判断采煤工作面突出危险性的各指标临界值宜进行专门的试验确定,如无实测资料,可参照煤巷掘进工作面突出危险性预测的临界值。

(4) 存在问题

对全国部分突出事故的调查分析表明,有75％的突出是采用过各种防治突出措施后发生的·这表明突出预测和防治措施的有效性很不理想。其原因主要有:

① 煤矿的地质和煤层结构复杂,特别是煤层的非均质性,导致了突出危险区、突出危险工作面与无突出危险工作面的相互转换难以预测和发现。

② 预测方法主要是静态的、局部的和不连续的,而在采掘活动过程中煤体处于动态变化之中,煤层或煤体及其内部所含有的瓦斯并不是均匀分布的、稳定的。

③ 预测打钻及测定参数需占用作业时间和空间,工程量很大,预测作业时间也较长,对生产有很大的影响,预测所需费用也较高。

④ 预测指标都建立在经验基础上,其临界值都建立在对大量实验数据统计分析的基础上,还不能从理论上较好地确定突出临界值,突出指标的可靠程度取决于实验数据的多少、范围和代表性。

⑤ 预测受人工操作或其他各种因素的影响,在钻孔附近取得的预测结果仅仅是局部的,并不能完全代表整个预测步长范围内的突出危险性,准确性也不是很高。

因此,应进行学科交叉,引进相关学科先进的测试技术手段,实现近非接触式、动态、连续预测法,是今后的研究和发展方向。

4.4.5 平煤十矿突出危险性预测

4.4.5.1 戊$_{9-10}$煤层煤与瓦斯突出危险性划分

(1) 戊$_{9-10}$煤层中区

① 根据戊$_{9-10}$煤层历次瓦斯压力、Δp 和 f 值的测定,在戊$_{9-10}$煤层始突深度以下(标高－247 m,垂深 420 m)为煤与瓦斯突出危险区的范围。

② 已发生的几次煤与瓦斯突出都位于采煤工作面绝对瓦斯涌出量大于 10 m³/min 的范围,所以将采煤工作面绝对瓦斯涌出量 5～10 m³/min 范围作为煤与瓦斯突出威胁区;因在始突标高以上留设一定安全区,且 10 m³/min 等值线位于始突标高以上的安全区,将大于或等于 10 m³/min 的区域划为煤与瓦斯突出危险区。

③ 历次戊组煤与瓦斯突出均发生在戊$_{9-10}$煤层合层区域,而西部分层区在施工过程中未发生动力现象,因此将合层区域划为煤与瓦斯突出危险区,分层区为煤与瓦斯突出威胁区。把分层之间的夹矸厚度 5 m 作为煤与瓦斯突出危险区与威胁区的分界线,夹矸厚度大于 5 m 的区域为煤与瓦斯突出威胁区,否则为危险区。

(2) 戊$_{9-10}$煤层东区

东区仅剩 21210 一个工作面尚未开采,其他均回采结束,在该采区戊$_{9-10}$—21130 风巷、戊$_{9-10}$—21150 机巷、戊$_{9-10}$—21170 机巷、戊$_{9-10}$—21190 机巷和轨道在掘进过程中发生数次突出,始突标高为－290 m。生产前效检均不超标。从瓦斯涌出量方面看,采煤工作面绝对瓦斯涌出量达到了 15～25 m³/min。

根据以上和戊$_{9-10}$煤层煤与瓦斯突出的特征,对东区突出危险区域划分如下:

① 由于该采区属戊$_{9-10}$煤层合层区,与中区划分只是受当时通风和采煤工艺影响,与地质变化无关。同时中区始突深度和本采区始突深度较接近,因此仍以标高－247 m 以下区域为煤与瓦斯突出危险区域。

② 已发生的数次煤与瓦斯突出,都位于采煤工作面绝对瓦斯涌出量大于 10 m³/min 的范围,大部分发生在 15～25 m³/min 范围内,考虑到中、东两采区地质和瓦斯关系,仍将采煤工作面绝对瓦斯涌出量 5～10 m³/min 范围作为煤与瓦斯突出威胁区;大于或等于 10 m³/min 的区域为煤与瓦斯突出危险区。

③ 软煤增厚、煤厚变化、煤层倾角变化、小褶皱、小断层、层间滑动等受构造作用而强烈变化和发育的地带为煤与瓦斯突出危险区。

4.4.5.2　己组突出危险性区域划分

根据已发生的突出与地质构造的关系，并结合区域构造分布、煤样化验指标、突出预测指标以及瓦斯涌出量等，对十矿己组煤层突出危险区域进行预测。

（1）划分方法与依据

在对十矿己组煤层进行区域划分时，主要采用以下方法和依据：

① 分区预测以郭庄背斜轴为界，将己组煤层划分为己二采区和己四采区，这两个采区处于不同的地质构造单元。

② 十矿己组煤层历次突出的特征与分布规律。

③ 十矿井田区域构造发育分布规律。

④ 己组煤层煤样的瓦斯放散初速度指标 Δp、坚固性系数指标 f 和综合指标 K 的大小及其分布规律。

⑤ 掘进工作面预测检验指标的区域分布规律。

⑥ 采煤工作面绝对瓦斯涌出量大小与分布。

⑦ 采掘工程揭露与已往的研究成果。

（2）突出危险性的划分结果

在该采区己$_{15-16}$—24060 机巷、己$_{15-16}$—24090 机巷和己$_{15-16}$—24090 风巷，测定煤样的瓦斯放散初速度指标 $\Delta p \geqslant 10$ mmHg，而坚固性系数指标 $f \leqslant 0.5$。从预测效检指标看，己$_{15-16}$—24060 机巷有 1 次，己$_{15-16}$—24070 机巷有 5 次钻孔瓦斯涌出初速度 q 超过临界值，己$_{15-16}$—24090 风巷有 10 次。在掘进过程中，己$_{15-16}$—24020 机巷出煤巷、己$_{15}$—24090 风巷、己$_{15-16}$—24090 机巷、己$_{15}$—24060 机巷各发生 1 次突出，强度大，危害严重。从瓦斯涌出量方面看，采煤工作面绝对瓦斯涌出量达到了 $15 \sim 20$ m³/min。

根据以上和己$_{15}$煤层煤与瓦斯突出的特征，对己四采区突出危险区域划分如下：

① 按照已发生的首次煤与瓦斯突出，标高−541 m。在煤层埋深标高−541 m 以深的区域都应该是煤与瓦斯突出危险区。

② 根据瓦斯压力测定和 Δp、f 值的测定，标高−320 m 处的瓦斯压力为 1.45 MPa；在标高−343 m 以深的许多 Δp、f 值落在瓦斯突出危险区的范围。考虑到该采区最浅标高附近采煤工作面绝对瓦斯涌出量均在 10 m³/min 左右，根据已有科研结果对十矿煤与瓦斯突出分布与瓦斯涌出量存在一定关系的论断，因此将郭庄背斜轴以北的煤层合层区域定为煤与瓦斯突出威胁区。

③ 历次己组煤与瓦斯突出均发生在己$_{15-16}$煤层合层区域，而西部分层区在施工过程中未发生动力现象，因此将合层区域划为煤与瓦斯突出危险区，分层区为煤与瓦斯突出威胁区；把分层之间的夹矸厚度 5 m 作为煤与瓦斯突出危险区

与威胁区的分界线,夹矸厚度大于 5 m 的区域为煤与瓦斯突出威胁区,否则为危险区。

综合以上分析,十矿所开采的突出煤层危险性划分结果如表 4-20 所列。

表 4-20   **平煤十矿突出煤层区划结果**

煤层	无突出危险区	突出威胁区	突出危险区
戊$_{9-10}$	−320 m 以上	夹矸厚度 5 m 以上区域,沿空送巷	−320 m 以下
己$_{15-16}$	−320 m 以上	夹矸厚度 5 m 以上区域,沿空送巷	−320 m 以下
丁$_{5-6}$	−320 m 以上	沿空送巷	−320 m 以下

注:地质区段填写断层,其他填写标高。

4.4.5.3 平煤十矿煤与瓦斯突出预测敏感指标及临界值

平煤十矿目前采用的煤与瓦斯突出预测敏感指标及其临界值为:采煤工作面采用钻孔瓦斯涌出初速度 q、钻屑量 S 作为测试和校检突出危险性指标,其临界值分别为 3.2 L/min 和 4.8 kg/m;掘进工作面采用钻孔的钻屑瓦斯解析指标 Δh_2 和钻屑量 S 值作为测试和校检突出危险性指标,其临界值分别为 160 Pa 和 4.8 kg/m。

目前正在研究新的敏感指标和临界值,以使预测更为准确。

4.5 防控煤与瓦斯突出的方法与技术

防突是一个系统工程,要从采区设计、巷道布置、采掘接替等一系列技术、工程和管理上采取措施方可收到良好效果。

防突措施分为区域性和局部防突措施。

4.5.1 区域性防突

区域性防突的措施包括开采保护层、预抽煤层瓦斯、煤层注水等。

4.5.1.1 开采保护层与预抽卸压瓦斯

开采保护层是区域性防突措施,也是最有效的一种瓦斯治理方法,是防止煤和瓦斯突出最有效、最经济的一种区域性防治突出措施。

根据保护层的位置不同,可分为上保护层和下保护层。位于被保护层上部的叫上保护层,反之叫下保护层。

(1)开采保护层防突原理

保护层开采防突原理如下:

① 被保护层地应力降低,煤层卸压。

在保护层开采后,在采空区上方形成自然冒落拱,开采层周围的岩层和煤层向采空区方向移动、变形。岩层经过不断移动,地层应力重新分布,其上下围岩形成卸压圈,如图 4-18 所示。在直接受岩石移动影响范围内的被保护层的地层应力(包括地质构造应力)降低、煤层卸压。

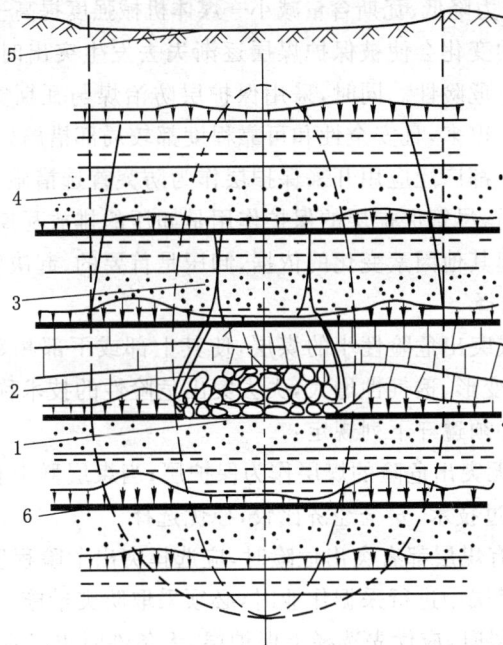

图 4-18　工作面回采后上下围岩卸压圈和应力重新分布

1——开采层回采;2——冒落带;3——卸压圈;

4——支撑压力带;5——地表移动;6——原始应力

② 被保护煤层膨胀变形、裂隙增多增大、透气性增加。

保护层开采后,由于其上部围岩冒落、离层、变形,在垂直煤层层面方向呈现膨胀变形。由此,在煤层和岩层内,不仅产生新的裂缝,而且原有裂缝也在扩大、彼此贯通,使得煤层透气性增大数十到数百倍,为瓦斯抽采提供良好的条件。

③ 瓦斯压力降低、含量减小。

由于煤层的卸压、增透,在煤层瓦斯压力的作用下,被保护煤层中的瓦斯会通过突出危险煤层顶底板岩石裂隙,不断地流向保护层的开采空间,被保护煤层的瓦斯压力不断地降低,吸附瓦斯迅速解吸为游离瓦斯,导致被保护煤层瓦斯含量不断降低,使突出煤层的瓦斯动力参数将发生重大变化。

④ 煤层强度增大、稳定性增加。

保护层开采后,由于瓦斯排放、含量减小、压力降低,煤层结构参数变化,强度大大提高,稳定性增加,抗卸突出能力提高。

开采保护层的原理可归结为:开采保护层→岩层移动→被保护层卸压(地应力降低、煤层膨胀变形)→透气性增加、瓦斯解吸→煤(岩)层瓦斯排放能力增高→瓦斯排放→瓦斯压力降低、瓦斯含量减小→煤体机械强度提高→应力进一步降低。

上述一系列的变化会使被保护煤层逐渐失去发生突出时所需的必要条件,可大面积消除突出危险性。同时,采用保护层防治煤与瓦斯突出要比采用局部防治突出的成本低得多,且安全性和可靠程度都较局部措施好。所以,国内外开采煤层群的突出矿都广泛应用开采保护层作为防突首选措施。

以上分析表明,尽管保护层的保护作用是卸压的排放瓦斯的综合作用结果,但卸压作用是引起其他因素变化的依据,卸压是首要的、起决定性的。

(2) 保护层选择

开采不突出或突出危险性小的煤层,使其上部或下部相邻的突出危险煤层受采动影响,卸压变形、透气性增大,失去突出危险性的技术称之为保护层开采。

选择保护层必须遵守下列规定:

① 首先选择无突出危险的煤层作为保护层;当煤层群中有几个煤层均可作为保护层时,应通过技术、安全经济比较,择优选择。

② 矿井中所有煤层都有突出危险时,应选择突出危险程度较小的煤层作为保护层。但在此煤层中进行采掘作业时,必须采取防突措施。

③ 选择保护层时,应优先选择上保护层,无条件时也可选择下保护层,但在开采时不得破坏被保护层的开采条件。

开采下保护层时,上部被保护层不被破坏的最小层间距离应根据矿井开采实测资料确定;如无实测资料时,可参用式(4-11)或式(4-12)确定:

$$当 \alpha < 60° 时, H = K \times M\cos \alpha \tag{4-11}$$

$$当 \alpha \geqslant 60° 时, H = K \times M\sin \frac{\alpha}{2} \tag{4-12}$$

式中 H——允许采用的最小层间距,m;

M——保护层的开采厚度,m;

α——煤层倾角,(°);

K——顶板管理系数。冒落法管理顶板时,K 值选用 10;充填法管理顶板时,K 值选用 6。

④ 若有不可采的薄煤层可作保护层时,尽量创造条件开采。如淮南谢一矿望峰岗井 $5111C_{15}$ 工作面为了保护 C_{13} 煤层 $5111C_{13}$ 工作面,破岩开采 0.6 m 煤

层,收到很好效果。

针对平顶山矿区己组、戊组煤层的突出危险性及赋存特点,因地制宜采取保护层开采技术。开采己$_{15}$煤层保护己$_{16-17}$煤层,开采戊$_8$煤层保护戊$_{9-10}$煤层,开采戊$_9$煤层保护戊$_{10}$煤层。

十矿首个保护层开采工作面为戊$_9$—20180 工作面,将厚度1.3 m 左右的戊$_9$煤层作为保护层开采,使戊$_{10}$煤层的瓦斯得以释放,防止在施工戊$_{10}$煤层时发生瓦斯事故,从而保证戊$_{10}$—20180 工作面安全生产。已采用保护层开采的工作面还有戊$_9$—20180 和戊$_9$—21210 工作面。

(3) 保护范围确定

当保护层开采后,在被保护的突出煤层中就出现了受到保护的区域和没有受到保护的区域。所谓受到保护的区域,即该区域内因保护层的开采失去了发生突出所需要的条件,不存在突出的危险性,变为无突出危险煤层。所以在保护区域内可按无突出危险从事作业,即只需采取安全防护措施即可进行采掘工作。相反的,在非保护区域内,由于煤层的各种地质采矿因素均未发生变化,发生突出的必需条件仍然存在,有发生突出的危险性,有时突出危险性增大。因而,在非保护区域内从事采掘工作必须采取综合防突措施,避免突出事故发生造成损失。这方面有的矿区(井)出现多次失误,有深刻的教训。因此,准确地划分保护范围是极为重要的。

划定保护层有效作用范围的有关参数,应根据矿井实测资料确定。对暂无实测资料的矿井,可参照下述方法确定:

① 保护层与被保护层之间的有效垂距,可参用表 4-21 或用式(4-13)和式(4-14)确定。

表 4-21　　　　　　　　　　　保护层与被保护层之间的有效垂距

煤层类别	最大有效垂距/m	
	上保护层	下保护层
急倾斜煤层	<60	<80
缓倾斜和倾斜煤层	<50	<100

下保护层最大有效距离:

$$S_{下} = S_{下} \cdot \beta_1 \cdot \beta_2 \qquad (4-13)$$

上保护层最大有效距离:

$$S_{上} = S_{上} \cdot \beta_1 \cdot \beta_2 \qquad (4-14)$$

式中　$S_{下}$,$S_{上}$——下保护层和上保护层的理论有效间距,m。它与工作面长度 l

和开采深度 H 有关,可参照表 4-22 取值,当 $l > 0.3H$ 时,则取 $l = 0.3H$,但 l 不得大于 250 m;

M——保护层的开采厚度,m;

M_0——开采保护层的最小有效厚度,m,M_0 可按图 4-19 确定;

β_1——保护层开采影响系数,当 $M \leqslant M_0$ 时,$\beta = M/M_0$,当 $M > M_0$ 时,$\beta_1 = 1$;

β_2——层间硬岩(砂岩、石灰岩)含量系数,以 η 表示硬岩在层间岩石中所占有的百分比,$\eta \geqslant 50\%$ 时,$\beta_2 = 1 - \dfrac{0.4 \times \eta}{100}$,$\eta < 50\%$ 时,$\beta_2 = 1$。

表 4-22　　　　$S_\perp$ 和 $S_\top$ 与开采深度(H)、工作面长度(l)的关系

开采深度 H/m	$S_\top$/m								$S_\perp$/m						
	工作面长度 l/m								工作面长度 l/m						
	50	75	100	125	150	175	200	250	50	75	100	125	150	200	250
300	70	100	125	148	172	190	205	220	56	67	76	83	87	90	92
400	58	85	112	134	155	170	182	194	40	50	58	66	71	74	76
500	50	75	100	120	142	154	164	174	29	39	49	56	62	66	68
600	45	67	90	109	126	138	146	155	24	34	43	50	55	59	61
800	33	54	73	90	103	117	127	135	21	29	36	41	45	49	50
1 000	27	41	57	71	88	100	114	122	18	25	32	36	41	44	45
1 200	24	37	50	63	80	92	104	113	16	23	30	32	37	40	41

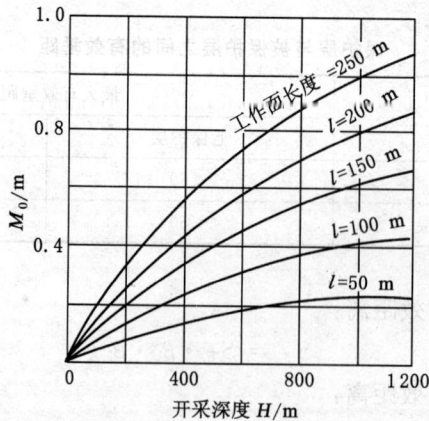

图 4-19　确定保护层最小有效开采厚度 M_0 曲线图

② 正在开采的保护层工作面,必须超前于被保护层的掘进工作面,其超前距离不得小于保护层与被保护层层间垂距的两倍,并不得小于 30 m。

③ 对停采的保护层采煤工作面,如停采时间超过 3 个月且卸压比较充分,该采煤工作面的始采线、采止线及所留煤柱对被保护层沿走向的保护范围可暂按卸压角 56°～60°划定,如图 4-20 所示。

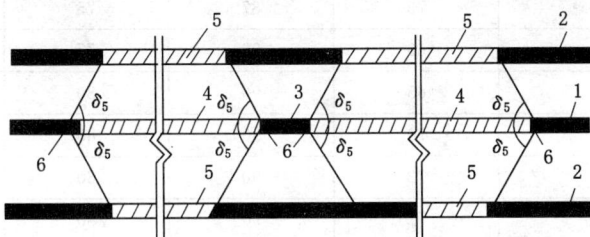

图 4-20 保护层工作面始采线、采止线和煤柱的影响范围

1——保护层;2——被保护层;3——煤柱;4——采空区;
5——被保护范围;6——始采线、终采线

④ 保护层沿倾斜的保护范围,按卸压角划定,如图 4-21 所示。卸压角的大小应采用矿井的实测数据。如无实测数据时,参照表 4-23 中的数据确定。

十矿已开采保护层的工作面参数如表 4-24 所列。

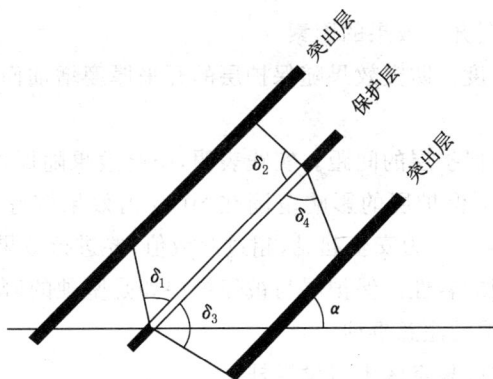

图 4-21 沿倾斜保护范围

表 4-23   保护层沿倾斜的卸压角

煤层倾角 α/(°)	卸压角/(°)			
	δ_1	δ_2	δ_3	δ_4
0	80	80	75	75
10	77	83	75	75
20	73	87	75	75
30	69	90	77	70
40	65	90	80	70
50	70	90	80	70
60	72	90	80	70
70	72	90	80	72
80	73	90	78	75
90	75	80	75	80

表 4-24   十矿已开采保护层的工作面参数表

保护面	被保面	煤层倾角	倾斜方向卸压范围		走向方向卸压范围	备 注
			上部	下部		

（4）影响保护层开采效果的因素

① 保护层的厚度。防突效果随保护层的开采厚度增加而增大。厚度减小，冒落高度随之减小。

② 保护层与被保护层的间距。实践表明，防突效果随保护层与被保护层的间距增大而减小。下保护层的影响范围在 80 m 内效果较好；上保护层的影响范围在 50 m 以内较好。为安全起见，超过此数值，要进行效果检验。

③ 层间距之间的岩性。保护层与被保护层如是坚硬的岩石，效果较好。

（5）开采保护层的注意事项

① 避免在保护层采空区中留设煤柱。

开采保护层时，采空区内不得留有煤（岩）柱，特殊情况需留煤（岩）柱时，应将煤（岩）柱的位置和尺寸准确地标在采掘平面图上。

保护层采空区中煤柱会造成上部被保护层的应力集中，增加突出危险性。在非留煤柱不可时，被保护层进入此区开采时一定要采取防突措施，避免发生突出事故。

② 开采保护层时,应同时抽采被保护层的卸压煤层瓦斯。

在保护层开采的同时,应采取地面钻井、在专用巷道内布置钻场,打钻预抽被保护层中瓦斯,因在卸压的过程中抽采效果会更好。

4.5.1.2 预抽煤层瓦斯

仅仅进行保护层开采是不够的,必须配合预抽瓦斯,才能降低突出危险性。

所有预抽煤层瓦斯钻孔必须在整个预抽区域内均匀布孔;钻孔间距根据实际考察的煤层有效抽放半径确定。

预抽卸压煤层瓦斯的方法主要有:

① 地面钻井预抽被保护卸压煤层瓦斯;

② 顶板和底板巷道预抽被保护卸压煤层瓦斯;

③ 高位钻孔预抽被保护卸压煤层瓦斯;

④ 穿层和顺层钻孔预抽煤巷条带煤层瓦斯;

⑤ 顺层钻孔预抽回采区域煤层瓦斯;

⑥ 穿层钻孔预抽石门(含立、斜井等)揭煤区域煤层瓦斯等。

具体钻孔布置参见第 5 章瓦斯抽采技术。

4.5.1.3 煤层高压注水

煤层高压注水就是通过钻孔向工作面煤壁前方集中应力带内的煤体注高压水。

(1) 煤层注水防突机理

煤层是一种典型的多孔裂隙介质,它由晶体、颗粒和胶体组成。这些物质之间分布孔隙;此外,煤体由于存在裂隙而成为块状结构的物质。基于煤层的这种结构特性,向煤层中进行高压注水时,可能出现渗流、压裂和流体断裂三种工作状态。这三种工作状态导致高压注水防突的基本原理有四点:

① 渗流具有置换吸附状态瓦斯和挤出游离状态瓦斯的作用,使其迁移并将其排出,使瓦斯在开采前释放,减小开采时涌出量。

② 煤层受到流体动力作用之后,会产生明显的块体裂隙,并使裂隙增加、增长和增大,提高煤层的渗透性,增加瓦斯排放能力,但同时也有阻碍瓦斯排出的不利因素。因此合理选择注水量是关键。

③ 湿润煤体改变煤体的力学性能。随着煤体的湿润,增加了煤的可塑性,降低了煤的弹性能,使应力分布均匀化,降低应力集中,降低和延迟了瓦斯释放时间,使煤体中的瓦斯放散初速度减小,降低了发生突出的可能性。

④ 注水使煤壁前方地应力重新分布,集中应力(峰)带深移,预先释放煤和瓦斯积蓄的潜能,从而削弱甚至消除突出危险性。

俞启香、马中飞[12]在徐州张集煤矿 7353 综采工作面现场试验,采用 4 m 长自动膨胀式封孔器封孔,钻孔长度 6.5 m,封孔深度 6 m,封孔段长度 4 m,最大注水压力 18.0 MPa。

作者采用 KBD5 矿用本安型电磁辐射监测仪跟踪测试了整个高压注水过程中电磁辐射平均强度 E_{avg}(主要反映岩石或煤体的受载变化程度及变形破裂强度)和脉冲数 N(主要反映变形及微破裂的频次),其结果见图 4-22。在图中,0~1 150 s 为水力卸压前的测量值,1 150~3 900 s 为水力卸压过程的测量值,3 900~5 400 s 为水力卸压后的测量值。不难看出,注水前电磁辐射平均强度和脉冲数分别为 60~80 mV,150 次;当注水时间为 12~38 min 时,电磁辐射平均强度出现了明显且较为稳定的增大区,其 E_{avg}、N 值分别为 90~110 mV、2 300 次。E_{avg} 的增大倍数为 1.5 倍左右,N 值的增大倍数为 140~160 倍,说明水力卸压后应力集中带煤体有明显的增裂、煤体位移变形,使得应力集中带深移,卸压带增宽。

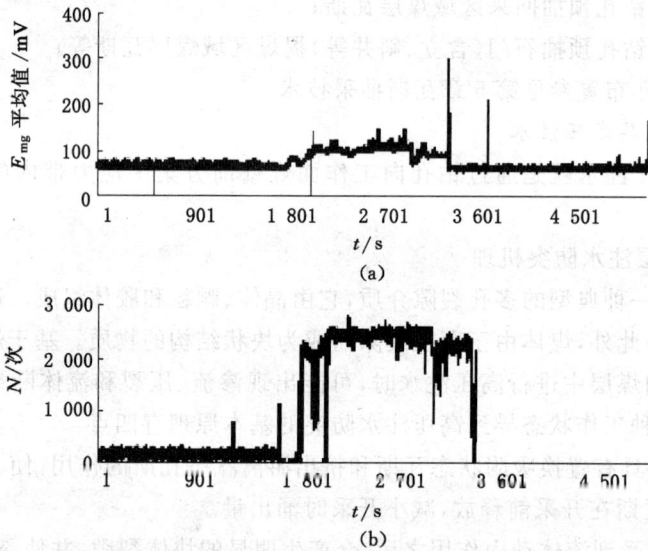

图 4-22 水力卸压前后电磁辐射指标变化曲线

对于增裂煤体作用,在注水点回风侧 5 m 风流处测定并考察了瓦斯浓度 CH_4 变化。测定表明,工作面风量 1 350~1 400 m³/min,水力卸压前风流的 CH_4 为 0.24%,水力卸压时风流的 CH_4 增至 0.38%,净增 0.14%,因水力卸压增加的瓦斯涌出量为 1.96 m³/min,说明水力卸压可增裂集中应力带煤体,使所含瓦斯得到预释放。

该面曾发生 12 次煤与瓦斯突出,采取水力卸压防突措施后基本消除了煤与瓦斯突出现象。

(2) 高压注水方法

① 煤层注水按其工艺划分可划分为高压注水和中低压注水;

② 煤层注水按钻孔深浅可分为长孔注水和浅孔注水;

③ 采煤工作面最好采用中低压、小流量、大面积、长时间注水,防突效果明显。

(3) 注水参数

① 注水压力。注水压力分为高、中、低压,一般压力为 2~15 MPa,大部分在 6~8 MPa 之间,而高压供水压力为 10~20 MPa。压力根据煤层特性通过试验确定。

② 注水流量。每个注水孔的注水量与煤层的裂隙、孔隙及发育程度有关。根据统计,一般为 0.01~0.06 m³/(h·m),如孔深按 50 m 计算,则每个孔需注水流量为 0.5~3 m³/h,若注水孔按 10 个计算,注水总流量为 5~30 m³/h。

③ 注水时间。根据经验,注水时间一般在 70~80 h 以上,现场可根据实际情况确定,一般不少于 50 h。

④ 钻孔直径 42 mm,封孔段直径 60 mm,长度 3 m。

(4) 高压注水的注意事项

① 渗流伴随扩散和毛细流,是湿润煤体的基础。保质渗流的前提是,最大注水的压力 p_{max} 不应超过岩体应力的最小分力:

$$p_{max} < \sigma = \alpha \rho g H$$

式中　ρ——上覆岩层平均密度,kg/m³;

　　　H——深度,m;

　　　α——应力场分应力与自重应力之比,$\alpha = \sigma/(\rho g H)$。

② 由于注入煤体中的水有降低瓦斯的相位渗透性、阻碍瓦斯排出不利因素,因此,必须选择合理的注水量。

4.5.2　局部防突

局部防突措施是指针对井下某一采掘工作面或巷道等局部范围内的防突措施。

突出危险工作面进行采掘作业前,必须采取工作面防突措施,并进行措施效果检验。经检验证实措施有效后,即判定为无突出危险工作面;当措施无效时,无论防突措施钻孔还留有多少超前距,都必须采取防治煤与瓦斯突出的补充措施,并再次进行措施效果检验。

　　无突出危险工作面必须在采取安全防护措施,并保留足够的突出预测超前距或防突措施超前距的条件下进行采掘作业。

　　石门揭煤掘进工作面使用的局部防突措施的安全距离如图 4-23 所示。

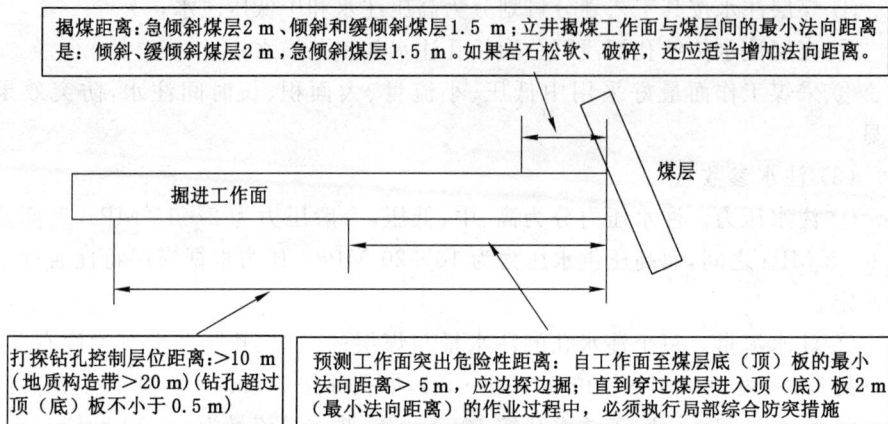

图 4-23　石门揭煤掘进工作面使用局部防突措施的安全距离

　　立井和斜井揭煤与此类似。

4.5.2.1　松动爆破

　　松动爆破是向掘进工作面前方应力集中区打几个钻孔装药爆破,使煤炭松动,集中应力区向煤体深部移动,同时加快瓦斯的排出,从而在工作面前方造成较长的卸压带,以预防突出的发生。松动爆破分为深孔和浅孔两种。

　　① 深孔松动爆破一般适用于煤质较硬、突出强度较小的煤巷或半煤岩巷掘进工作面。掘进面钻孔直径一般为 40~60 mm,孔深为 8~15 m(煤层厚时取大值);松动爆破应至少控制到巷道轮廓线外 2 m 的范围;孔数应根据松动爆破的有效半径确定。松动爆破的有效影响半径应通过实测确定。

　　松动爆破钻孔布置和原理如图 4-24 所示。

　　② 浅孔松动爆破主要用于采煤工作面。鸡西矿务局大通沟煤矿的施工参数为:孔径 42 mm、孔深 2.4 m、孔间距 3.0 m。钻孔垂直煤壁,松动炮眼超前工作面 1.2 m。在阳泉矿务局一矿 3 号煤层试验工作面的条件下,采用长钻孔控制松动爆破,即在采煤工作面平巷打平行于工作面的爆破也取得了较好效果。其参数为:爆破孔长度 30 m、直径 73 mm、钻孔倾角 1°~3°、封孔长度 7~10 m 、爆破孔距工作面距离 13~15 m。工作面瓦斯涌出量由采取措施前的 10 m³/min下降到 7.5 m³/min[11]。

　　③ 防止出现瞎炮现象。爆破炸药必须装到孔底;装药长度与雷管应适当布

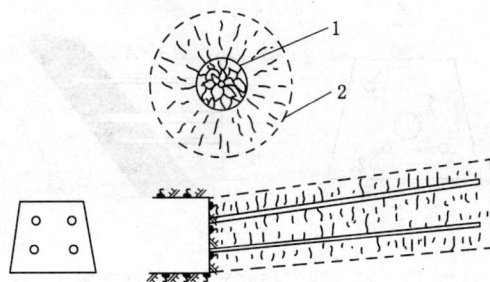

图 4-24　松动爆破后煤体破坏情况
1——破碎圈;2——松动圈

置;在装药和充填炮泥时,应防止折断电雷管的脚线。

装药后,应随后装入不小于 0.4 m 的水炮泥,水炮泥外侧还应充填长度不小于 2 m 的炮泥。

④ 松动爆破应与瓦斯抽放和钻孔排放瓦斯相结合。值得提醒的是,有延期突出危险和突出危险性大的煤层慎用,采用此方法时必须执行撤人、停电、设警戒、远距离爆破、关闭反向风门等安全措施。

4.5.2.2　钻孔抽排瓦斯

钻孔抽放与排放瓦斯在防治煤与瓦斯突出作用机理方面是,依靠钻孔中气体与煤层瓦斯的压力差,使瓦斯从钻孔周围深部煤层中不间断地流向钻孔,并通过钻孔向大气中扩散。当钻孔周围煤层中瓦斯含量降低后,煤层发生的收缩变形,改善石门工作面应力集中状态,并增加煤层的稳定性,破坏或减弱了发生突出所必需的条件,并力求将突出煤层中的瓦斯含量与煤层中的应力降低到不能发动突出的安全范围内。其效果取决于煤层的透气性,一般在短时间内要达到此目标是比较困难的。

石门揭煤前,由岩巷或煤巷向突出危险煤层打钻,将煤层中的瓦斯经过钻孔自然排放出来,待瓦斯压力降到安全压力以下时,再进行采掘工作。钻孔数和钻孔布置应根据断面和钻孔排放半径的大小来确定,每平方米断面不得少于3.5～4.5 孔。

钻孔排放半径是指经过规定的排瓦斯时间后,在排放半径内的瓦斯压力都降到安全值,应实测之。测定时由石门工作面向煤层打 2～3 个钻孔,测瓦斯压力。待瓦斯压力稳定后,打一个排瓦斯钻孔(如图 4-25 所示),观察测压孔的瓦斯压力变化,确定排放半径。

排放瓦斯后,采取震动爆破揭开煤层时,瓦斯压力的安全值可取 1.0 MPa,

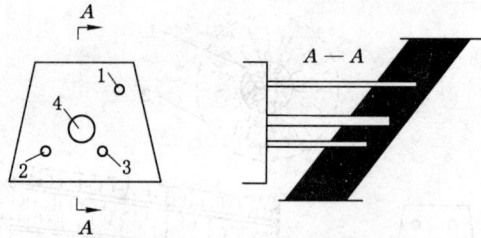

图 4-25　测定排放半径的钻孔布置
1～3——测压孔；4——排瓦斯孔

不采取其他预防措施时,应低于 0.2～0.3 MPa。

　　排放瓦斯钻孔的控制范围:石门揭煤工作面是在石门的两侧和上部轮廓线外至少 5 m,下部至少 3 m;立井揭煤工作面是缓倾斜、倾斜煤层为四周轮廓线外至少 5 m;急倾斜煤层沿走向两侧及沿倾斜上部轮廓线外至少 5 m,下部轮廓线外至少 3 m。钻孔的孔底间距应根据实际考察情况确定。排放瓦斯时间一般为三个月左右,煤层瓦斯压力降到 1.0 MPa 后,用震动爆破揭开煤层,效果很好。

　　此法适用于煤层厚、倾角大、透气系数大和瓦斯压力高的煤层石门揭开时,也可大量应用于突出危险煤层的煤巷掘进。缺点是打钻工程量大,瓦斯压力下降慢时等待时间长。

4.5.2.3　水力冲孔和刷孔

　　水力冲孔是在安全岩(煤)柱的防护下,向煤层打钻后,用高压水射流在工作面前方煤体内冲出一定的孔道,加速瓦斯排放。

　　水力冲孔、水力冲刷的作用是借助于压力水破坏煤体、增大裂隙和缝隙,改变围岩应力状态,达到卸压和排放煤层中的瓦斯,降低煤层中的瓦斯含量与应力,避免大型突出的发生。当瓦斯压力和地应力较大时也有可能诱发瓦斯从钻孔内喷出或突出。但由于钻孔孔口的断面小,并用特殊的孔口装置加以控制,因此,孔内的突出是可控的。当孔口排渣通畅时,孔内突出将得到延续,不通畅或被堵塞时,孔内瓦斯压力陡增,煤层暴露面上的瓦斯压力梯度降低或消失,则突出被迫停止。当需要再冲孔时,只要疏通钻孔,使孔内瓦斯压力突降,则钻孔内的突出又重新恢复,这样可以有控制地释放煤层中的突出能量。冲孔完毕后所形成的洞穴,由于应力的作用,促使空穴附近煤层位移,使洞穴充满碎煤,也使空穴周围煤体中的应力得到释放,煤层中的瓦斯也得到了排放,措施的有效影响范围也随之增大,防治突出的效果有明显的提高。

　　水力冲孔主要用于地压大、瓦斯压力大、煤质松软和打钻具有自喷(喷煤、喷瓦斯)现象的突出危险煤层的石门揭煤和煤巷掘进。石门揭煤时,当掘进工作面接近突出危险煤层 3～5 m 时,停止掘进,安装钻孔向煤层打钻,孔径 90～110 mm 。在孔口安装套管与三通管,将钻杆通过三通管直达煤层,钻杆末端与高压水管连接,如图 4-26 所示。冲出的煤和水与瓦斯则由三通管经射流泵加压后,送入采区沉淀池。

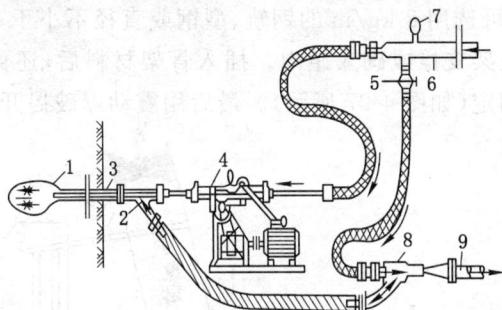

图 4-26　水力冲孔工艺流程图

1——套管;2——三通管;3——钻杆;4——钻机;5——阀门;
6——高压水管;7——压力表;8——射流泵;9——排煤水管

煤巷掘进水力冲孔后,由于瓦斯排放和煤炭湿润,不但预防了突出,而且瓦斯涌出量小,煤尘少,煤质变硬,不易垮落和片帮。

冲孔水压视煤层的软硬程度而定,一般为 3.0～4.0 MPa,水量为 15～20 m³/h,射流泵水量为 25 m³/h。孔数一般为 1.0～1.3 孔/m²,冲出的煤量每米煤层厚度≥20 t。冲孔的喷煤量越大,效果就越好。

采用水力冲孔防突措施时,钻孔应至少控制自揭煤巷道至轮廓线外 3～5 m 的煤层,冲孔顺序为先冲对角孔后冲边上孔,最后冲中间孔。石门全断面冲出的总煤量(t)数值不得少于煤层厚度(m)乘以 20。如冲出的煤量较少时,应在该孔周围补孔。

4.5.2.4　超前支架

超前支架多用于有突出危险的急倾斜煤层厚煤层的煤层平巷掘进过程。为了防止因工作面顶部煤体松软垮落而导致突出,在工作面前方巷道顶部事先打上一排超前支架,增加煤层的稳定性。架设超前支架的方法是先打孔,孔径 50～70 mm,仰角 8°～10°,孔距 200～250 mm,深度大于一架棚距,然后在钻孔内插入钢管或钢轨,尾端用支架架牢,即可进行掘进。掘进时保持 1.0～1.5 m 的超前距。巷道永久支架架设后,钢材可收回再用。

4.5.2.5 金属骨架

金属骨架是一种超前支架。石门和立井揭煤工作面采用金属骨架措施适用于软煤和软围岩的薄及中厚突出煤层。一般在石门上部和两侧或立井周边外0.5～1.0 m范围内布置骨架孔,骨架钻孔穿过煤层并进入煤层顶(底)板至少0.5 m,钻孔间距不得大于0.3 m,对于软煤要架两排金属骨架,钻孔间距应小于0.2 m。骨架材料可选用8 kg/m的钢轨、型钢或直径不小于50 mm钢管,其伸出孔外端用金属框架支撑或砌入碹内。插入骨架材料后,还可向孔内灌注水泥砂浆将骨架尾部固定(如图4-27所示)。最后用震动爆破揭开煤层。

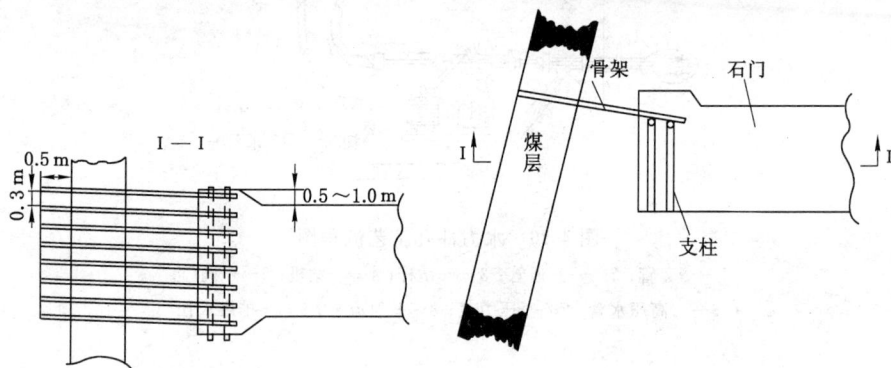

图4-27 金属骨架

揭开煤层后,严禁拆除金属骨架。

此法适用于地压和瓦斯压力都不太大的急倾斜薄煤层或中厚煤层。在倾角小或厚煤层中,金属骨架长度大,易于挠曲,不能很好地阻止煤体移动,效果较差。北票矿务局采用在金属骨架掩护下,用扩孔钻具将石门断面内待揭穿的煤体钻出30%～40%,从而使其逐渐卸压并释放瓦斯;金属骨架承载上方煤体压力,达到降低和消除突出危险的目的。

4.5.2.6 超前钻孔

它是在煤巷掘进工作面前方始终保持一定数量的排放瓦斯钻孔。它的作用是排放瓦斯,增加煤的强度,在钻孔周围形成卸压区,使集中应力区移向煤体深部。

超前钻孔孔数决定于巷道断面积和瓦斯排放半径。钻孔在软煤中的排放半径为1～1.5 m,硬煤中可能只有几十厘米。平巷掘进工作面一般布置3～5个钻孔,孔径200～300 mm。孔深应超前工作面前方的集中应力区,一般情况下它的数值为3～7 m,所以孔深应不小于10～15 m。掘进时钻孔至少保持5 m

的超前距离。

急倾斜中厚或厚煤层上山掘进时,可用穿透式钻机,贯穿全长后,再由上而下扩大断面,然后用人工修整到所需断面。

超前钻孔适用于煤层赋存稳定,透气系数较大的情况下。如果煤质松软,瓦斯压力较大,打钻时容易发生夹钻、垮孔、顶钻,甚至孔内突出现象。

4.5.2.7 卸压槽

近年,在采掘工作面推广使用了卸压槽的方法,作为预防煤(岩)与瓦斯突出和冲击地压的措施。它的实质是预先在工作面前方切割出一个水平缝槽[图4-28(a)]或两个缝槽[图4-28(b)],将煤体的连续性割断,使卸压槽周围煤体完全卸压,巷道前方和两帮煤体也得到进一步卸压,应力梯度下降,应力集中带向煤体深部连续推移,煤、岩层中积聚的弹性潜能释放;在释放应力的同时,引起煤层透气性的增加,使得煤体中所含的瓦斯得到排放,工作面前方煤体内瓦斯压力梯度减小,煤体中积聚的瓦斯膨胀能得到释放。

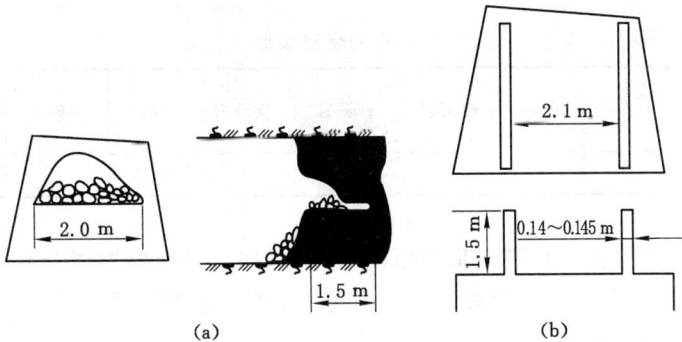

图 4-28 卸压槽

(a) 水平卸压槽;(b) 两帮卸压槽

开挖卸压槽每次进尺 0.5 m,以保证开挖卸压槽作业始终在工作面前方卸压带内进行,从而消除或减小措施诱导突出的危险。因此,卸压槽起到综合防突的作用。在卸压范围内掘进,并保持一定的超前距,就可避免突出或冲击地压的发生。

4.5.2.8 震动爆破

震动爆破是采用增加炮眼数和装药量,一次爆破揭开煤层并成巷的爆破方法。在此情况下,因爆破震动,围岩应力和瓦斯压差急剧变化,创造了最有利的突出条件。所以震动爆破基本上是一种人为的诱使突出的措施,而不是防止突出的方法。它使突出发生在没有人员在场和采取了预防瓦斯、煤尘爆炸措施的情况下。

我国煤矿石门和立井揭开突出危险煤层时常采用此种方法。它的效果取决于岩柱厚度、炮眼数、炮眼布置和装药量等参数。

（1）岩柱厚度

岩柱厚度愈大，爆破前突出的可能性愈小，但愈难一次揭开全煤层。《煤矿安全规程》规定，急倾斜煤层岩柱厚度不小于 1.5 m。缓倾斜和倾斜煤层，为了全断面一次揭开煤层，可将工作面做成台阶状或斜面，然后布置炮眼。

（2）炮眼数和炮眼布置

要求能一次揭开煤层全断面。一般情况下，震动爆破的炮眼数为普通爆破的 2～3 倍，炮眼数 N 也可按北票矿务局的经验公式计算：

$$N = 5.5 S^{1/2} f^{2/3} \tag{4-15}$$

式中　S——掘进巷道的断面积，m^2；

　　　f——岩石的硬度系数，见表 4-25。

表 4-25　　　　　　　　　　　岩石的硬度系数

岩石名称	碳质页岩	页岩	硬页岩	砂页岩	软砂岩	砂岩	硬砂岩	砾岩、火成岩
硬度 f	2	3	4	4～5	5	6～7	8	10～12

炮眼布置以提高爆破效果为原则，可用单列三组楔形掏槽的方式。岩眼和煤眼要交错相间排列，顺序爆破。石门周围炮眼应适当布置密些，以保证爆破后石门周边轮廓完整。

（3）装药量

决定于巷道断面、岩石性质和需要爆破的岩石体积。各矿实际装药量往往相差很大，一般为 1.76～11 kg/m^3，应根据本矿的实际爆破经验确定。一般情况下，$f=3～4$ 时，炸药量为 4～5 kg/m^3；$f=6～8$ 时，炸药量为 5～7 kg/m^3。根据天府煤矿的经验，单纯增大总炸药量有可能增加突出次数和强度。

采用震动爆破措施时，应注意下列事项：

（1）震动爆破时，应将井下人员撤至地面。为了少影响生产，一般在交接班时爆破。

（2）爆破时应将爆破区或全井断电，进风系统内不得有火源存在，以免引燃瓦斯。

（3）爆破半小时后由救护队进入检查。具有延期突出的矿井，进入的时间还要加长。

（4）为了限制突出的波及范围，可在距离工作面 4～5 m 处垒起高不小于 1.5 m 的矸石堆或高至顶板的木垛。有人提出采用延发雷管分次爆破，使一部分岩石落在工作面附近，起到限制突出的作用。

震动爆破容易引起冒顶事故，能诱使突出，不是好的防治措施，应尽可能不采用。

此外，煤层注水、水力压裂等都可以作为区域性大面积预防突出的措施。

4.5.3 防突措施选用

防治煤与瓦斯突出措施是在突出危险性预测的基础上实施的，是防突工作的核心环节。防治煤与瓦斯突出的技术措施有如下分类：

① 按防突措施的作用范围可分为区域性防突措施和局部性防突措施。

② 按措施的作用层位可分为临近层和本煤层措施。

③ 按措施的使用地点可分为石门揭煤措施、煤巷掘进措施、采煤工作面的防突措施等。

防止煤与瓦斯突出的技术措施类型及其适用范围如图 4-29 所示。区域性防突措施有开采保护层（包括开采保护层结合抽放瓦斯）、预抽突出煤层瓦斯、突出煤层注水等。这些措施的作用在于消除与减弱应力集中，使突出层卸压与排放瓦斯，从而消除大面积的煤层区域突出危险性。局部性措施有超前排放钻孔、高压注水、水力冲孔、卸压槽、金属骨架等。这些措施的作用在于使突出煤层采

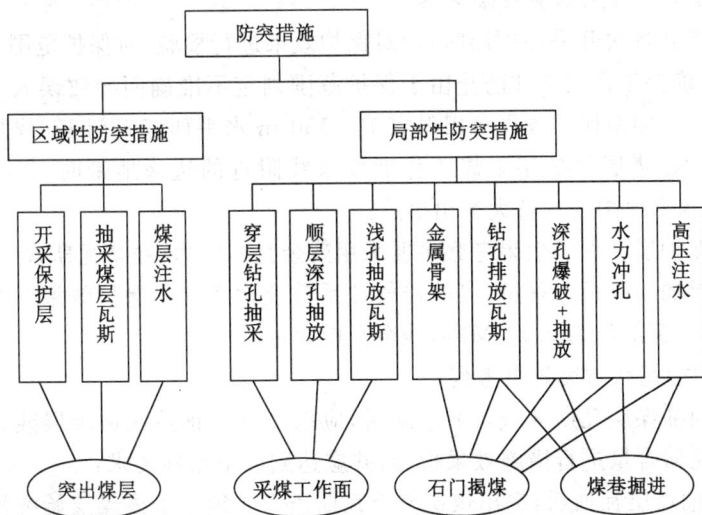

图 4-29　防突措施类型及其适用性

掘工作面前方煤体产生地应力减弱、集中应力解除与瓦斯排放的效果,从而消除突出危险性。

在采用防治突出措施时,应优先选择区域性防治突出的措施;如不具备采取区域性防治突出措施的条件时,必须采取局部区域性防突措施。

4.5.4　防突措施的效果检验

防突措施的效果检验是防突工作中的第三个环节。为了验证所采用的防突措施的有效性,保证采掘工作安全,必须在实施措施后进行防突效果的检验。

国内外大量实践表明,各种防突措施尽管经过科学试验验证是有效的,但由于煤层条件、地质条件等自然因素的变化和采掘工艺等人为因素的改变,相同的防突措施在不同的矿区、甚至同一突出层的不同区域,也会出现该措施无效的情况,会产生或大或小程度的突出。因此,对采取的措施进行防突效果的检验是绝对必要的。

防突效果的检验就是根据煤与瓦斯突出预测中的有关规定,对采取措施后的煤层再进行一次突出危险性指标的测定,根据实测的指标值判断是否降到临界值以下、有无突出危险。如检验结果的各项指标都在该煤层突出危险临界值以下,则认为措施有效,就可以在采取安全的防护措施后继续采掘作业;反之,认为措施无效,就必须采取附加措施。

防突措施的效果检验可分为以下几方面。

(1) 保护层开采防突效果考察

突出矿井首次开采保护层时,须对保护效果进行检验,对保护范围要进行实际考察,以确保工作安全和防止由于保护范围划定不准确而导致误入未保护区的突出事故。如南桐矿务局鱼田堡煤矿+150 m 水平西三石门 K_3 煤层运输大巷,在进入 K_4 煤层保护层采煤工作面停采线附近的边缘地带时,发生强度达 4 000 t 误入未保护区的特大突出事故。

开采保护层的保护效果考察主要采用残余瓦斯压力、残余瓦斯含量,也可结合选用煤层的顶底板位移量、煤的透气性系数变化率等。保护效果有效性的临界值为:残余瓦斯压力 0.74 MPa,残余瓦斯含量 8 m^3/t。

(2) 预抽瓦斯防突效果考察

采用预抽煤层瓦斯区域防突措施时,应以实测的预抽区域煤层残余瓦斯压力或残余瓦斯含量进行措施效果检验,并应达到以下指标要求:

① 预抽煤层瓦斯后,突出煤层残余瓦斯压力必须小于该煤层始突深度的原始煤层瓦斯压力;或煤层残余瓦斯含量必须小于该煤层始突深度的原始煤层瓦斯含量。

② 若没能考察出始突深度的原始煤层瓦斯压力或含量,则必须将煤层瓦斯压力降到 0.74 MPa 或将煤层瓦斯含量降到 8 m³/t 以下。

(3) 局部防突措施效果检验

必须包括以下两部分内容:

① 检查所实施的工作面防突措施是否达到了设计要求和满足有关的规章、标准等;

② 各检验指标的测定情况及主要结果数据。

石门防突措施效果应采取钻屑指标等方法进行检验。检验孔孔数为 4 个,其中石门中间一个并应位于措施孔之间,其他 3 个孔位于石门上部和两侧,终孔应位于措施控制范围的边缘线上。

煤巷掘进工作面防突措施效果检验应选择钻屑指标方法。检验孔孔深应小于或等于防突措施钻孔,并应布置于所在部位钻孔密度相对较小、孔间距相对较大的位置。

采煤工作面防突措施效果检验应参照采煤工作面突出危险性预测的方法和指标实施。但应沿采煤工作面每隔 10~15 m 布置一个检验钻孔,并且应布置于所在部位钻孔密度相对较小、孔间距相对较大的位置。检验孔孔深宜小于或等于防突措施钻孔。

如果检验指标都在该煤层突出危险临界值以下,则认为措施有效;反之,则认为措施无效。当措施无效时,必须采取防治突出的补充措施,并经补充措施的效果检验后,方可采取安全防护措施。

4.5.5 安全防护措施

安全防护是防治突出措施中最后一道关口,是突出危险性煤层消除危险后在进行采掘过程实施的安全技术措施。其目的是在万一发生突出时防护施工工人的安全,避免发生伤亡事故和防止事故扩大。

由于突出的机理至今仍处于假说阶段,虽然现在有一套行之有效的预测方法和防治突出的措施,但因形成突出的因素随机性很强,有时预防工作也难免出现一些偏差,所以必须有一套完整的安全防护措施,以保证工作人员的安全。

安全防护措施可分两部分:一是尽量减少落煤时工作人员与在工作面的停留时间,其主要措施是震动性爆破、远距离爆破等。另一方面是突出后工作人员应有一套完整的生命保障系统,例如反向风门、避难硐室、压缩氧呼救器、压风自救装置等。

(1) 石门揭煤震动性爆破

震动性爆破的目的在于利用炸药爆破时产生的震动,诱导瓦斯突出,使突出发生在没有人员在场和有充分的防护措施的情况下。震动性爆破适用于顶板良好、煤层瓦斯压力小于 1 MPa 的情况下,其效果取决于岩柱的厚度、炮眼的布置、炮眼的数目和装药量等因素。

为降低爆破诱发突出的强度,在炮掘工作面应安设挡栏。挡栏可用金属、矸石或木垛等构成。金属挡栏一般是由槽钢排列成的方格框架,框架中槽钢的间隔为 0.4 m,槽钢彼此用卡环固定,使用时在迎工作面的框架上再铺上金属网,然后用木支柱将框架撑成 45°的斜面。一组挡栏通常由两架组成,其间距为 6～8 m。挡栏距工作面的距离可根据预计的突出强度在设计中确定。

(2) 远距离爆破

井巷揭穿突出煤层和突出煤层的炮掘、炮采工作面都必须采取远距离爆破安全防护措施,制定的专门安全措施包括爆破地点、避灾路线及停电、撤人和警戒范围等内容。

在建井初期,矿井尚未构成全风压通风时,在石门揭穿突出危险区、威胁区煤层的全部作业过程中,与此石门有关的其他工作面都必须停止工作。在实施揭穿突出煤层的远距离爆破时,井下全部人员必须撤至地面,井下全部断电,立井口附近地面 20 m 范围内或斜井口前方 50 m、两侧 20 m 范围内严禁行任何火源。

煤巷掘进和采煤工作面采用远距离爆破时,爆破地点必须设在进风侧反向风门之外的全风压通风的新鲜风流中或避难硐室内,煤巷掘进爆破地点距工作面的距离不得小于 300 m,采煤工作面爆破地点距工作面的距离不得小于 100 m。

远距离爆破时,回风系统必须停电撤人。爆破 30 min 后方可进入工作面检查。

(3) 防突反向风门

突出危险区域应设置防突反向风门,防止突出后破坏通风系统。反向风门必须设在掘进工作面的进风侧,以防止突出的瓦斯进入进风系统,酿成事故。反向风门必须牢固可靠,并至少设置两道。墙体强度＞1.5 MPa,门的强度＞0.6 MPa。反向风门墙垛嵌入巷道周边岩石的深度不少于 0.2 m,墙垛厚度不少于 0.8 m,门和门框采用坚实的木质结构,门框厚度不少于 100 mm,风门厚度不少于 50 mm,两道风门的间距不少于 4 m,通过墙垛的风筒必须安装防逆风装置,爆破时反向风门必须关闭,爆破后,有关人员进入检查时,必须把风门打开顶牢。

另外,现场还应做到两点:一是必须经常对反向风门进行维护,保证其使用可靠;二是回风系统必须畅通无阻。在可能的情况下,可以采用并联回风道,当一个回风道被堵时,另一个可正常回风。

（4）避难硐室与压风自救系统

突出煤层的采掘工作面应设置工作面避难所或压风自救系统。应根据具体情况设置其中之一或混合设置，但掘进距离超过 500 m 的掘进工作面必须设置工作面避难所。

井下避难硐室应设在采掘工作面附近和爆破工爆破的地点。避难硐室数量及其距采掘工作面的距离，应根据具体条件确定。避难硐室必须设置向外开启的隔离门（门轴设在巷道掘进方向），室内净高不少于 2 m，长度和宽度应根据避难的最多人数确定，但每人使用面积不得少于 0.5 m²，支护必须良好；并设有与矿调度室直通的电话；必须设有供给新鲜空气的设施，每人供风量不少于 0.3 m³/min，如果压缩空气供风时，应有减压装置和带有阀门控制的呼吸嘴。

压风自救系统由管路、开关、送气器、急救袋等部分组成。压风自救系统的要求是：

① 压风自救装置安装在掘进工作面巷道和采煤工作面平巷内的压缩空气管道上。

② 在以下每个地点都应至少设置一组压风自救装置：距采掘工作面 25～40 m 的巷道内、爆破地点、撤离人员与警戒人员所在的位置以及回风道有人作业处等。在长距离的掘进巷道中，应根据实际情况增加设置。

③ 每组压风自救装置一般可供 5～8 个人用，平均每人的压缩空气供给量不得少于 0.1 m³/min。

（5）隔离式自救器

突出矿井的入井人员必须携带隔离式自救器。

隔离式自救器主要使用于井下采掘作业中。当发生瓦斯爆炸、煤尘爆炸、火灾、煤与瓦斯突出等灾害，造成环境缺氧、巷道内有毒有害气体危及矿工生命安全时，可及时佩戴它免受危害，实现逃生之目的。

4.6　煤与瓦斯突出的早期辨识与预警技术

煤与瓦斯突出预报是指采用专用的仪器设备和技术，采集突出孕育过程中产生的应力变化、瓦斯涌出量变化以及各种异常效应（如声、电、磁、震、热等）的信息和征兆，对突出发生和发展过程发出警报，以便迅速撤离危险区人员。准确及时的预警对于减少突出危害，保证人身安全，有着重要意义。

4.6.1　煤与瓦斯突出的预兆

煤与瓦斯突出前的预兆主要表现在以下四个方面。

① 地压显现预兆:有煤炮声、支架折裂声、煤岩体开裂、壁面剥落、掉碴、底鼓、煤壁颤动、钻孔变形、垮孔、顶钻、夹钻等。

② 瓦斯涌出的预兆:瓦斯涌出异常,瓦斯浓度忽大忽小,煤尘增大,气温和气味异常,打钻喷孔,出现哨声、风声和蜂鸣声等。

③ 煤层结构与构造方面的预兆:煤层层理紊乱、煤体干燥、煤体松软或强度不均匀、煤的色泽暗淡、煤厚与倾角变化、挤压褶皱、波状隆起、断层等。

④ 煤体温度变化预兆:解吸瓦斯吸热,导致煤温降低。湖南隆回县大园矿降温预报突出指标:钻孔煤温 $t<12$ ℃,有突出危险;$t=12\sim17$ ℃,一般危险;$t>17$ ℃,无突出危险。有的提前 $1\sim2$ 天就有降温现象。

概括起来,这些预兆可分为有声预兆和无声预兆。

① 有声预兆:地压活动剧烈、顶板来压、不断发生掉碴和支架断裂声;煤层产生震动、手扶煤壁感到震动和冲击;听到煤炮声或闷雷声,一般是先远后近、先小后大、先单响后连响,突出时伴有巨雷般响声。

② 无声预兆:工作面遇到地质变化、煤层厚度不一,尤其是煤层中软分层变化;瓦斯涌出量增大或忽大忽小;气温降低、煤层层理紊乱、硬度降低、光泽暗淡、煤体干燥、煤尘飞扬、有时煤体碎片从煤壁上弹出;打钻时严重顶钻、夹钻或喷孔等。

预兆产生空间位置:有时距突出点数米和数十米。

预兆发生的时间:在突出前数分钟、数小时和数日。

采集突出前、孕育过程出现的预兆信息,进行突出预警是减少伤亡事故的有效方法。

4.6.2 检测瓦斯涌出异常预报突出

此方法的原理是,正常生产条件下,对于一个给定的采掘工作面,其煤层赋存条件和瓦斯含量稳定,且生产工艺不变时,其瓦斯涌出应有一定的规律性。虽然炮后和机械破煤有短时的突变,但也是有规律的。一旦出现瓦斯涌出异常的趋势,则可能有突出的预兆。

因为在高瓦斯区,以瓦斯为主动力现象发生之前,工作面瓦斯涌出发生异常的变化反映了工作面前方存在较高应力且处于失稳状态。在突出前的煤体破坏过程,一般都有异常涌出发生。因此,可以依据对工作面瓦斯的检测进行突出预报。

国内外大量的突出实例表明,相当一部分突出在发生前,工作面的瓦斯涌出有异常情况。张国枢在 2000 年对淮南潘一矿 5 · 26 突出事故的调查过程中发现,在突出前监测系统记录瓦斯涌出数据明显地反映了突出孕育过程中瓦斯涌出的异常现象。

KJ66 监测系统采用变值变态的数据采集模式,即系统根据给定的工作面的瓦斯涌出和风流中浓度变化规律,预设基准瓦斯浓度值。之后,若瓦斯浓度大于此基准浓度且变化了即进行采集并显示和储存,否则不予采集和显示。也就是说浓度不变化或小于基准值就不记录和显示,而所记录和显示的数据反映了瓦斯涌出的变化趋势。图 4-30 为突出前和突出孕育过程中工作面瓦斯浓度变化图。

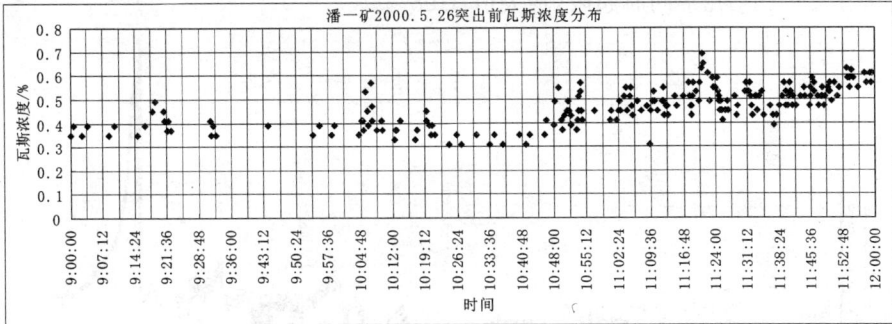

图 4-30　潘一矿掘进工作面瓦斯浓度变化图

由图可见,在 10 时之前,记录的数据点稀疏,即瓦斯浓度变化频率小,偶尔有波动;10 时之后,点的密度逐渐加密,且有逐渐增加趋势,浓度也有增大趋势。12 时之后发生突出。若在突出之前发现瓦斯涌出(浓度变化)异常信息及时作出预警和撤人,则可避免事故的发生。

平顶山十矿 2007 年 11 月 12 日己四 21110 工作面突出煤量 2 000 t,涌出瓦斯 4 000 m³。图 4-31 是突出前后瓦斯浓度曲线。由图可见,突出前 13 小时内

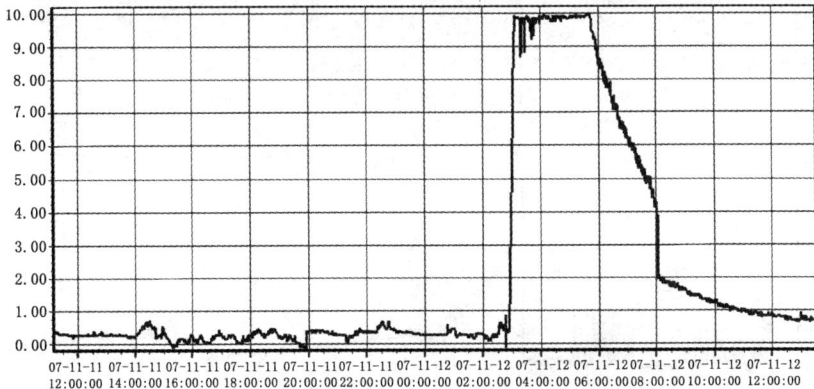

图 4-31　平煤十矿 2007 年 11 月 12 日突出前后瓦斯浓度变化

回风巷 T 瓦斯浓度发生了较剧烈波动。

图 4-32 是淮南新庄孜矿 2005 年 7 月 4 日(13 时 30 分),56101 采面煤与瓦斯压出前后瓦斯浓度变化曲线。本次压出煤量 40 t,涌出瓦斯 1 623 m^3,吨煤瓦斯 40 m^3。由图可见,在突出前两天即有涌出异常现象,当日异常现象更加明显。当日 13 时 10 分放第二茬炮后,听到几声煤炮声,瓦斯涌出异常,将人全部撤至下平巷距采煤工作面 100 m 附近安全地点。13 时 30 分地面瓦斯监控终端显示 T_0、T_1、T_2 几乎同时超限,最大值 3.98%。

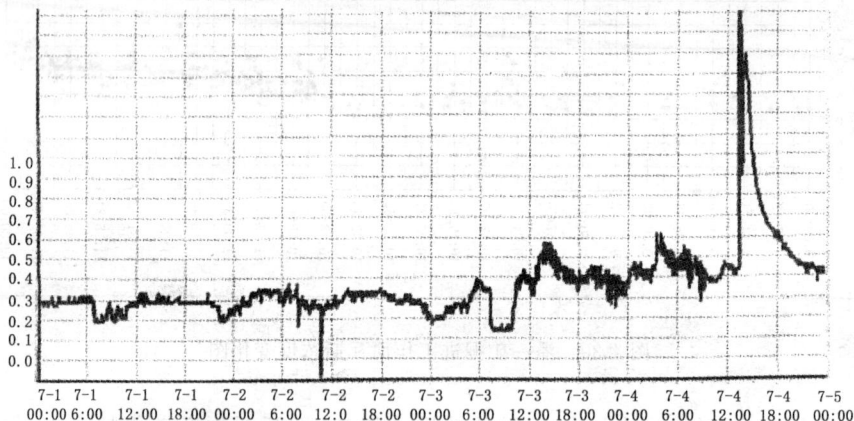

图 4-32 淮南新庄孜矿 2005 年 7 月 4 日 13 时 30 分突出前后瓦斯浓度变化

图 4-33 是淮南谢李一井－610 mW2WB6 风巷掘进面"9·22"倾出事故前

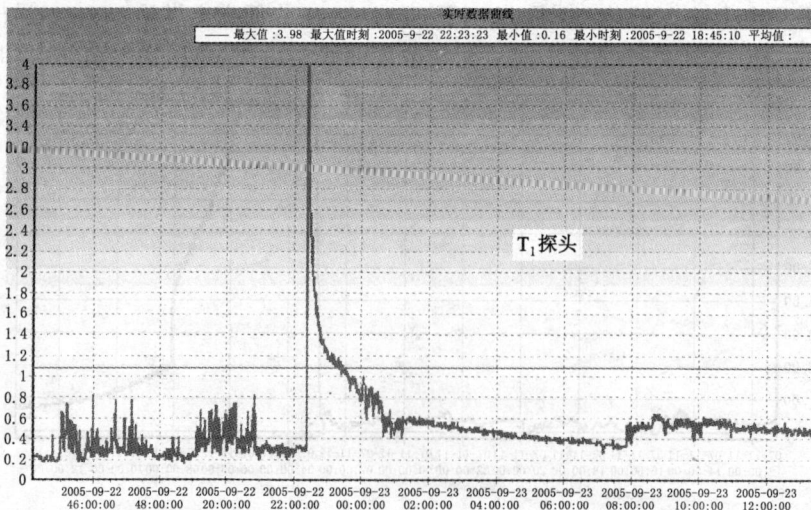

图 4-33 淮南谢李一矿 9·20 倾出前后瓦斯浓度变化曲线

后瓦斯浓度变化曲线。本次事故倾出煤量 12 t,涌出瓦斯 195 m^3,吨煤瓦斯 16 m^3/t。正常回风瓦斯浓度为0.22%左右。倾出时 T_1、T_2 探头瞬间均达 3.98%。

由于事故前预兆明显,人员撤出,未造成人员伤亡。

4.6.3 用微震技术预报突出

采动使岩体发生应力的重新分布,岩石内部结构发生小规模的调整甚至破坏;煤和围岩受力破坏过程中会发生破裂和震动,其结果导致释放地震能,从震源传出震波或声波。煤岩内的震动波可以被安设在煤体内的探测仪器(如地音器或拾震器)所接收,经放大并记录下来。然后通过资料分析进行突出危险性预测,故微震法作为突出预报方法具有广阔的应用前景。

试验研究结果表明,低频微震系统可以连续监测煤体结构中应力的集中和变化,可以预报冲击破坏以及可能发生突出的地点,为消除高应力集中区而采取措施提供依据。高频率微震系统可以用来监测各种类型的破坏。利用两种综合微震技术(高频、低频)不仅能够圈出瓦斯突出可能发生的地点,还能预报瓦斯突出的发生时间。

20 世纪 70 年代初以来,美国矿业局就用微震技术研究煤层结构物破坏。同时,采用超声波技术来监测岩层响声能量。研究人员利用低频(10～40 kHz)微震技术监测确定最可能发生突出的地点,利用高频(40～110 kHz)微震技术确定突出的时间。

俄罗斯专家观测了突出准备、发展的过程和突出危险带的地震声学特征,研究了地震声学脉冲的概率统计规律与动力现象的关系,并制定了地震声学预测方法的判断准则,在顿巴斯矿区中部迅速得到了推广应用。在监测仪器方面,俄罗斯斯阔琴斯基矿业学院研制成功了 3YA6 型仪器和地震声学压电陶瓷传感器 CAK1 配套使用,使地震声学预测系统自动化,实现了脉冲信号自动识别、计算预测、资料管理自动化,将突出危险性预测和监测技术提高到新的水平。

4.6.4 利用电磁辐射强度预报突出

20 世纪 90 年代初,何学秋等对煤等强度较低岩石变形破裂电磁辐射效应进行了研究。研究结果表明,电磁辐射与煤岩体的载荷及变形破裂过程呈正相关,基本上随着载荷及变形破裂强度的增加而增加。进一步的研究还发现,现场中有突出危险性的煤层,其电磁辐射强度(幅值)或脉冲数较没有危险时明显增大且呈增长趋势;当电磁辐射和脉冲数呈现明显增长趋势或突然减弱又增大时,表明煤层有突出危险性;没有突出危险性时煤层的电磁辐射和脉冲数较低。瓦斯能使电磁辐射强度增强,瓦斯压力越大电磁辐射信号越强,二者之间近似呈线性关系,因而可作为突出预报方法。

煤炭科学研究总院重庆分院利用这一原理研制出了 MTT92 型煤与瓦斯突出危险探测仪,并在四川芙蓉矿务局进行了实验考察,取得了较好的效果。此方法在平顶山八矿也得到了很好的验证[6]。

4.6.5 利用声发射现象预报突出

声发射(Acoustic Emission,简称 AE)是当材料承受载荷时,由于内部质点产生的微小位移,或形成的裂纹破坏,以弹性能(微震能或声能)的形式释放所表现出来的一种现象。

长期的防治煤与瓦斯突出研究工作发现,煤岩体是一种非均质体,其中存在各种微裂隙、孔隙等。当煤岩体受外力作用时,在这些缺陷部位产生应力集中,发生突发性破裂,使积聚在煤岩体中的能量得以释放,且以弹性波的形式向外传播。这就是煤岩体在地应力、瓦斯压力及采掘作用等影响下产生的声发射现象。显然,利用仪器检测和分析煤与瓦斯突出危险过程的前兆声发射信息规律及特征,可进行突出前的预报。通过现场试验研究,找到采用声发射参数预报突出危险的指标及其临界值。

自 20 世纪 60 年代以来,前苏联、波兰等国在研究和应用以声发射(也称地音、微震)监测技术为基础的连续预测方法和监测系统方面做了大量工作。前苏联把 AE 活动的检测作为工作面突出危险的标准预测方法之一,并列入了有关安全规程。据资料介绍,自 1970~1980 年间用此法预测出突出危险的工作面从 6% 增加到 20.3%。与目前应用的工作面钻孔参数预测突出危险的方法相比,应用以声发射连续监测为基础的预测方法,具有可以连续监测、及时预报突出危险状态,不影响工作面正常生产作业,不需占用专门的测定时间和空间等明显优点,并可同时作为突出危险性预测预报、执行防突措施过程的保安监视和防突措施效果检验的手段,在有条件的地方便于形成全矿井的防突集中监测系统,提高矿井的安全程度和管理水平。

王恩元在实验室研究发现,尽管煤岩体破裂时的声发射信号非常丰富,但在煤岩体的破坏过程中是阵发性的,表明了煤岩体的变形破坏过程不是连续的,而是阵发性的、不均匀的,因而在进行煤与瓦斯突出预报时需进行连续监测。

煤炭科学研究总院重庆分院在平顶山十二矿试验,以日声发射事件数 500 为指标,预测突出的准确率达 69.6%,不突出准确率达到 100%。

4.6.6 利用采场压力变化预报突出

张智明认为,支撑压力使得煤体内的裂隙、孔隙被压缩,瓦斯流动的通道被封闭,煤的孔隙率降低,使瓦斯压力和内能增大,煤岩体积聚的弹性变形能增大,同时破坏了煤体,在煤体内产生与煤壁相平行的压裂裂隙,增大了瓦斯的作用面积和降低了煤体抵抗动力破坏的能力。因此,支承压力的大小和峰值位置与瓦斯突出存在着数量关系[18]。

4.6.7　检测煤体温度

利用温度状况预测突出危险性的理论依据是,采掘工作引起工作面前方煤体中应力变化,导致瓦斯赋存状态变化,当压力降低时吸附瓦斯解吸为游离瓦斯,吸收周围煤体的热量,因而煤体温度降低。温度降低越多,说明煤层瓦斯解吸能力越强,则突出危险性越大。实践表明,煤层瓦斯含量越高,这一效应越明显。

煤层温度降低多少,反映了煤中瓦斯含量大小与应力状态的变化情况。实践还表明,凡是煤温突然大幅度降低,就预示着工作面附近有较大的地质构造(煤层突然变厚、变薄、倾角突变等),就有发生突出的可能性。

因此,根据红外线辐射强度测量工作面煤体温度的变化,与正常区段的基础温度相比较,即可预测工作面前方煤层结构的破坏程度,从而预测煤与瓦斯的突出危险程度。对工作面煤体辐射温度的测量,据国外有关资料介绍,在地质破坏带中,煤体辐射温度较正常区带降低 3～5 ℃。工作面在突出发生前,煤体辐射温度下降明显,出现煤壁发凉、挂汗、空气变冷等现象时,可视为煤与瓦斯突出的前兆,红外线测温仪是快速、准确测量物体温度的常用仪器。

4.7　防突管理

矿井建立先进的防突管理体系是落实防突措施、实现防突目标的关键环节。煤矿企业应树立"不掘突出头、不采突出面"的理念。

突出矿井区域防突工作必须做到多措并举、可保尽保、应抽尽抽、抽采平衡。

4.7.1　突出组织管理与责任制

矿长是防突工作的第一负责人。

突出矿井应成立防突专门机构,组建专业防突队伍。

突出矿井应当建立、健全防突管理的各级岗位责任制。

突出矿井以瓦斯调度为指挥中心,对与防突相关的进行上传下达,并进行详细记录。

4.7.2 开采突出煤层的设计和验收管理

（1）突出矿井开采新水平、新采区必须编制防治煤与瓦斯突出的专门设计，内容包括区域综合防突措施和局部综合防突措施等内容。

有突出煤层的新水平、新采区移交生产前，必须对防突设计部分组织验收。省属以上煤矿企业负责对所属矿井的验收，其他煤矿企业由煤矿安全监管部门按管理权限组织验收。

在验收中若发现防突设计中规定的工程、设备和安全设施不符合规定时不得移交生产。

（2）突出矿井应做好煤与瓦斯突出防治工程的计划和实施，将防治煤与瓦斯突出的预抽煤层瓦斯、保护层开采等工程与矿井采掘部署等统一安排，确保保护层开采和瓦斯抽采超前，实现突出煤层变为无突出危险后再开采。

（3）突出矿井的巷道布置应符合下列要求和原则：

① 主要巷道应布置在岩层或非突出煤层中；

② 煤层巷道应布置在卸压范围内；

③ 井巷揭穿突出煤层的次数应尽可能减少；

④ 井巷揭穿突出煤层的地点应避开地质构造破坏带；

⑤ 突出煤层中的掘进工作量应尽可能减少；

⑥ 在同一突出煤层的同一区段的集中应力影响范围内，不得布置两个工作面相向回采或掘进面；突出煤层的掘进工作面，应避开本煤层或邻近煤层采煤工作面的应力集中范围。

4.7.3 突出矿井技术管理

（1）地测技术管理

突出矿井地测部门在防突工作中，必须遵守下列规定：

① 必须编制矿井瓦斯地质图（可与采掘工程图合用），图中应标明采掘进度、被保护范围、煤层赋存条件、地质构造、突出点的位置、突出强度、瓦斯基本参数等地质资料，作为突出危险性区域预测和制定防治煤与瓦斯突出措施的依据。

② 采掘工作面距保护区边缘 50 m 以前，矿井地测部门必须编制临近未保护区通知单，报矿技术负责人审批后，提交有关采掘区队。

③ 在突出煤层顶底板岩巷掘进时，地测部门必须定期验证提供的地质资料，掌握施工动态和围岩变化情况，当岩巷掘进工作面距突出煤层最小法向距离小于 10 m 时，必须采取物探或钻探等手段进行边探边掘，以防止误穿突出煤层。

（2）施工技术与作业流程管理

突出矿井应对突出危险性煤层进行严格的采掘施工技术与作业流程管理，其管理流程如图 4-34 所示。

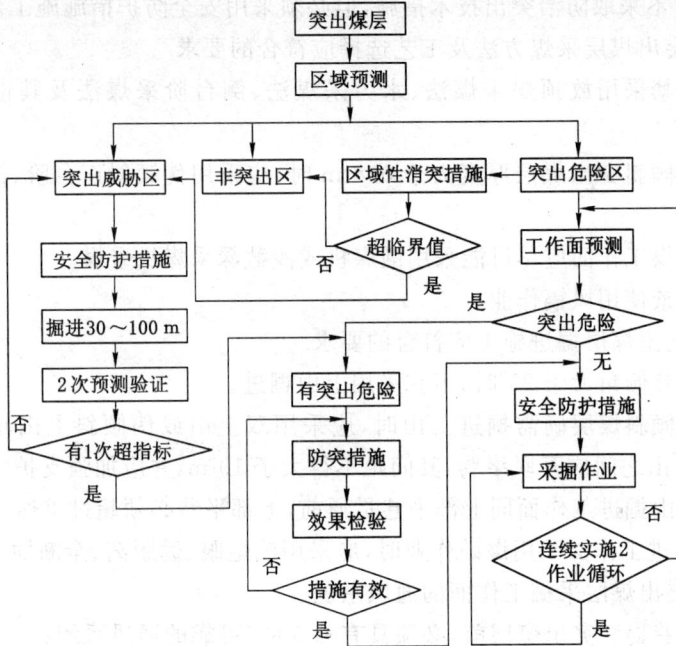

图 4-34 突出危险性预测和防突作业循环流程

（3）采掘工作面的技术管理原则

依据工作面突出危险性的不同，进行分级管理。

对于突出危险工作面技术管理的基本原则是：

① 进行采掘作业前，必须采取防突措施；

② 采取防突措施之后，必须进行防突措施的效果检验；

③ 经检验后措施有效，可采取安全防护措施进行作业；

④ 经检验后措施无效，必须改变原防突措施制定新的防突措施，直至该措施有效为止。

对于突出威胁工作面技术管理的基本原则是：

① 采掘工作面可不采取防突措施，但必须采取安全防护措施进行作业。

② 在突出威胁区中，为了随时随地掌握煤层突出危险性的变化，要求在突出威胁区中的采掘工作面每推进 30～100 m，就要用工作面预测方法连续进行

不少于 2 次的区域性预测准确性验证,以确认判断是否正确。当任何一次验证有突出危险时(用工作面预测方法,预测指标超过临界指标值时),表明区域预测判断失误,此时,突出威胁区要立即改划为突出危险区。在突出威胁区进行采掘工作时,可不采取防治突出技术措施,但必须采用安全防护措施施工。

(4) 突出煤层采煤方法及工艺选择应符合的要求

① 严禁采用放顶煤采煤法、水力采煤法、倒台阶采煤法及其他非正规采煤法。

② 急倾斜突出煤层厚度大于 0.8 m 时,应采用伪倾斜正台阶、掩护支架采煤法等。

③ 采煤工作面应尽可能采用刨煤机或浅截深采煤机采煤。

④ 严禁使用风镐作业。

(5) 突出煤层掘进施工应符合的要求

① 煤巷倾角大于 25°时,不宜采用上山掘进。

② 急倾斜煤层确需掘进上山时,应采用双上山或伪倾斜上山轮流掘进方式,两个上山之间应开联络巷,其间距不得大于 10 m,并应加强支护。

③ 上山掘进工作面同上部平巷贯通前,上部平巷必须超过贯通位置 5 m 以上;上山掘进工作面采用爆破作业时,应采用浅炮眼、远距离、全断面一次爆破。

(6) 突出煤层采掘工作面的通风系统

① 井巷揭穿突出煤层前,必须具有独立的、可靠的通风系统;

② 在突出煤层中,严禁任何两个采掘工作面之间串联通风;

③ 突出危险区、突出威胁区各采掘工作面回风巷、采区总回风及矿井总回风等巷道必须安设高低浓度甲烷传感器;

④ 突出危险区、突出威胁区的采掘工作面回风侧严禁设置调节风量的设施;

⑤ 严禁在煤(岩)与瓦斯(二氧化碳)突出矿井中安设辅助通风机;

⑥ 煤(岩)与瓦斯(二氧化碳)突出煤层的掘进通风方式必须采用压入式;

⑦ 有煤(岩)与瓦斯突出危险的采煤工作面不得采用下行通风。

4.7.4 现场施工管理

在实施防突措施时,保持合理的安全距离。防治突出工作中常遇到三种超前距,即措施超前距、预测超前距和措施效果检验超前距,这三种超前距都是保证在各种工作条件下的"安全屏障"。

(1) 措施超前距

措施超前距是指突出危险工作面在执行了防治突出措施之后进行采掘工作

时,必须保留经措施处理过的工作面前方的一段煤体。分两种情况:

①　掘进工作面中,各种措施都必须留有 5 m 的措施超前距。例如:采用超前钻孔防治突出措施,从孔底算起,必须留有 5 m 的残孔,这 5 m 钻孔超前距作为采掘工作的安全屏障,不允许破坏。实测和国内外的资料表明,掘进工作面前方的应力集中峰值位于工作面前方 4～6 m 处。看一种防突措施是否有效,对应力而言,就看是否能将应力集中峰向工作面前方深部推移,也就是使工作面的卸压范围增大。掘进工作面应在远离应力集中峰的卸压区工作,就不会发生突出。为了确保工作安全,防止误入上述地区,所以在执行了措施之后,采取留有 5 m 的措施超前距,防止误入应力集中区,同时还可作为工作面的安全屏障抵御煤与瓦斯突出。

②　采煤工作面中,由于回采速度较掘进速度慢,采煤工作面要比掘进工作面有更多的时间缓和工作面的应力状态,同时受条件的限制,垂直工作面施工防治突出措施孔难度较大,基于上述原因,措施孔的超前距确定为 3 m。

（2）预测超前距

预测超前距是为保证进行预测工作安全所设置的安全屏障。采掘工作面经预测确定为无突出危险工作面时,在被预测的范围内,不能全部掘完,必须要留用 2 m 的预测超前距。应当指出,只有预测为无突出工作面时才适用,且采煤工作面与掘进工作面预测超前距是一样的。

（3）措施检验超前距

措施效果超前距只有当措施孔孔深与检验孔孔深的差值大于或等于 7 m 时才会出现(掘进工作面为 7 m,采煤工作面为 5 m,此值为措施超前距与检验超前距两者之和)。使用时应注意以下几种情况:

①　检验孔的孔深与措施孔孔深的差值（绝对值）小于或等于 5 m(掘进工作面为 5 m,采煤工作面为 3 m)时,经措施效果检查有效,必须执行 5 m(采煤工作面为 3 m)措施孔的超前距;

②　检验孔孔深与措施孔孔深的差值(绝对值)大于或等于 7 m 时(掘进工作面为 7 m,采煤工作面为 5 m),经措施效果检验有效,可留有 2 m 措施检验超前距。

（4）实施多重监督体制,确保措施现场落实

防突工程和作业要有严格的监理和验收制度,以确保工程按设计施工。如措施钻孔由施工单位施工,防突队专职测试工现场进行监钻,只有孔数、夹角、控制范围等参数达到要求后,方可进行效果检验;瓦斯检查员除负有监督钻孔的责任外,对测试(效检)同时进行监督,发现有不到位的地方有权制止作业。业务科室不间断进行检查,对重点工作面或非常时期实施现场盯班等。

（5）及时掌握防突工程进展和问题

每天分析防突工程的进展和存在问题,有异常情况时及时采取针对性的强化措施。

工作面遇地质异常时,必须先停下来,由防突科牵头,组织施工队、地测队等共同探明地质构造,制定针对性措施,并如实填写到相应的数据表里。

4.7.5　突出事故管理

① 矿井发生煤与瓦斯突出事故的必须立即停产整顿。整顿内容主要是强化区域和局部防突措施,确保达到区域治理消突,局部措施到位。防突措施完善后,由煤矿安全监管部门按照管理权限组织验收,验收合格后方可恢复生产。

非突出矿井首次发生煤与瓦斯突出,要完善矿井防突设计、设施、系统,补充实施区域治理措施。

② 发生突出后进行事故调查,并建立事故卡片。矿防突专门机构必须指定专人进行现场调查,收集资料,并填写突出记录卡片。记录卡片数据应准确,附图应清晰,并注明主要尺寸;强度大于 1 000 t 的突出,必须附有专题调查报告,分析突出发生的原因,总结经验教训。

③ 煤矿企业每年必须对全年的突出记录卡片进行系统分析总结,提出整改措施,写出报告,按按企业隶属和所在地分别报省、市县级煤矿安全监管部门,抄报驻地煤矿安全监察机构。企业负责整改措施落实,监管部门负责检查落实,监察机构实施重点监察。

4.7.6　防突信息管理

掌握开采煤层与突出相关的静态和动态信息、瓦斯参数、瓦斯涌出、揭煤情况以及已突出事故的信息对于预测和预防煤与瓦斯突出至关重要。

（1）建立防突管理信息系统

利用先进的计算机技术建立突出管理信息系统。

① 建立矿井突出煤层采煤工作面基础数据表。主要内容有:采煤工作面名称、煤层名称、倾角、厚度、采高、开采标高、瓦斯含量、瓦斯压力、预测指标及其数值、预防措施、效果检验、采煤工艺、顶板岩性、底板岩性、回采日期、收作日期、邻近层情况、邻近层开采情况。

② 建立矿井突出煤层采煤工作面瓦斯状态数据表。主要内容有:采煤工作面名称、日期、日产量、风量、瓦斯浓度、绝对涌出量、相对涌出量。

③ 建立矿井突出煤层掘进工作面基础数据表。主要内容有:掘进工作面名称、煤层名称、倾角、厚度、断面积、支护、瓦斯含量、瓦斯压力、预测指标及其数

值、预防措施、效果检验、掘进工艺、顶板岩性、底板岩性、开掘日期、停掘日期、邻近层情况、邻近层开采情况。

④ 建立矿井突出煤层掘进工作面瓦斯状态数据表。主要内容有:掘进工作面名称、日期、日进尺、风量,瓦斯浓度、绝对涌出量、相对涌出量。

⑤ 建立突出煤层石门揭煤工作面基础数据表。主要内容有:掘进工作面名称、煤层名称、倾角、断面积、支护、瓦斯含量、瓦斯压力、预测指标及其数值、预防措施、防护措施、效果检验、掘进工艺、顶板岩性、底板岩性、开掘日期、停掘日期。

⑥ 建立矿井突出事故数据表。主要内容有:突出日期、突出地点、煤层、突出类型、突出标高/垂深、煤层特征(倾角、厚度、硬度)、邻近层开采情况(上部、下部)、支护(形式、棚间距离、控顶距离)、风量、正常瓦斯浓度、绝对瓦斯涌出量、突出前作业和使用工具、突出前所采取的措施(附图)、突出地点通风系统示意图(注比例尺寸)、突出处煤层剖面图(注距离尺寸)、煤层顶底板岩层柱状图、突出前瓦斯压力、喷出煤/岩石量、瓦斯涌出量、突出后瓦斯涌出情况(最大瓦斯浓度,延续时间)、突出当时发生过程的描述、煤喷出距离和堆积坡度、孔洞形状轴线与水平面之夹角、喷出煤的粒度和分选情况、突出地点附近围岩和煤层破碎情况、地质构造的叙述(断层、褶皱、厚度、倾角及其变化)、突出预兆、伤亡情况、主要经验教训、现场见证人(姓名、职务)、防突负责人、通风区(队)长、矿总工程师、矿长、其他。

(2) 发生瓦斯超限信息处理及反馈程序

① 监测中心特别报警(或断电)信号,值班员立即通知瓦斯调度和生产调度。

② 瓦斯调度和生产调度接到监测中心信息后,首先安排现场瓦检员查明原因,并根据查明的原因通知:通风区队长和监测队,同时逐级汇报给通风区长、总工程师及通风管理中心。

③ 将领导及上级部门对瓦斯超限的处理意见及时反馈到现场并安排落实。

④ 处理过程及结果随时按以上程序逐级汇报及反馈。

⑤ 有任何信息出现异常,瓦斯调度逐级汇报给防突科长、防突副总和总工程师,并将有关领导的处理意见及时反馈到井下,准确指导生产。

⑥ 防突科每五天对各工作面收集的信息进行分析,摸索出地质条件、瓦斯涌出和预测指标的变化规律,以工作面瓦斯地质图为基础,结合、比照突出的一般规律进行措施的修订和补充,实施工作面防突动态管理。

参考文献

[1] 国家安全生产监督管理总局,国家煤矿安全监察局.煤矿安全规程[M],北京:煤炭工业出版社,2006.

[2] 国家安全生产监督管理总局.防治煤与瓦斯突出规定[M].北京:煤炭工业出版社,2009.

[3] 张国枢.通风安全学[M].徐州:中国矿业大学出版社,2006.

[4] 吴中立.矿井通风与安全[M].徐州:中国矿业大学出版社,1989.

[5] 中国矿业大学瓦斯组.煤和瓦斯突出的防治[M].北京:煤炭工业出版社,1979.

[6] 于不凡.煤和瓦斯突出机理[M].北京:煤炭工业出版社,1985.

[7] 付建华,程远平.中国煤矿煤与瓦斯突出现状及防治对策[J].采矿与安全工程学报,2007,24(3):256.

[8] 华福明.煤与瓦斯突出的防治(二)[J].矿业安全与环保,2002,29(1):58.

[9] 秦汝祥,张国枢,杨应迪.瓦斯涌出异常预报煤与瓦斯突出[J].煤炭学报,2006,31(5):599-602.

[10] N M 佩图霍夫,等.冲击地压和突出力学计算方法[M].段克信,译.北京:煤炭出版社,1994.

[11] 孙忠强,苏昭桂,张金锋.煤与瓦斯突出预测预报技术研究现状及发展趋势[J].能源技术与管理,2008(2):56-65.

[12] 马中飞,俞启香.水力卸压防止承压散体煤和瓦斯突出机理[J].中国矿业大学学报,2007,36(1):103-106.

[13] 石坚胜,李希建,杨文寿.煤与瓦斯突出预报研究[J].矿业快报,2008,24(2):26-28.

[14] 李中锋.煤与瓦斯突出机理及其发生条件评述[J].煤炭科学技术,1997,25(11):44-47.

[15] 王宏图,鲜学福,等.用温度指标预测掘进工作面突出危险性的探讨[J].重庆大学学报(自然科学版),1999,22(2):34-38.

[16] 王恩元,何学秋,刘贞堂.煤岩破裂声发射实验研究及 R S 统计分析[J].煤炭学报,1999,24(3):270-273.

[17] 姜福兴,XUN Luo.微震监测技术在矿井岩层破裂监测中的应用[J].岩土工程学报,2002,24(2):147-149.

[18] 张智明.用采场支承压力预测预报煤与瓦斯突出[J].煤矿安

全,1999(1):2-4.

[19] 曾庆阳.矿井通风监测技术预报煤与瓦斯突出初探[J].煤炭工程师,
1994(4):28-30.

[20] H.埃克尔,H.I.卡藤贝格.利用通风监测技术预报煤与瓦斯突出[J].煤炭
工程师,1990(4):51-56.

5 瓦斯抽采技术

5.1 概述

煤矿瓦斯抽采是向煤层和瓦斯积聚区域打钻,将钻孔接在专用的管路上,用抽采设备将煤层和采空区中的瓦斯抽至地面,加以利用或排放至总回风流中。

抽放(采)瓦斯不仅是降低开采过程中的瓦斯涌出量,防止瓦斯超限和积聚,预防瓦斯爆炸和煤与瓦斯突出事故的重要措施,还可以变害为利,将瓦斯作为煤炭伴生的资源加以开发利用。瓦斯抽采的意义主要有:

① 减少瓦斯涌出,减少瓦斯积聚,避免瓦斯燃烧或爆炸,保证矿井安全生产;

② 预防煤与瓦斯突出事故,减少人员伤亡;

③ 使瓦斯为工业生产和人民生活服务,变害为利,创造良好的社会效益和经济效益;

④ 减少瓦斯对大气的污染,有利于生态环境的保护。

目前,我国的高瓦斯矿井都建立了瓦斯抽放系统,并积累了比较丰富的经验。据统计,2006 年 1~12 月,国有重点煤矿 286 处高瓦斯和瓦斯突出矿井累计抽采瓦斯 26.14 亿 m^3,抽采量超过 5 000 万 m^3 的煤矿企业见表 5-1。

表 5-1　　　　2006 年瓦斯抽采量超过 5 000 万 m^3 的煤矿企业

排序	企业名称	高突矿井/处	已抽矿井/处	瓦斯抽采量/万 m^3	占百分比/%
1	阳泉	9	9	30 460.49	16.02
2	晋城	2	2	17 498.2	9.21
3	淮南	10	10	15 836.07	8.33
4	水城	8	8	15 783.82	8.30
5	盘江	6	6	15 623.42	8.22
6	松藻	6	6	15 496.64	8.15

排序	企业名称	高突矿井 /处	已抽矿井 /处	瓦斯抽采量 /万 m³	占百分比 /%
7	鸡西	12	9	10 316.2	5.43
8	宁煤	8	8	10 059.53	5.29
9	抚顺	1	1	9 988.24	5.25
10	淮北	15	14	9 342.37	4.91
11	铁法	7	7	7 828.26	4.12
12	阜新	5	5	7 734.48	4.07
13	丰城	4	4	6 380.31	3.36
14	平顶山	12	11	6227.4	3.28
15	芙蓉	4	4	5 997.9	3.16
16	西山	6	6	5 509.88	2.90
	合计	115	110	190 083.21	100

2006 年全国重点煤矿抽采出的瓦斯累计利用量为 6.15 亿 m^3,瓦斯利用率为 23.53%,其中民用 4.74 亿 m^3,发电用 1.41 亿 m^3[11]。

平煤十矿 2007 年全年完成抽放总量 2 291.57 万 m^3,抽放钻孔长度为 66.67 万 m,比去年同期分别增加 205.8 万 m^3 和 0.67 万 m。矿井抽放流量为 43.59 m^3/min,抽放率为 35.8%。瓦斯利用量为 386.68 万 m^3,利用率为 16.8%,其中民用瓦斯量 87.87 万 m^3,发电用瓦斯量 298.81 万 m^3,瓦斯发电量 405.79 万 kW·h。

5.2　煤层瓦斯可抽采性评价

矿井瓦斯抽采要建立抽采前、抽采过程和抽采后的评价机制。

抽采前要对煤层抽采的必要性进行预测和评价,落实"应抽尽抽"的瓦斯治理战略;抽采过程中要进行抽采参数检测,对抽采方法选择和钻孔参数设计的合理性进行评价,以便改进设计,提高抽采率;抽采后要对抽采方法、钻孔布置和效果进行评价,确认是否达到抽采目标、是否消除突出危险性。

5.2.1　煤层瓦斯抽采原则

① 瓦斯抽采要有目的性。从煤矿安全生产角度出发,抽采的目的一是防治煤与瓦斯突出,即突出煤层在采掘作业前必须将其范围内煤层的瓦斯含量和瓦

斯压力降到突出危险值以下[煤层瓦斯含量＜8 m³/t,煤层瓦斯压力＜0.74 MPa(表压)];二是降低煤层瓦斯含量,减小开采过程瓦斯涌出量。

② 瓦斯抽采要有针对性。要对准瓦斯源进行抽采,对不同的瓦斯源采用不同的方法抽采。

③ 瓦斯抽采要有目标性。采掘工作面抽采率应能确保正常通风能力,可将风流中瓦斯浓度稀释到规定的安全指标以内,瓦斯浓度不超,工作面风速不超。

④ 瓦斯抽采工作应在采掘作业之前进行。

⑤ 煤层的突出危险性应在采掘作业前通过瓦斯抽采给予消除。

⑥ 抽采应在瓦斯进入风流之前进行,即起栏栅作用,对流向风流的瓦斯进行截流和引排,降低风流中瓦斯浓度。

⑦ 要有正规设计、施工和科学管理。

5.2.2 煤层瓦斯抽采必要性评价

有下列情况之一的,必须建立地面永久抽采瓦斯系统或井下临时抽采瓦斯系统:

(1) 当一个采煤工作面瓦斯涌出量＞5 m³/min,或一个掘进工作面瓦斯涌出量＞3 m³/min,采用通风方法解决瓦斯问题不合理时。

(2) 矿井绝对瓦斯涌出量达到以下条件的:

大于或等于 40 m³/min;

年产量 100 万～150 万 t 的矿井,大于 30 m³/min;

年产量 60 万～100 万 t 的矿井,大于 25 m³/min;

年产量 40 万～60 万 t 的矿井,大于 20 m³/min;

年产量等于或小于 40 万 t 的矿井,大于 15 m³/min。

(3) 开采有煤与瓦斯突出的矿井。

5.2.3 煤层抽采难易程度评价指标

煤层未受回采影响前的抽采属于未卸压抽采,在受到采掘工作面影响范围内的抽采,属于卸压抽采。

决定未卸压煤层抽放效果的关键性因素,是煤层的天然透气性系数。

透气性系数是表示瓦斯在煤层中流动难易程度的物理量。国际上通用的单位是 D(达西),即动力黏度为 1×10^{-4} Pa·s 的流体,在压力梯度为 9.807×10^4 Pa/cm 情况下,通过断面为 1 cm² 的介质流量为 1 cm³/s 时流体透气系数,定为1 D (1 D＝1 000 mD)。我国目前使用煤(岩)层的透气性系数单位为m²/(MPa²·d), 即瓦斯(在 0 ℃动力黏度为 1.08×10^{-6} Pa·s)在压力梯度为 1 MPa/m 情况下,通

过断面为 $1\ m^2$ 的煤（岩）层流量为 $1\ m^3/d$ 时的透气性系数。对于瓦斯，$1\ m^2/(MPa^2\cdot d)=0.025\ mD$。部分矿区和矿井煤层的透气性系数如表 5-2 所列。

表 5-2　　　　　　　　　　部分矿井的煤层透气系数

矿　　井	煤层	透气系数 /$m^2\cdot(MPa^2\cdot d)^{-1}$	矿　　井	煤层	透气系数 /$m^2\cdot(MPa^2\cdot d)^{-1}$
抚顺龙凤矿		140～150	北票三宝一井	9B	3.9×10^{-2}
抚顺胜利矿		31～39.2	红卫坦家冲井	6	9.47×10^{-3}
包头河滩沟矿		11.3～17.4	湖南立新矿	4	1.1×10^{-5}
天府南井	9	4×10^{-2}	潘集一号井	13	3.4×10^{-2}
平一矿	丁组	0.065 7～0.441	晋城古书院		0.223
平十矿	戊$_{9-10}$	0.0137	神火葛店		0.029
淮南谢一	11	0.228			

由表 5-2 可见，透气性系数的差别较大。对于透气系数大的煤层，如抚顺煤田龙凤矿的透气系数为 $140～150\ m^2/(MPa^2\cdot d)$，能抽出大量高浓度的瓦斯。对于透气性系数小的煤层，未卸压抽放，效果很差。这类煤层必须在卸压的情况下或人工增大透气系数后，才能抽出瓦斯。

按照煤层的透气系数评价未卸压煤层预抽瓦斯难易程度的指标如表 5-3 所列。

表 5-3　　　　　　　　　　煤层抽放瓦斯难易程度分级表

等　　级	煤层透气系数/$m^2\cdot(MPa^2\cdot d)^{-1}$	百米钻孔瓦斯涌出衰减系数/d^{-1}
容易抽放	＞10	＜0.003
可以抽放	0.1～10	0.003～0.05
较难抽放	＜0.1	＞0.05

表中百米钻孔瓦斯涌出衰减系数表示在煤（岩）层内的钻孔自然排放情况下，每 100 m 钻孔瓦斯涌出的衰减特性。

5.2.4　抽采应达到的主要指标

抽采设计和实施检验应有一个目标。抽采目标应服务于抽采目的。

（1）防突和消突而进行的抽采。一定要将突出危险性指标降低到安全指标以下，即必须将控制范围内煤层的瓦斯含量降到煤层始突深度的瓦斯含量以下或将瓦斯压力降到煤层始突深度的煤层瓦斯压力以下。若没能考察出煤层始突深度的煤层瓦斯含量或压力,必须将煤层瓦斯含量降到 8 m³/t 以下,或将煤层瓦斯压力降到 0.74 MPa(表压)以下。

控制范围规定如下:

① 如图 5-1 所示,石门(井筒)揭煤工作面控制范围应根据煤层的实际突出危险程度确定,但必须控制到巷道轮廓线外 8 m 以上(煤层倾角>8°时,底部或下帮 5 m)。钻孔必须穿透煤层的顶(底)板 0.5 m 以上。若不能穿透煤层全厚,必须控制到工作面前方 15 m 以上。

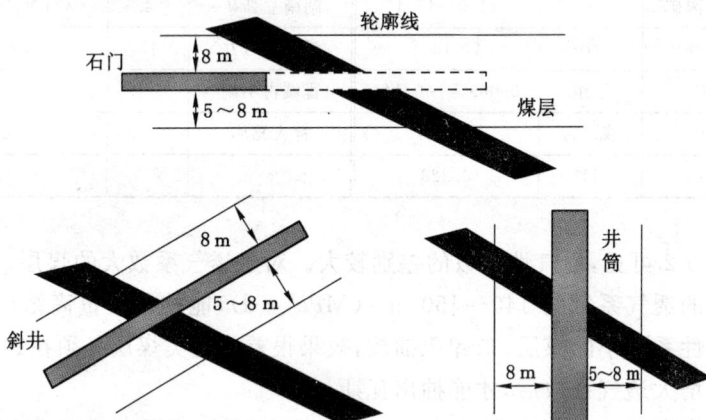

图 5-1　石门(井筒)揭煤工作面控制范围示意图

对石门和井筒,尽可能将前方抽采范围扩充到整个煤层厚度,钻孔进入顶(底)板 0.5 m。对抽采钻孔太长,目前钻孔施工技术难以满足要求时可放宽要求,但至少应控制在 15 m 以上。

② 如图 5-2 所示,煤巷掘进工作面控制范围为:巷道轮廓线外 8 m 以上(煤层倾角>8°时,底部或下帮 5 m)及工作面前方 10 m 以上。

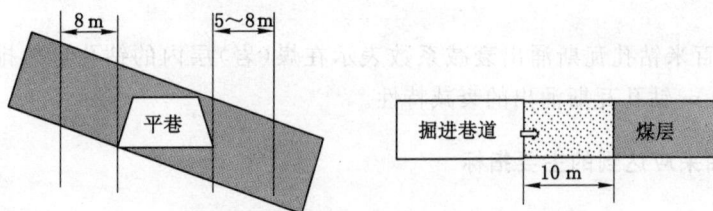

图 5-2　煤巷掘进工作面控制范围示意图

③ 采煤工作面控制范围(最小超前距)为:工作面前方 20 m 以上。倾角大于 8°时,由于自重的作用,安全性提高,底部和下帮的控制范围可减少为 5 m。

控制范围的概念都指与最外轮廓线平行的平面上的投影距离。

(2) 瓦斯抽采使采煤作业前瓦斯涌出量降低到正常通风能够解决的程度。瓦斯涌出量主要来自于邻近层或围岩的采煤工作面时,瓦斯抽采率应满足表 5-4 的规定;瓦斯涌出量主要来自于开采层的采煤工作面前方 20 m 以上范围内时,煤的可解吸瓦斯量应满足表 5-5 规定。

表 5-4 采煤工作面瓦斯抽采率应达到的指标

工作面绝对瓦斯涌出量 $Q/m^3 \cdot min^{-1}$	工作面抽采率/%	备 注
$5 \leqslant Q < 10$	$\geqslant 20$	风排瓦斯量 4～8 m^3/min
$10 \leqslant Q < 20$	$\geqslant 30$	风排瓦斯量 7～14 m^3/min
$20 \leqslant Q < 40$	$\geqslant 40$	风排瓦斯量 12～24 m^3/min
$40 \leqslant Q < 70$	$\geqslant 50$	风排瓦斯量 20～35 m^3/min
$70 \leqslant Q < 100$	$\geqslant 60$	风排瓦斯量 28～40 m^3/min
$Q \geqslant 100$	$\geqslant 70$	风排瓦斯量 $\geqslant 30$ m^3/min

表 5-5 采煤工作面回采前煤的可解吸瓦斯量应达到的指标

工作面日产量/t	可解吸瓦斯量 $W_j/m^3 \cdot t^{-1}$	对应的最大瓦斯涌出量/$m^3 \cdot min^{-1}$
$\leqslant 1\ 000$ t	$\leqslant 8$	5.6
$1\ 001 \sim 2\ 500$ t	$\leqslant 7$	$4.9 \sim 12.3$
$2\ 501 \sim 4\ 000$ t	$\leqslant 6$	$10.4 \sim 16.7$
$4\ 001 \sim 6\ 000$ t	$\leqslant 5.5$	$15.3 \sim 22.9$
$6\ 001 \sim 8\ 000$ t	$\leqslant 5$	$20.8 \sim 27.8$
$8\ 001 \sim 10\ 000$ t	$\leqslant 4.5$	$25.0 \sim 31.3$
$> 10\ 000$ t	$\leqslant 4$	> 27.8

(3) 矿井瓦斯抽采率。确保矿井正常通风能力足以满足要求,限制不合理地增加矿井风量,并符合表 5-6 的要求。

(4) 工作面瓦斯抽采应确保工作面风速不超过 4 m/s,瓦斯浓度不超过 1%。

表 5-6   矿井瓦斯抽采率应达到的指标

矿井绝对瓦斯涌出量 $Q/m^3 \cdot min^{-1}$	矿井抽采率/%	备 注
$Q<20$	≥25	风排瓦斯量≤15 m³/min
$20≤Q<40$	≥35	风排瓦斯量 14～26 m³/min
$40≤Q<80$	≥40	风排瓦斯量 24～48 m³/min
$80≤Q<160$	≥45	风排瓦斯量 44～88 m³/min
$160≤Q<300$	≥50	风排瓦斯量 80～150 m³/min
$300≤Q<500$	≥55	风排瓦斯量 135～225 m³/min
$Q≥500$	≥60	风排瓦斯量≥200 m³/min

5.3 抽采瓦斯的技术、方法及其原理

抽采瓦斯的技术是指从瓦斯源（主要是煤层和采空区）抽取瓦斯的技术手段，主要有钻孔抽采、巷道抽采和巷道与钻孔相结合抽采三种。

抽采瓦斯的煤层按是否卸压可分未卸压和卸压两类；按瓦斯的来源可分为开采煤层的抽放、邻近层抽放和采空区抽放三类。抽放方法分类及其适用条件如表 5-7 所列。

表 5-7   抽放方法分类及其适用条件

抽放地点	类型	瓦斯来源	抽放方法	钻孔、巷道布置	适用条件
岩巷揭煤	边抽边掘	煤层瓦斯	由岩巷向煤层打穿层钻孔	控制巷道轮廓线外 8 m	突出危险煤层
煤巷掘进	边抽边掘	前方卸压煤层	由煤层两侧或岩巷向煤层周围打防护钻孔	控制巷道轮廓线外 8 m，5 m 超前距	突出危险煤层
	掘前预抽	控制范围瓦斯	从邻近巷道向设计煤巷位置的煤层打钻孔	控制巷道两侧 8 m 范围	高瓦斯煤层
待开采煤层（邻近层抽放）	采前预抽	待采层大面积煤层瓦斯	地面钻孔	打垂直，L、S 形钻孔穿过抽采煤层	高瓦斯、突出煤层；容易抽放层、难抽放煤层被卸压或压裂
			由远离煤层的顶、底板巷或邻近层巷向煤层打钻孔	网格穿层钻孔	
			在未开采煤层的顶板或底板开掘巷道抽放	巷道介于保护层与被保护层之间	

抽放地点	类型	瓦斯来源	抽放方法	钻孔、巷道布置	适用条件
采煤面抽放	采前预抽	未卸压	由开采层机巷、风巷或其他煤层巷道等向未开采煤层（分层）打上向、下向顺层钻孔	平行、交叉的密集长钻孔；松动爆破、水力压裂	有预抽时间的高瓦斯煤层、突出危险煤层
			由石门、岩巷、邻近层煤巷等向开采层打钻孔	网格穿层钻孔，间距由抽放半径确定	属勉强抽放煤层和突出危险煤层
	边抽边采	卸压带煤层	由工作面打顺层钻孔	密集浅孔	高瓦斯突出煤层
			由开采层机巷、风巷等向工作面前卸压区打钻	根据抽放半径布置钻孔	突出危险煤层、高瓦斯煤层
采空区抽放	边采边抽	采空区遗煤瓦斯和邻近层	由风巷向采空区埋管	管径＞300 mm，深入采空区 10 m，每隔 30 m 在管路上设一吸气口	无自燃危险或有自燃危险采取防火措施时
			回风尾巷	在第 2 回风设密闭，抽放管插入密闭墙内	
			高位回风尾巷	煤层顶板上方或沿煤层顶板布置巷道，内错 5 m（平距），在冒落带内	
			上隅角安装引排风机	吸风口插入上隅角	
			由风巷做风场，向裂隙带打水平和倾斜钻孔	钻孔底至裂隙带	邻近层有大量瓦斯涌出
			从地面打钻孔	由地面打垂直，L、S 形钻孔，落在采空区	有地面钻孔可利用
	封闭老采空区	遗煤和邻近层	密封老空区插管抽放	抽放管插在密闭墙上	高瓦斯难以抽放煤层
			从地面打钻孔	地面钻孔至采空区	地面钻孔优于井下或有钻孔可利用时

抽放方法的选择必须根据矿井瓦斯涌出来源的调查，考虑自然的与采矿的因素和各种抽放方法所能达到的抽放率。

5.3.1　地面钻井抽采瓦斯

从地面打钻井预抽被保护层开采煤层的采动区卸压瓦斯，或是采用压裂技术扩大裂隙后抽采煤层的瓦斯，以消除煤与瓦斯突出危险性、降低煤层开采过程中瓦斯涌出量,实现煤与瓦斯资源绿色共采。此项技术在我国淮南、淮北、晋城等地应用基本成功。这将成为解决煤层瓦斯问题的重要手段之一。

(1)地面抽放钻井布置

地面钻井抽采系统由地面钻井、抽采管路和抽采泵等部分组成,如图 5-3 所示。

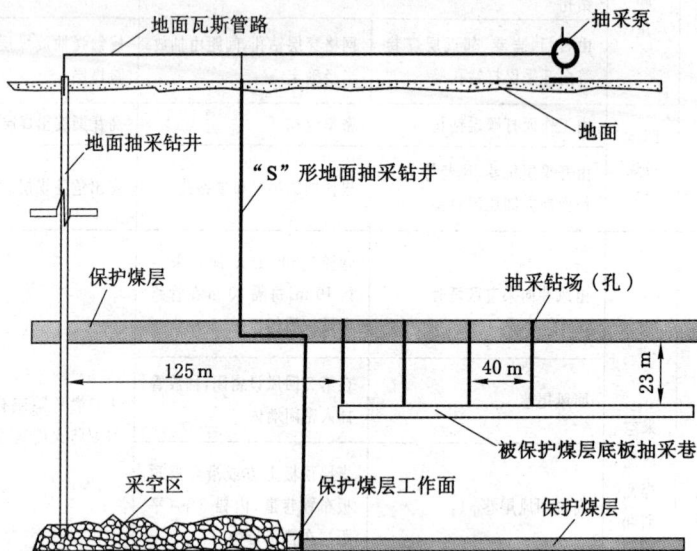

图 5-3　地面钻井抽采系统示意图

地面钻井一般为垂直立井,穿过被抽采的煤层,随着钻井技术提高也有布置成 L 形和 S 形的,使钻井在煤层中保持水平状态,以提高抽采率。

地面钻井一般布置在保护层工作面倾斜方向的中心线上,井间距 250 m 左右(以被保护工作面覆盖在抽采半径以内为原则)。淮南谢桥矿 1242(1)工作面地面钻井布置平面图如图 5-4 所示。

地面钻孔的布置应避开地质构造带;卸压抽采沿开采层工作面走向地面钻孔间距取决于煤层的透气性和抽采半径,要保证工作面在抽采范围之内。淮南目前的间距在 300 m。经过应用示踪气体技术在淮南顾桥矿测试,煤层卸压后地面钻井的抽采半径可达 400 m 以上;沿倾斜方向应位于工作面中部;两相邻孔抽采瓦斯半径上、下交汇点,必须超过该面上、下平巷 5 m。

地面钻井的结构和完井技术是抽采的关键技术。淮北桃园矿 94—W1 钻井的结构如图 5-5 所示,其开口直径 190 mm,中组煤段下直径 89 mm 筛管,作为

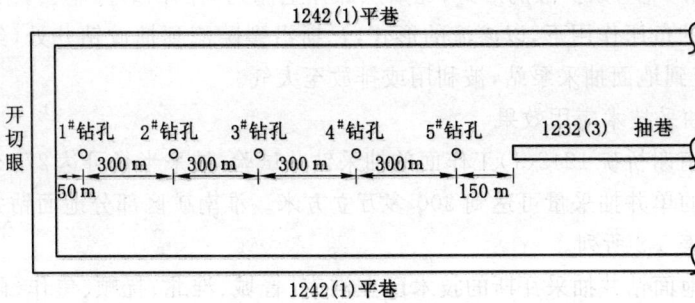

图 5-4　谢桥矿地面钻井布置平面示意图

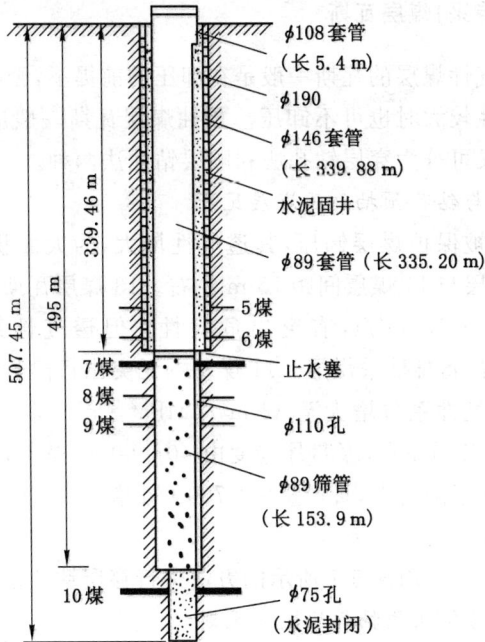

图 5-5　地面抽采钻井结构图

抽放中组煤卸压煤层气通道。

（2）地面钻井抽采瓦斯的原理

保护煤层回采后，其上覆被煤层卸压，产生卸压膨胀"增透效应"和卸压解吸"增流效应"，并产生顺层离层张性裂隙。煤层卸压瓦斯的流动是一个连续的两步过程：第一步，以扩散的形式，瓦斯从煤体上流到周围的裂隙中去；第二步，在抽采系统的负压作用下，以渗流的形式，瓦斯沿裂隙流到抽放钻井处，经抽采钻井、管路流到地面抽采泵站，被利用或排放至大气。

（3）抽采技术应用效果

在淮南谢桥矿1242(1)工作面的抽采钻井试验，抽采半径可达275 m。淮南矿区最多的单井抽采量可达到300多万立方米。淮南矿区部分地面钻井抽采情况统计如表5-8所列。

我国地面钻井抽采瓦斯的技术已在淮南、晋城、淮北、抚顺、焦作、阳泉等矿区应用，收到了不同程度的效果，但目前仍处于试验阶段。防治钻井破坏，研究适合当地的完井技术是地面钻井抽采的卸压煤层瓦斯的关键技术之一。提高成井率、延长抽采井寿命是待研究的主要目标。

5.3.2 预抽邻近(待采)煤层瓦斯

预抽邻近低透气性煤层的瓦斯一般是在卸压的前提下，否则抽放半径较小，抽放效果差。透气性较大时也可不卸压。预抽煤层瓦斯一般应用钻孔法，而不用巷道法。钻孔法又可分为穿层钻孔法和顺层钻孔法两种。

5.3.2.1 底板巷道与钻孔预抽卸压煤层瓦斯

保护层开采后，被保护煤层卸压，其透气性增大，为大面积抽采创造条件。淮南矿业集团13煤层与11煤层间距75 m左右。13煤层瓦斯压力为0.5～4.4 MPa，瓦斯含量为5～13 m³/t，有突出危险性。但透气性系数 λ 为0.011 m²/(MPa²·d)左右，属难抽采煤层。11煤基本无突出危险性，作为13煤保护层开采，之后煤层透气性系数增大至32 m²/(MPa²·d)。利用13煤岩石底板巷道抽采，抽采率达60％左右，煤巷月进度由40～60 m提高到200 m以上，工作面瓦斯涌出在风排范围之内，日产量由1 700 t/d增至5 100 t/d。底板抽采巷道布置如图5-6所示。

中梁山矿务局南矿采用图5-7所示的方法进行穿层钻孔预抽。

5.3.2.2 顶板巷道与钻孔预抽卸压煤层瓦斯

当开采上保护层时，可采用煤层顶板巷道布置穿层钻孔预抽被保护卸压煤层瓦斯。顶板抽采巷道布置如图5-8所示。

5.3.2.3 顺层钻孔预抽煤层瓦斯

邻近层卸压瓦斯抽放钻孔布置形式多种多样，它受着层间位置、煤层倾角、巷道布置等多种因素影响。但总是从位置合适的巷道向各邻近层卸压区打钻孔，尽量控制钻孔使卸压瓦斯流入钻孔而不至于大量流入开采层的采空区。

表 5-8　　　　　　淮南矿区部分地面钻井抽采情况统计表[6]

地　点	孔深/m	钻孔直径/mm	抽采时间	抽采浓度/%	抽采量/万 m³	效果	备　注
潘一 2352(1)面	674	177.8～139.7	2002.8～2005.4	50～95	292	成功	采动区、采空区抽采
潘一 2662(1)面 1# 井	667	177.8～139.7	2005.3 至今	40～90	217	成功	采空区抽采
潘一 2662(1)面 2# 井	667	177.8～139.7	2005.7 至今	60～90	91	成功	采动区抽采
谢一 5111C15 面	707	177.8	2005.3～2005.11	50～80	96	成功	采空区抽采
谢桥 1242(1)面 1# 井	654	177.8～139.7	2004.11～2005.1	50～90	71	成功	采动区抽采
谢桥 1242(1)面 2# 井	654	177.8～139.7	2005.1～2005.2	30～95	16	失败	采动区抽采
谢桥 1242(1)面 3# 井	654	177.8～139.7	2005.4～2005.5	10～30	3.3	失败	采动区抽采
谢桥 1242(1)面 4# 井	654	177.8～139.7	2005.7～2005.9	40～85	58	成功	采动区抽采
谢桥 1242(1)面 5# 井	654	177.8～139.7	2005.10～2005.12	40～80	54.1	成功	采动区抽采

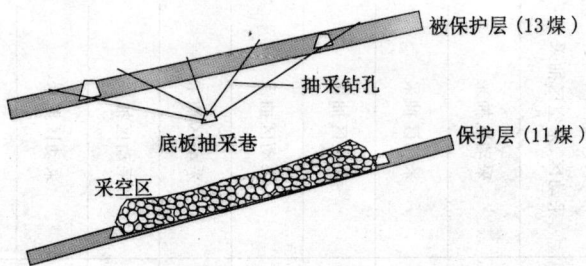

图 5-6　预抽卸压煤层瓦斯示意图

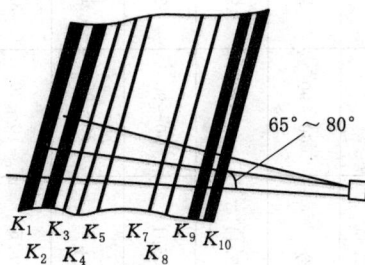

图 5-7　中梁山南矿采用穿层钻孔预抽瓦斯方法

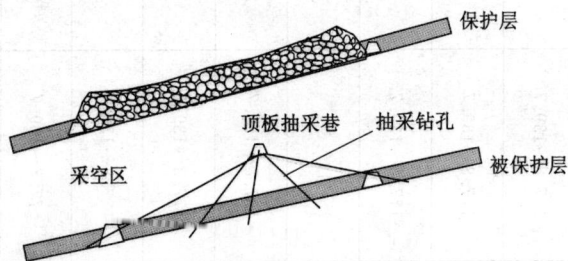

图 5-8　顶板抽采巷道预抽卸压煤层瓦斯示意图

　　有条件时,可在卸压煤层开掘准备巷道,采用顺层钻孔(如图 5-9 所示)方法预抽卸压煤层瓦斯。其主要优点是钻孔施工速度快,钻孔全长均在煤层中,抽放暴露面积大,若封孔长度超过巷道周围的破碎圈,封孔质量好,不漏气,则也能取得较好的抽放效果。

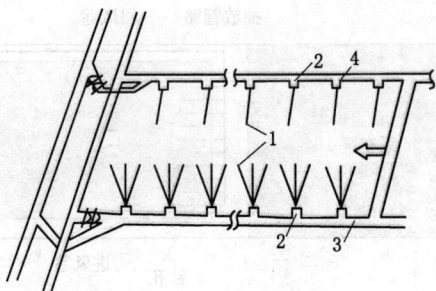

图 5-9 顺层钻孔预抽卸压煤层瓦斯
1——钻孔；2——钻场；3——机巷；4——风巷

5.3.3 采煤工作面瓦斯抽采

针对十矿煤层和瓦斯赋存特点，应用了采煤工作面立体、综合抽采技术。在瓦斯涌出量大的采煤工作面，同时实施开采层预抽、上隅角埋管抽放、高位水平钻孔抽放、高位钻孔裂隙带抽放、高位抽放尾巷抽放、采面卸压带浅孔抽放等多种方法，并根据各个工作面的不同条件分别采取偏"Y"或高位回风尾巷等通风方法。根据各种抽放方法所要求的流量、负压的不同，分别采取了低负压大流量、高负压低流量，不同抽放源、不同抽放管路和抽放泵的分源综合抽放技术。

工作面主要抽放方法：本煤层抽放、上隅角抽放、高位钻孔抽放、动压区浅孔抽放、底抽巷抽放、偏"Y"巷辅助抽放等。

5.3.3.1 浅孔边抽边采技术

（1）抽放原理

受采动影响，靠近工作面的 2～6 m 煤壁呈卸压区，煤层透气性明显提高。采用浅孔边采边抽，可较好地解决低透气性煤层难抽放的问题。钻孔布置如图 5-10 所示。

抽放结束后，进行煤层注水，做到一孔两用。

（2）钻孔布置和抽放参数

钻孔布置参数和抽放参数主要包括钻孔深度、钻孔间距、钻孔直径、钻孔抽放负压、钻孔流量变化规律、抽放时间等。

① 钻孔深度

钻孔深度一般应穿过工作面前方的卸压带，进入塑性极限应力区。

采掘工作面前方的卸压带宽度一般为 4～5 m，塑性极限应力区宽度一般为 8～10 m，采煤工作面动压抽放最佳范围为工作面前方 5～20 m，所以采掘工作

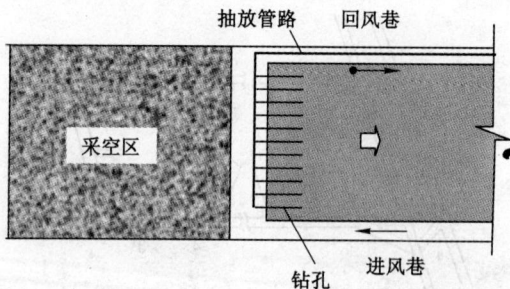

图 5-10　浅孔边抽边采示意图

面浅孔动压抽放的钻孔深度为 8～10 m。

② 钻孔间距

钻孔间距是决定钻孔布置方式、打钻工作量大小和抽放效果的重要参数,其大小取决于钻孔的抽放半径。抽放半径随时间的变化而变化,抽放时间越长,抽放半径越大;反之,抽放时间越短,抽放半径越小。根据测定结果,平煤十矿己组煤层的抽放半径随时间的变化见表 5-9。

表 5-9　　　　　　　平煤十矿己组煤层的抽放半径随时间的变化

抽放时间/min	60	120	180	240	300	360	420	480
抽放半径/m	0.56	0.78	0.96	1.11	1.24	1.36	1.47	1.57

按照最后一个抽放钻孔的抽放时间不少于 120 min 计算,则已组煤层的抽放半径为 0.784 m,合理的钻孔间距为 1.5 m。

③ 抽放时间

在采煤工作面塑性极限应力带内,煤层裂隙发育,透气性增大,钻孔流量明显增高。煤层抽放效果不但取决于钻孔抽放流量,而且也取决于抽放时间。若抽放时间过短,不但没有起到必需的抽放效果,而且也造成钻孔的浪费,若抽放时间过长,则影响工作面的正常生产,因此应合理确定钻孔的抽放时间。

钻孔的抽放时间取决于钻孔流量衰减情况,根据实测的钻孔流量衰减指标,即可确定钻孔的抽放时间。

钻孔流量衰减测试步骤如下:

a. 准备好煤气表等仪器仪表,将它们连接在钻孔专用封孔器上;

b. 在综采工作面施工抽放钻孔,用专用封孔器封孔,接通抽放系统;

c. 接通抽放系统后,立即测量流量参数(流量、浓度、负压)并计时,以后每

10 min 测定一次流量参数,并做好数据记录;

d. 当连续 3 次观测到流量参数保持不变时,表明流量已经稳定下来,即可停止观测,但总的观测时间不应低于 3 h;

e. 对观测数据进行计算,分析钻孔流量衰减情况,确定合理的抽放时间。

抽放时间分为最短抽放时间和最长抽放时间。最短抽放时间根据抽放半径确定,即当抽放钻孔之间的区段都处于抽放负压的作用之下,没有抽放空白带时,所需要的时间为最短抽放时间。最长抽放时间根据抽放效果确定,即当钻孔的累计抽放量已达到一定极限,再抽下去意义不大时,所需的时间为最长抽放时间。

根据观测和计算结果,当钻孔间距 1.5 m 时,平煤十矿己组煤层的最短抽放时间为 120 min,最长抽放时间为 480 min。

④ 钻孔直径

增大钻孔直径,可以提高钻孔的抽放量,但孔径越大,越不利于钻孔施工,并且发生突出的概率越大,发生突出的深度越小。

采掘工作面浅孔动压抽放钻孔要穿过工作面前方的卸压带,进入集中应力,钻孔深度一般为 8～15 m,钻孔直径为 75～100 mm 最为合适。

⑤ 钻孔抽放负压

根据工作面超前抽放的经验,抽放负压≥6.4 kPa。

在自然条件下,对瓦斯流动来讲,煤层瓦斯的渗透率起着决定性的作用。在煤层透气性系数不变的条件下,通过提高钻孔的抽放负压来提高抽放量的效果不大。

采掘工作面的浅孔抽放是在工作面前方塑性极限应力区内进行的,该区域内煤层经受了支承压力的作用,产生了大量的裂隙并相互贯通,煤体发生膨胀,透气性大大提高。对于采掘工作面浅孔抽放效果,抽放负压起着重要作用,抽放负压越大,越有利于抽放。

但由于浅孔抽放的钻孔封孔深度一般在 1 m 左右,处于工作面前方的卸压带内,再加上采掘工作面浅孔抽放主要采用软管连接以及封孔器的特点,负压过高容易导致钻孔周围漏气,并引起软管吸扁,对于提高抽放效果是不利的。

⑥ 钻孔布置方式

根据最后一个抽放钻孔的抽放时间不少于 120 min,己组煤层的抽放半径为 0.784 m,设计钻孔布置方式:抽放钻孔间距为 1.5 m,采用三花眼交错布置方式。

超前距保持 5 m 以上,两轮钻孔上、下排间隔施工,形成"三花"布置,钻孔打完后利用专用封孔器封孔。

⑦ 钻孔施工顺序

根据平煤十矿的具体情况，所有的高突工作面都进行了顺层钻孔抽放，但由于抽放钻孔深度比较浅，在采煤工作面都存在不同宽度的抽放空白带。为了充分发挥采煤工作面浅孔抽放的作用，在施工抽放浅孔时，应由采面中部施工，向采面上下逐步推进，保证抽放空白带的抽放效果。

（3）抽放装置及管路系统

① 封孔工艺

采煤工作面所采用的抽放钻孔具有钻孔数量多、封孔深度浅、抽放时间短、重复次数多的特点，对封孔器和封孔工艺具有特殊要求。对封孔器的要求是"结构简单、重量轻便、重复利用"，对封孔工艺的要求是"操作简便、封孔严密、连接迅速"。因此，在封孔器的选择上应能够满足以上要求。

② 管路除尘装置

为了防止钻孔中的煤、煤渣被吸入管路，沉积过多后堵塞抽放管，降低抽放效果，因此，在抽放管路的适当部位应设置除渣装置。

③ 湿式打眼

在采煤工作面施工钻孔时，由于瓦斯流量大，浓度高，为了防止干式打眼引起钻孔内瓦斯燃烧以及有效防尘，应采用湿式打眼。

④ 系统连接顺序

工作面抽放钻孔→浅孔抽放专用封孔器→内径 25 mm 的专用橡胶软管→内径 19 mm 的三通或四通→内径 25 mm 的专用橡胶软管→多通短节→直径 150 mm 的埋吸管→工作面抽放管路→瓦斯抽放泵站。

⑤ 钻孔施工的组织

结合工作面劳动组织和作业方式，在检修班安排专人分段完成工作面抽放浅孔的打钻任务，每打完一个钻孔立即封孔联网抽放，生产班割煤时停止抽放，将封孔器及抽放软管拔出放好。

抽放浅孔沿采面平均每米施工一个，孔径 89 mm，孔深为 9.2 m，钻孔打完后直接用专用封孔器封孔；每 10 m 设一个多通接头，每个接口用直径 25 mm 软胶管连接一个封孔器，对应插入煤壁前方超前钻孔内，形成工作面抽放系统。通过 ϕ150 mm 抽放管接入采区抽放泵站系统进行抽放。

在平煤十矿戊$_{9-10}$—21170 采面、戊$_{9-10}$—20190 采面和己$_{15}$—24020 采面应用。抽放浓度：6%～15%，单孔抽放量 0.003 m³/min，抽放后回风瓦斯浓度降低 0.5%～1.2%，能有效地降低前方的瓦斯压力，起到较好的防突作用。

在平煤四矿丁$_{5-6}$—19200 综采面进行的浅孔抽放试验，施工钻孔 13 196 个（直径 89 mm，深度 9.2 m），累计孔深 12.14 万 m，抽放瓦斯 16.65 万 m³，浅孔抽放的平均百米孔抽放流量到达0.31 m³/min,是开采层预抽的 24 倍,大大降低了生产班回风流瓦斯浓度,杜绝了瓦斯超限事故,月产大幅提高。

5.3.3.2 顺层长钻孔预抽

近几年来,在采煤工作面较广泛地采用顺层长钻孔进行边抽边采方法治理瓦斯。在工作面机、风两巷向回采区域施工钻孔,降低回采期间煤层瓦斯压力和含量,从而减少回采瓦斯涌出和降低突出危险性,如图 5-11 所示。

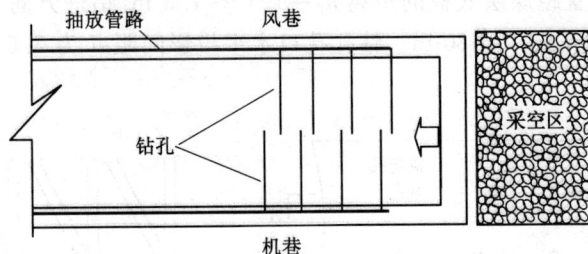

图 5-11　顺层长钻孔边抽边采

抽采系统布置要求如下:

① 布置平行或交叉钻孔;

② 钻孔间距根据预抽时间和钻孔的排放半径确定,未卸压状态下平煤十矿一般执行 2 m;

③ 钻孔深度 50 m 以上;

④ 在工作面机、风巷掘进期间施工,钻孔滞后掘进工作面不大于 100 m,采面贯通前钻孔全部打完;

⑤ 在巷道内敷设一趟抽采管路与矿井抽采系统相连接,要求钻孔封、联及时;

⑥ 在巷道外口管道上设置抽放参数测定装置。

由于煤层透气性系数较低,所以此种抽放方法的效果比较差,当不具备卸压条件时,此种方法必须坚持使用,对回采期间防突有一定作用。

主要优点:钻孔工程量相对较小,不需要底板瓦斯抽采巷,成本低;单孔流量大,见效快;能服务于预抽,边抽边采。

主要缺点:在煤巷中施工困难;打钻过程中,易发生卡钻、夹钻、喷孔、塌孔,不易成孔;长钻孔定向钻进还缺乏相应的技术和手段;受生产接替影响,抽采时间难以保证。

5.3.3.3 顺层交叉长钻孔抽放

交叉钻孔是除沿煤层打垂直于走向的平行孔外,还打与平行钻孔呈 15°~

20°夹角的斜向钻孔,形成互相连通的钻孔网。其实质相当于扩大了钻孔直径,同时斜向钻孔延长了钻孔在卸压带的抽放时间,也避免了因钻孔坍塌对抽放效果的影响。在焦作矿务局九里山煤矿的试验结果表明,这种布孔方式较常规的布孔方式相比,相同条件下提高抽放量 0.46～1.02 倍[9]。

交叉钻孔布置如图 5-12 所示。平行钻孔孔径 75 mm,开孔位置距煤层底板的距离 $h_1 = 0.8 \sim 0.9$ m,钻进方向垂直于风巷,钻孔长 70～80 m;斜向钻孔孔径 75 mm,开孔位置距煤层底板的距离 $h_2 = 1.10 \sim 1.3$ m,钻进方向与风巷的夹角 $\alpha = 70° \sim 76°$,钻孔长 75～80 m。钻孔孔口水平投影间距 d 为 2.5～3 m 两种密度的交叉钻孔。

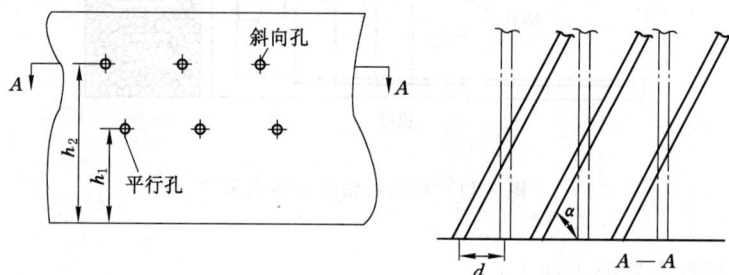

图 5-12　交叉钻孔预抽煤层布置示意图

钻孔进入采动影响带之前,预抽时间不得低于 6 个月。煤层抽放率(瓦斯涌出量降低水平)在钻孔间距 16 m 时为 30%～40%,在钻孔间距为 12 m 时为 40%～50%。

5.3.3.4　迎向钻孔抽放

在煤质较硬的含瓦斯煤层中采用迎向钻孔抽放,可预抽工作面卸压带瓦斯。两种布孔方式如图 5-13 所示,在目前的打钻技术水平条件下,这种方法建议在斜长 150 m 以下的采面应用。

钻孔夹角 50°～65°,最小超前抽放距离 L_0 不低于 150 m。

当钻孔间距 $L_c = 8$ m,预抽时间不低于 6 个月时,煤层抽放率 30%～40%。在超前距离为 150 m 时,采动影响带内抽放率 20%。

5.3.3.5　穿层网格预抽

穿层网格预抽一般是通过在远离煤层的顶、底板巷道打钻穿过煤层实现,如图 5-14 所示的穿层网格法预抽瓦斯。穿层网格预抽的主要优点:

① 不受生产影响,能提供足够的抽采时间和空间;

② 能在巷道未揭露煤层前进行预抽,对防止揭煤和掘进突出有着重要

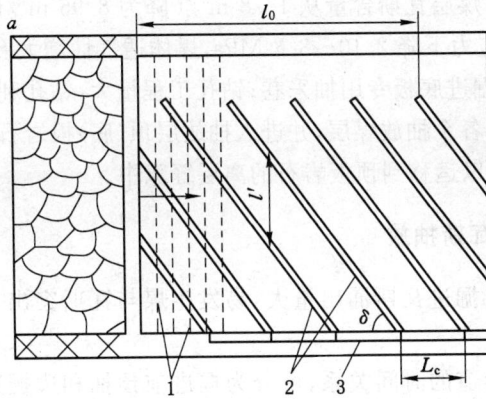

图 5-13　迎向钻孔抽放卸压瓦斯

1——卸压带；2——抽放钻孔；3——抽放管路

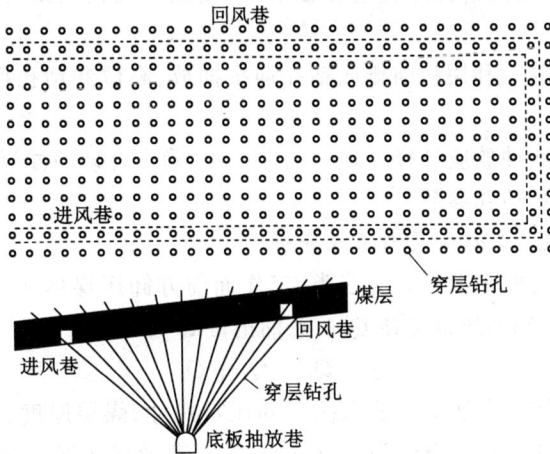

图 5-14　穿层网格法预抽瓦斯

作用；

③ 施工条件好,成孔率较高；

④ 钻孔服务时间长,可服务于预抽、边采(掘)边抽和采后卸压抽采全过程。

中梁山矿务局南矿利用穿层网格预方法抽放煤层瓦斯。预抽时间 19 个月,平均预抽率 48%,瓦斯压力由 2.75～2.8 MPa 降至 0.4～0.8 MPa；煤体收缩变形由 1.5‰ 变到 2.6‰,煤体硬度增加 3 倍,煤层透气性增大 9 倍。

芙蓉矿务局白皎煤矿,预抽期 12 个月,预抽率达 25% 以上,瓦斯压力由2.48

MPa 降至 0.65 MPa,煤层瓦斯含量从 17.8 m^3/t 降为 8.96 m^3/t,煤体收缩变形为 1.01‰～1.37‰,地应力下降 2.10～3.8 MPa,煤体透气性增大 85 倍。

主要缺点是:需掘进底板专用抽采巷;钻孔工程量大,钻孔利用率低。

穿层钻孔应穿透各个抽放煤层,并进入抽放层顶(底)板岩石 0.5 m 以上,这是因为卸压后的瓦斯可以运移到顶板岩石的离层缝隙中。

5.3.4 煤巷掘进面瓦斯抽放

高瓦斯突出煤层掘进瓦斯涌出量大,易发生煤与瓦斯突出、瓦斯积聚和爆炸事故。

按抽放与掘进巷道的时间关系,可分为掘进前预抽和边掘边抽。

预抽方法一般是在煤巷掘进之前,从远方的巷道空间向待掘巷道位置的煤层进行打钻抽放。

边掘边抽是在巷道掘进过程中对前方待掘进煤体进行抽放。两者的差别是,日常抽放的瓦斯大部分来自巷道影响带,而预抽的瓦斯来自原始煤层,在原始透气性下抽出。

按空间位置分为利用超前排放钻孔迎头抽放、高位巷钻孔抽放和底板钻孔抽放等方法。

掘进巷道瓦斯抽放应选择合理的抽采方法,确定合理的抽放时间,设计合理的抽放钻孔布置和钻孔参数。

5.3.4.1 煤巷掘进工作面瓦斯来源分析

掘进巷道中瓦斯来源可分为三类:工作面前方卸压煤体瓦斯 Q_1、掘进落煤瓦斯 Q_2 和巷道两侧卸压带瓦斯 Q_3。总涌出量 Q 为

$$Q = Q_1 + Q_2 + Q_3 \tag{5-1}$$

巷道两侧煤体瓦斯涌出主要取决于卸压带尺寸、煤层厚度、原始瓦斯含量、煤层瓦斯透气性和煤壁暴露时间。刚暴露时,瓦斯涌出强度大,随着暴露时间延长,涌出强度逐渐衰减,如图 5-15 所示。

在长距离掘进工作面,巷道两侧卸压带是重要的瓦斯来源,直接影响掘进工作面瓦斯涌出量的多少。高瓦斯煤层新暴露煤壁的最大瓦斯涌出量可达 0.01 m^3/min。

沿煤层掘进巷道,导致围岩应力重新分布、瓦斯压力降低、瓦斯透气性变化以及巷道周围煤体瓦斯向外排放。掘进工作面煤壁刚暴露时,应力降低带相对较小,向巷道中排放的瓦斯来自暴露面附近有限范围的煤体。随着时间的推移,应力集中带向煤体深部转移,但转移速度递减。

在应力降低带,煤体由三向应力状态转为二向应力状态,煤体发生变形,产

生裂纹、松动和膨胀。此带内煤层空隙和裂隙率相对于原始煤层增大10%~50%。因此,煤层透气性显著提高,瓦斯排放能力增强。

落煤的瓦斯涌出量除与煤壁的涌出特性有类似关系外,还与块度有关。其他条件相同时,块度越小,瓦斯的涌出强度越大,衰减也越快。

掘进巷道的落煤方法对掘进头的瓦斯涌出量变化的影响较大。炮掘时,爆破后较短的时间内会涌出大量瓦斯,工作面附近的瓦斯浓度迅速上升,可以达到爆炸危险浓度。其后,由于瓦斯涌出强度衰减和不断通风,瓦斯浓度会逐渐下降,恢复原有值,如图5-16所示。

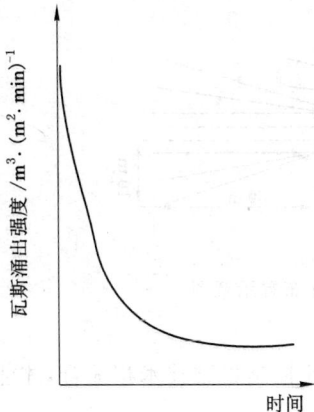

图5-15　暴露面瓦斯涌出强度与涌出时间关系

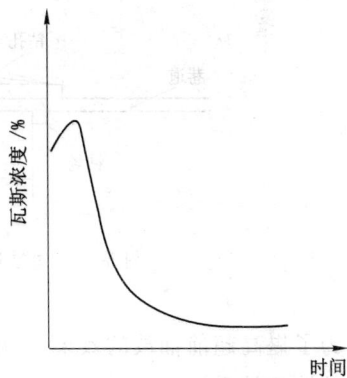

图5-16　爆破后工作面附近瓦斯浓度随时间变化曲线

综掘工作面机械落煤瓦斯涌出比较均匀,机掘时瓦斯涌出较大,但增大幅度小于炮掘面,它的增大量随掘进速度增加而增加。

因此,由于掘进速度、落煤方法不同以及地质条件的变化,瓦斯涌出在时间和空间上都会变化。如果通风不良就容易引起瓦斯积聚,所以掘进巷道是容易发生瓦斯爆炸的地点。

落煤瓦斯涌出是难以改变的,工作面前方和煤壁瓦斯涌出可以通过抽放变小。

5.3.4.2　边抽边掘

边抽边掘应用于煤层突出危险性大,而又不具备预抽的煤层掘进工作面。由于煤层未卸压,为了施工安全,必须采取超前打钻排放瓦斯和卸压,降低突出危险性。

边抽边掘的实质是抽采巷道两帮的卸压条带瓦斯。

边抽边掘的布孔原则是避开松动区和原始区,布置在卸压区内。

边抽边掘技术是在突出危险工作面掘进时,在巷道两帮每隔 30 m 开 2 个钻场,自钻场向迎头前方打钻抽放,提前降低前方煤体瓦斯压力,达到减少或消除煤层突出危险性的目的。

打钻采用 MK—4 型钻机,每个钻场上下两排布置 6 个抽放钻孔,孔深不低于 50 m,控制巷道两帮以外 4 m 的范围。单个钻场瓦斯抽放流量 1~15 m^3/min(如图 5-17 所示)。如平煤十矿己$_{15}$—24090 风巷采用边抽边掘技术,与相邻的己$_{15}$—24060 机巷相比,平均月进度由 50 m 提高到 80 m 以上,有效遏制了突出事故的发生,实现了安全生产。

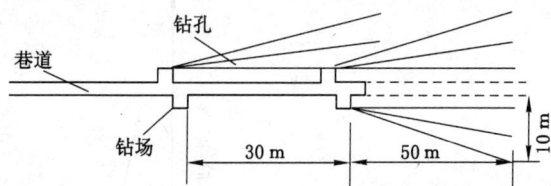

图 5-17　边抽边掘钻场、钻孔布置示意图

为了提高超前抽放的效果,一般要采用深孔控制爆破技术相配合,才能取得较好的抽放效果。

5.3.4.3　超前排放钻孔

巷道在掘进过程中,首先施工超前排放钻孔。超前排放钻孔孔深 10 m,孔径 89 mm,孔数 21 个,上、中、下三排布置,每排 7 个。每循环保留 5 m 的超前距。在超前钻孔施工过程中进行抽放,即每打完一个钻孔,都用锥形胶囊式封孔器封孔抽放。所有钻孔全部连到联孔短节,通过 ϕ100 mm 软管与巷道内 ϕ200 mm 抽放管相连(如图 5-18 所示)。

超前排放钻孔在每一个循环之前开始施工,在每个钻孔打完后及时封孔联网抽放,通过这种方法,变被动排放为主动抽放,能够有效地降低前方的瓦斯压力和回风流的瓦斯浓度,并起到很好的防突作用。

此方法在己$_{15-16}$—24110 机巷掘进过程中应用。该巷道设计长度 984 m,巷道标高－685～－610 m,地面标高＋280～＋400 m。煤层为己$_{15-16}$合层,厚度一般为 3.3～4.0 m,平均厚度为 3.8 m 左右,倾角 8°～16°。煤层在该标高瓦斯压力为 3.0 MPa,瓦斯含量为 15 m^3/t 左右,具有突出危险性。经过现场测定,钻孔抽放的混合流量能够达到 10 m^3/min,抽放浓度最高达到 20%,平均浓度 15%,抽放纯流量 1.5 m^3/min。

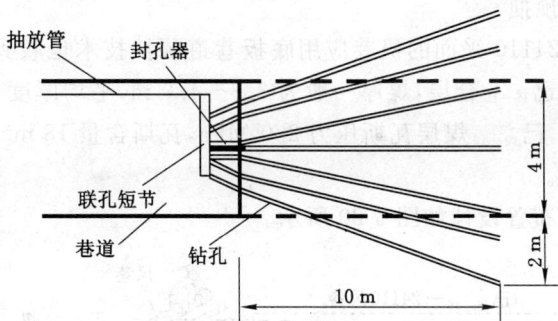

图 5-18 超前排放钻孔布置示意图

在实行抽放前,工作面在掘进过程中,经常出现打排放钻孔时有突出预兆及爆破后瓦斯明显增高等现象。执行抽放后,工作面掘进过程中异常现象明显减少,回风流瓦斯浓度始终保持在 0.5% 以下,没有发生过煤与瓦斯突出。

5.3.4.4 掘前预抽

掘前预抽主要是在有突出危险的掘进煤层井巷之前,对设计的井筒和巷道位置及其周围的煤层进行条带性抽放瓦斯,使未采巷道的位置的煤层消除突出危险性,以保证在掘进时安全施工。

（1）高位巷打钻抽放

平煤十矿戊$_{9-10}$煤层突出严重,曾发生突出 18 次,其上部 1.8~5.3 m 有一戊$_8$邻近煤层,煤厚 0.8 m,无突出危险性。据此,决定在戊$_{9-10}$煤巷掘进之前,沿戊$_8$煤施工一条半煤岩巷道,自此巷道内向戊$_{9-10}$将要掘进的煤体打钻孔预抽,钻孔要控制到戊$_{9-10}$掘进巷道两侧的 8 m 以内煤层。通过一定时间的预抽,使钻孔控制范围内的煤体瓦斯压力、瓦斯含量降到突出临界值以下,再进行戊$_{9-10}$煤层掘进,以实现掘进工作安全高效,如图 5-19 所示。

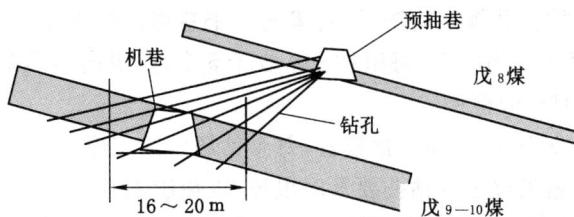

图 5-19 高位巷预抽钻孔平面布置示意图

（2）底板巷预抽

在己$_{15-16}$—24110采面的机巷应用底板巷道预抽技术也收到较好效果。工作面所采煤层为己$_{15-16}$合层,煤厚一般为3.3～4.0 m,平均厚度3.8 m左右,煤层倾角8°～16°。己$_{15-16}$煤层瓦斯压力2.0 MPa,瓦斯含量18 m^3/t以上,具有较大的突出危险性。

底板预抽巷布置设计如图5-20所示。

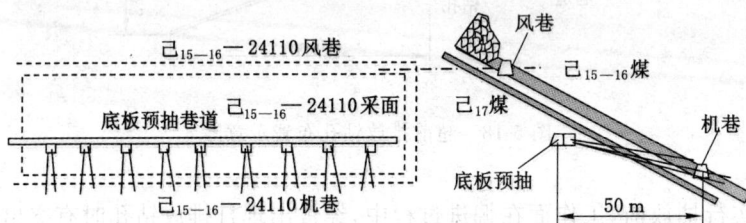

图5-20　底板预抽巷布置示意图

① 该巷位于采面中部,与机巷平距50 m,于己$_{17}$底板以下3 m沿工作面走向施工。

② 底板预抽巷道断面8.7 m^2。

③ 巷道每施工30 m,于下帮施工一个钻场,钻场规格为:5 m(宽)×3 m(深)×2.5 m(高)。

④ 采用SGZ—ⅢA型钻机,随工作面开拓,自外向里逐个钻场施工钻孔,每个钻场布置钻孔30个,分3排呈扇形布置,孔底间距3 m,每个钻场控制己$_{15-16}$—24110机巷全断面30 m走向范围。

⑤ 预抽钻场要超前于机巷掘进200 m以上,即保证有2个月以上的预抽时间。

⑥ 机巷预抽钻孔施工完毕后,自里向外于巷道内向上方己$_{15-16}$煤层施工钻孔进行预抽,每3 m为一组,每组钻孔不少于5个,呈纵向扇形布置,控制采煤工作面倾向60～150 m范围。

⑦ 底抽巷安设ϕ300 mm抽放管,每个钻场设置三通。

⑧ 机巷已施工过去的钻孔要及时甩掉,以免影响其他钻孔的抽放效果。

钻孔控制范围内煤体瓦斯预抽率可达到25%以上,具有较好的防突效果。后期的预抽是为回采防突服务,可有效解决工作面中部抽放空白带的问题。

5.3.5 采空区瓦斯抽放

采煤工作面的采空区或老空区积存大量瓦斯时,往往被漏风带入生产巷道或工作面造成瓦斯超限而影响生产。如峰峰煤矿,大煤(厚 10 余米)顶分层回采时,采煤工作面上隅角瓦斯积聚经常达 2.5%～10%,进行工作面采空区的抽放后,解决了上隅角的瓦斯积聚问题。

采空区瓦斯涌入工作面不仅威胁安全生产,而且会酿成爆炸事故。如 1994 年 3 月,辽源矿务局梅河矿三井因采煤工作面顶板大面积来压,采空区大量涌出瓦斯,风流通过一个小绞车硐室,绞车开动,钢丝绳摩擦金属支架发生火花引起爆炸。

抽放采空区瓦斯的目的是抑制其涌向工作面及其回风流中,防止瓦斯积聚和爆炸。

采空区瓦斯抽放可分为对已封闭式采空区的抽放、采空区的半封闭式抽放和生产开放采空区抽放。

目前,生产采空区瓦斯抽放方法主要有埋管抽放、风机引排、钻孔抽放、巷道抽放等方法。当采空区瓦斯涌出量大于 $3～4 \ m^3/min$,应采用采空区瓦斯抽放方法。

抽放采空区瓦斯时,必须编制内容详细的防止自然发火的安全措施,必须坚持每旬采样测定分析一次。一旦出现发火征兆必须停止抽放,采取有效技术措施,杜绝自然发火。

5.3.5.1 封闭采空区瓦斯抽放

封闭采空区,尤其是刚封闭采空区会不断涌出和积存大量瓦斯,其压力不断上升,对相邻的生产工作面是一种潜在威胁。因封闭采空区瓦斯外泄而酿成爆炸和窒息事故的案例不胜枚举。如 2003 年淮北芦岭矿"5·12"瓦斯爆炸、致死 86 人的事故就是由于采空区瓦斯意外涌出而导致的。

封闭采空区瓦斯抽放的目的,一是防止采空区瓦斯积聚、外泄;二是抽采利用。

已封闭式抽放又可分为密闭＋埋管抽放和钻孔式抽放钻孔等方式。半封闭采空区的抽放是在采空区上部开掘一条专用瓦斯抽放巷道(如鸡西矿务局城子河煤矿),在该巷道中布置钻场向下部采空区打钻,同时封闭采空区入口,以抽放下部各区段采空区中从邻近层涌入的瓦斯。

采空区抽放时要及时检查抽放负压、流量、抽出瓦斯的成分与浓度。抽放负压与流量应与采空区的瓦斯量相适应,才能保证抽出瓦斯中的甲烷浓度。如果煤层有自燃危险,更应经常检查抽出瓦斯的成分,一旦发现异常征兆,应立即停止抽放,采取防止自燃的措施。

5.3.5.2 回风尾巷抽放瓦斯

晋城煤业集团成庄矿 3308 综放工作面应用尾巷抽放瓦斯处理采空区瓦斯收到一定效果。如图 5-21 所示,工作面开采的是 3# 煤层,煤层平均厚度为 6.52 m。3308 工作面采用一进二回的"U+L"形通风系统,采面配风 1 400~1 800 m³/min 左右,绝对瓦斯涌出量为 10~18 m³/min。

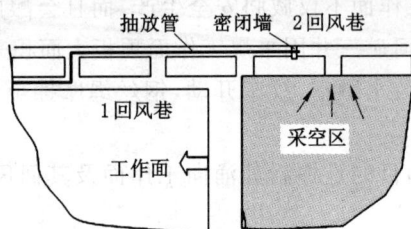

图 5-21 尾巷抽放采空区瓦斯布置

两条回风巷每隔 30 m 左右掘联巷。在第二条回风巷建密闭墙,抽放管一端插入密闭墙内,另一端与第一条回风巷的矿井抽放管路连通。这样,处理工作面采空区瓦斯有两条通道:第一条是通过靠近工作面的尾巷横川,利用尾巷排放采空区瓦斯;第二条是抽出采空区瓦斯,排至地面。

采空区瓦斯抽放负压为 2 kPa,抽放瓦斯浓度为 7.4%,抽放瓦斯量为 3.7 m³/min。管路内瓦斯浓度保持在 5% 左右,抽放混合量保持在 65 m³/min 左右,抽放状态较为稳定。

5.3.5.3 采空区埋管抽放

采煤工作面瓦斯来源分析表明,高瓦斯工作面的采空区瓦斯涌出量可占总量 40%~60%,因此,采空区瓦斯抽放是降低采煤工作面瓦斯涌出量,提高采面产量,保证安全生产的重要技术手段。特别是对低透气性煤层,预抽效果差,采空区瓦斯抽放显得更为重要。

埋管抽放是抽放采空区瓦斯的常用方法之一。如图 5-22 所示,随工作面的推进,在风巷处向采空区埋入抽放管路,每隔 30~50 m 在管路上设一吸气口。由于抽放管处于冒落带,抽放浓度低,一般在 5%~15% 之间,瓦斯纯流量低,对采空区瓦斯抽放效果不显著。目前采空区抽放很少单独采用埋管抽放,主要作为辅助措施采用。

埋管抽放的具体方法和要求如下:

① 抽放管内径不小于 300 mm;

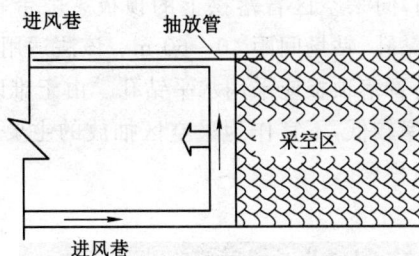

图 5-22　埋管抽放采空区瓦斯

② 抽放末端(进气端)插入末架立柱以里 3 m 以上并贴顶板;

③ 结合上封下堵(工作面下端挂帘>20 m)措施,末架到上帮间隙封严;

④ 通过每个采区泵站安设的 2BEC—42 型抽放泵进行抽放;

⑤ 在泵站安设浓度、流量、负压测定装置。

使用效果:在平煤十矿戊$_{9—10}$—20190 采面实施期间,抽放混合流量 110 m³/min,抽放浓度 5% 以上,抽放瓦斯纯量 5.5 m³/min 以上。

5.3.5.4　高位钻孔裂隙带抽放瓦斯

高位钻孔裂隙带抽放是一种常用的采煤工作面瓦斯治理方法。自风巷下帮或掘斜巷至顶板开平钻场打钻至回采裂隙带内。

工作面回采后,其上覆岩层按破坏程度划分为三个开采影响带,通称垮落带、裂缝带和弯曲或整体下沉带,简称"三带"。在有邻近层瓦斯涌出时,垮落带和裂缝带为瓦斯富积区,是造成采空区瓦斯大量涌出的主要原因。为了减少采空区瓦斯涌出,应用高位钻孔抽放裂隙带瓦斯是行之有效方法之一。因而,掌握垮落带和裂隙带高度,是合理布置高位钻孔、提高抽放效果的关键。

依据《矿井水文地质规程》中"两带"最大高度的经验公式分别为

$$H_f = \frac{100M}{3.3n + 3.8} + 5.1 \tag{5-2}$$

$$H_c = (3 \sim 4)M \tag{5-3}$$

式中　H_f——裂隙带最大高度,m;

　　　H_c——垮落带最大高度,m;

　　　M——累计采高,m;

　　　n——开采分层层数。

此抽放方法在平煤十矿戊$_{9—10}$—20150、戊$_{10}$—20120 外段、己$_{15}$—24020 等采面实施,单钻场抽放瓦斯纯流量最大为 4 m³/min,平均抽放瓦斯纯流量 2.5 m³/min。

（1）在风巷作钻场，向采空区冒落拱上的顶板裂隙带打钻孔，如图 5-23 所示。每个钻场 2～4 个钻孔，钻场间距 40～60 m。该法适用于直接顶较硬、不易冒落的采煤工作面。易冒落顶板应采用水平钻孔。由于难以保证高位钻孔始终处于冒落带之上，抽放率较低，不宜作为采空区抽放的主要措施，可作为辅助措施用来防治上隅角瓦斯积聚。

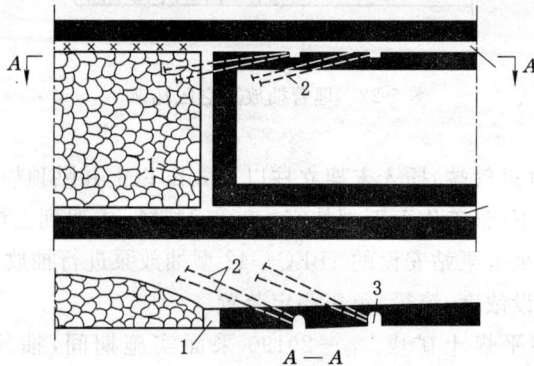

图 5-23　高位钻孔抽放

1——工作面；2——钻孔；3——钻场

（2）顶板水平长钻孔抽放方法。在戊$_{10}$—20120 等采煤工作面应用，如图 5-24 所示。

具体方法是自工作面风巷下帮开口，按 40°上坡腰线施工，穿过戊$_9$ 和戊$_8$ 煤层，待钻场底板穿过戊$_8$ 煤层以后巷道走平作为打钻平台，平台规格 4 m（长）×4 m（宽）×2.5 m（高），钻场没有确定其起坡长度，而只是定为做过戊$_8$ 煤后开始走平，是因为钻场做在戊$_8$ 煤层以上，抽放钻孔都在岩石里不穿煤，防止了煤孔段的卡钻和塌孔，有利于钻孔联网抽放。钻场间距设计为 100 m。

每个钻场布置钻孔 6 个，呈上、下两排布置，下排钻孔距孔底 1 m，上排孔距下排 0.6 m，孔间水平间距 0.5 m。钻孔深 120 m，整个钻孔控制煤层顶板以上 13～25 m，与风巷水平距 12～25 m，钻孔倾角 6°～9°，偏角 0°～9°。

钻孔完工后，用 φ110 mm 钻头扩孔 10 m 深，将 φ89 mm 钢管或塑料管插入，用聚氨酯封孔，然后通过 φ100 mm 脉吸管与风巷 φ300 mm 支管相连，通过采区泵站抽放。

此方法在戊$_{10}$—20120 工作面实施后，瓦斯治理效果显著，使工作面原煤产量达到每月 8 万 t 以上，其中最高月份平均日产达 2 967 t，且适应性强，特别是在具有上邻近层的戊组煤层具有较大推广价值。

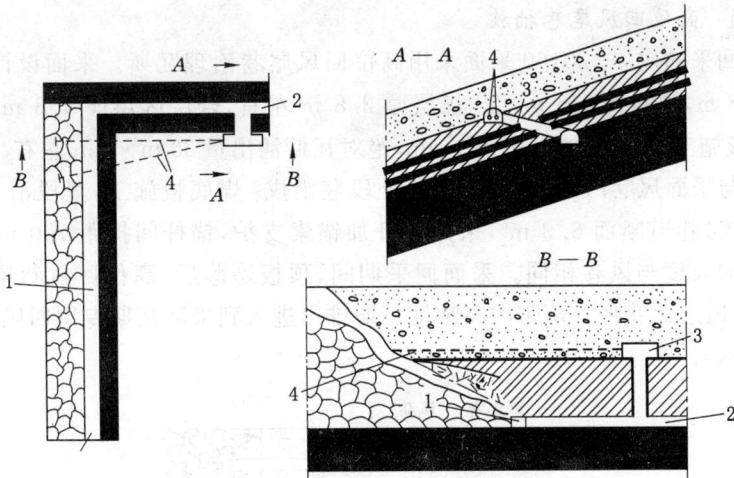

图 5-24 顶板水平钻孔抽放钻孔布置图
1——工作面；2——回风巷；3——钻场；4——钻孔

钻场参数主要包括：钻场内钻孔数、各钻孔间距、各钻孔在空间上的相互关系和相邻钻场的间距等。它们是高位钻孔瓦斯抽放设计的主要内容，也是提高抽放工程效果的基础。

① 钻场内孔数。试验说明增加孔数可以增加抽放量和抽放影响范围，对 70～75 m 长的钻孔，一般可采用 3～4 个孔。

② 同一钻场内钻孔间距。主要是掌握终孔点的间距，根据试验各孔之间，在煤层倾斜方向采用 5 m 左右为宜。过密将造成互相干扰，不能达到增加抽放量的目的。

③ 同一钻场内钻孔深度。试验中比较了同一钻场内各钻孔同一深度和不同深度效果，各孔同一深度抽放效果，明显高于同一钻场内采用不同深度钻孔的钻场。主要是一个钻场同时启动、同时终止，在裂隙带中瓦斯将出现涡流，影响抽放效果。

④ 钻场间距的确定。合理的钻场间距应当是相邻两钻场的钻孔在空间上能重叠，并且前钻场的高浓度终点恰好接续本钻场高浓度的起点，即钻孔空间重叠和抽放接续。

试验结果表明，若按钻孔深度为 70～80 m，钻场间距采用 40 m 左右较为合适。孔深增加或减少应适当调整钻场间距。

⑤ 终孔控制风巷以下 10～25 m,顶板以上 6～8 倍采高的区域。

5.3.5.5 高位回风尾巷抽放

在回采的戊$_{10}$—20160 采面采用高位回风尾巷治理瓦斯。采面设计走向长度 1 848 m,倾斜长 246 m,戊$_{10}$ 煤层厚 2.8 m 左右,合层区煤厚 4.3 m,两巷测戊$_{10}$ 顶板施工。瓦斯含量 16 m^3/min,绝对瓦斯涌出量 25 m^3/min 左右。高位回风尾巷与采面风巷内错 5 m(平距),外段巷沿戊$_8$ 煤底板施工,里段沿戊$_9$ 煤层底板施工,巷道断面 6.3 m^2,采用锚杆加锚索支护,锚杆间排距 700 mm×700 mm,走向长度与风巷相同。采面回采期间,顶板垮落后,高位回风巷尾位于冒落带内,通过此巷将冒落带内高浓度瓦斯排出进入到采区瓦斯专用回风巷(如图 5-25 所示)。

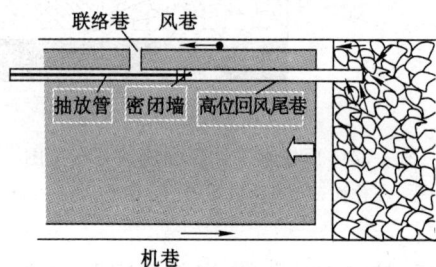

图 5-25 高位回风尾巷通风示意图

通过高位回风尾巷与风巷间的联络巷进行风量和瓦斯浓度调节,使风量控制在 400 m^3/min 以上,瓦斯浓度控制在 2.5% 以下,则高位回风尾巷可解决 10 m^3/min 左右的瓦斯涌出量。

平煤十矿戊$_{9-10}$ 煤层瓦斯尾巷抽放,有效距离达 220 m,即采面推进距离为 40～260 m 位置,最佳抽放距离为 80～140 m 位置,抽放混合流量 90 m^3/min 左右,抽放纯量为 5.6～18 m^3/min,不仅能有效防止自然发火,而且可达到最佳抽放半径和流量,为今后同类煤层开采,利用高位尾巷抽放提供了技术依据。

由于高位尾巷抽放,使得采空区漏风供氧量增大,给自然发火创造了条件,也给矿井防灭火管理增加了一定难度,因此要经常对抽取抽放管内的气体成分(O_2、CO、CO_2、CH_4)进行分析,检测采空区内和上隅角回风温等。一旦发现 CO 或温度呈上升趋势等自然发火征兆时,必须立即停止抽放,采取措施,防止自然发火。

5.3.5.6 风机引排上隅角瓦斯

针对"U"形通风系统采面上隅角瓦斯容易积聚,处理困难的问题,"九五"期间研制成功了无火花风机引排上隅角瓦斯技术和装置。

在戊$_{9-10}$—20150采面回风巷安装了FSD 2X18.5型矿用对旋塑料叶轮压抽式局部通风机,如图5-26所示。引排系统安装在上风巷内,吸风口安设于上隅角支架后方,距切顶线距离$L_{抽}=0.2\sim0.6$ m。吸风口接10 m伸缩骨架风筒,然后接20 m长($\phi500$ mm)铁质风筒,之后连接FSD 2×18.5型抽排瓦斯局部通风机,风机后为600 mm胶质风筒,接至该区瓦斯专用巷回风口内,并安设一台瓦斯传感器,断电浓度为3%。

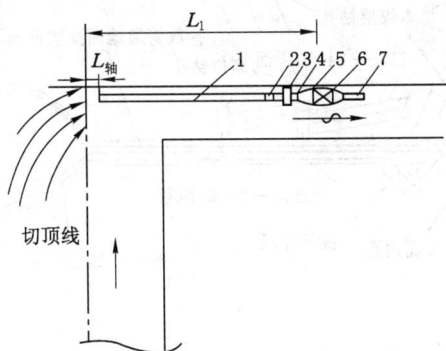

图5-26 上隅角瓦斯引排系统试验布置示意图

1——负压风筒;2——过滤铁丝网;3——钢质风筒;4——瓦斯浓度自动控制装置;
5——过渡风筒;6——无火花抽出式通风机;7——正压风筒
L_1——风机至切顶线的距离;$L_{抽}$——负压风筒端口至切顶线的距离

利用抽排瓦斯局部通风机可使工作面回风流瓦斯浓度比安装前平均降低20%,而且通过控制调节装置,可控制进入通风机和压入端风筒内瓦斯浓度不超过3%,确保了安全生产。风筒吸风口风量在260 m³/min,出风口风量在120 m³/min左右。风机和正压风筒风流中的瓦斯浓度一般为1.2%~1.5%,引排瓦斯为3%~4%,按最大吸风量120 m³/min计算,瓦斯抽排量达3.6 m³/min,满足了治理上隅角瓦斯积聚的需要。

目前,上隅角风机引排技术在平顶山矿区得到了广泛应用。

5.3.5.7 采煤工作面抽采技术集成

对于高瓦斯和有突出危险工作面,有时采用多种抽放技术。如已$_{15}$—24060工作面采用了工作面浅孔抽放卸压带瓦斯、高位钻孔和上隅角埋管抽放采空区瓦斯以及顺层钻孔抽放煤层瓦斯等(如图5-27所示),收到了良好效果。

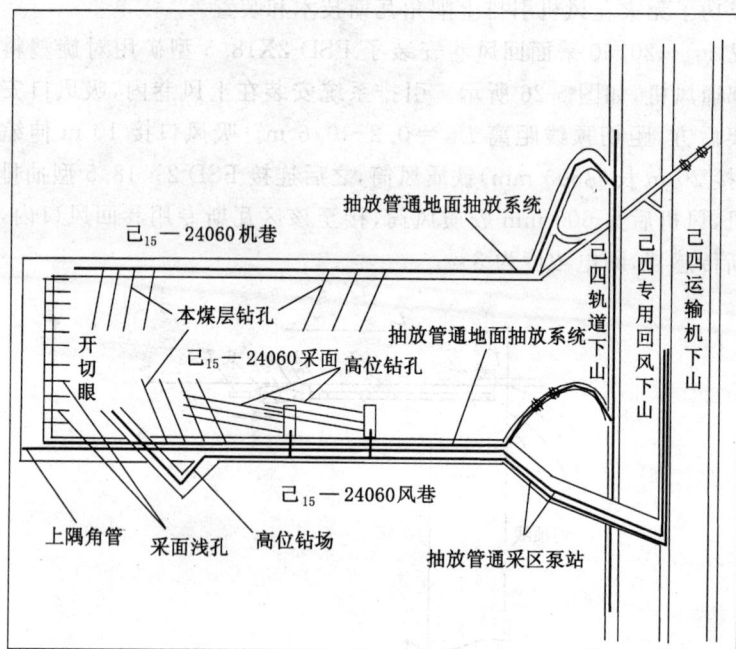

图 5-27　多种方法集成抽放工作面瓦斯

5.4　提高抽放效果的技术措施

5.4.1　影响抽放效果因素分析

提高抽放效果是做好抽放工作的关键。不同的抽放方法,影响抽放效果的因素不同。主要因素有:

① 采用钻孔抽放时,封孔工艺和封孔质量是影响抽放效果的一个关键因素。如果封孔质量不高,造成钻孔漏气,抽放气体短路,就不能形成高的抽放负压,抽放浓度不高,抽放效果就差。提高封孔质量,除了钻孔尽量在坚硬的岩层内开孔,保证开孔规整外,还应保证封孔工艺、封孔材料、封孔长度等符合规定。为了保证封孔质量,目前我们要求封孔长度不小于 5 m。这样,人工封孔显然难以保证质量,特别是采用黄泥、水泥砂浆等材料时,必须要用机械封孔工艺。

② 采用顺层和穿层钻孔抽放时,煤层的透气性、钻孔直径、孔间距、抽放期等对抽放效果影响显著。

③ 钻孔应避免穿过断层。钻孔穿过断层会造成抽放气体的短路。

地质构造如褶皱、断层对钻孔的布置和抽放效果影响很大。褶皱使钻孔很难落在设计的层位和最佳抽放位置上,导致钻孔有效利用长度缩短。钻孔在施工过程中往往难以通过断层,即使通过了,断层带附近钻孔也不能成形,并且断层带往往漏气,影响抽放效果。这些都是现场经常碰到的问题。因此,钻场及钻孔的布置应尽量避开地质构造带。

④ 高位巷道抽放时,抽放巷道布置的层位必须处于裂隙带,偏高或偏低都会造成抽放率降低。

⑤ 采用高位钻孔抽放工作面上隅角上部裂隙带瓦斯时,钻孔布置和孔底高度是否合理,对抽放效果影响较大。但裂隙带高度受采高影响外,还受工作面推进速度影响。一般来说,采高越大,顶板冒落带的高度越大,钻孔布置的位置也应高一些。工作面推进速度对钻孔布置的影响也不可忽视。众所周知,工作面基本顶总要经历一个下沉变形、产生裂隙、断裂冒落的过程。岩性一定,其冒落步距(周期来压步距)也基本确定。如果工作面推进较慢,该过程的时间要长一些,裂隙比较发育,钻孔布置在裂隙带内,也能抽到大量瓦斯;反之,若工作面推进过快,基本顶很快断裂冒落,能产生裂隙的上覆岩层裂隙带离工作面已较远。因此,抽放钻孔应尽量布置在冒落带的顶部。现场证实,推进速度较快的综采工作面(采高 3 m 左右),垂直方向 8～12 m 是抽放的最佳区域;而月进度在 60 m 以下的炮采面(采高 2 m 左右),钻孔在 20～25 m 的高度仍能有效抽放瓦斯。

⑥ 采用钻孔抽放时钻孔的数量和直径直接影响抽放效果。钻孔数量与需抽放的瓦斯量、抽放时间和抽放半径有关。总瓦斯涌出量在 20 m³/min 以上的工作面,考虑到最大供风量等因素,抽放率应达到 30%～50%,即抽放量不得小于 6 m³/min。而在抽放期内每个钻孔的抽放量是有一定规律的。钻孔布置设计不符合实际,如钻孔的间距大于抽放半径,造成死角;钻孔施工不能达到预定的设计深度和位置等都会影响抽放效果。

⑦ 抽放方法选择合理性。抽放方法要与瓦斯源、抽放目标和环境条件相适应,才能收到较好的抽放效果。

⑧ 抽放系统。影响抽放效果的另一关键因素是抽放系统,即抽放设备、管径以及抽放负压等因素。要能有效地抽出采空区瓦斯,必须要有一定的抽放能力作保证。抽放系统的配置,首先要根据需抽放的瓦斯量和预见的抽放浓度确定抽放泵的流量,其次是根据钻孔的位置(冒落带或裂隙带)和孔径及抽放泵的流量、真空度选择抽放管路、管径。如果配置得当,既能提供足够的孔口负压(必须远大于工作面上端的通风负压)又有较大的流量,抽放效果就好;否则,如果配置不尽合理,抽放效果就要受到影响。某矿一个工作面[14]采用 2 台 2BE1—203抽放泵抽放时,抽放量为 9～12 m³/min,改用地面大系统抽放后,井下抽放钻孔

数量、孔口负压均基本未变,抽放量却达到 16～21 m³/min。通过现场测定,一般认为:如果钻孔孔径为 108 mm,钻孔落点在冒落带或冒落带与裂隙带的接合部,则孔口负压不宜低于 11 000 Pa,其他情况则为 20 000～28 000 Pa 效果较好;抽放泵流量(实际流量)不应小于需抽放瓦斯量的 2 倍。

抽放负压增加到一定数值后,也不可能再提高抽放效果,我国一般为几千帕,国外多为 13.3～26.6 kPa。

5.4.2 提高煤层透气系数的技术措施

对透气性低煤层,提高其透气性是抽放瓦斯的技术关键。从 20 世纪 60 年代开始,试验研究了多种提高透气性和强化抽放开采煤层瓦斯的方法,如煤层注水、水力压裂、水力割缝、松动爆破、大直径(扩孔)钻孔、网格式密集布孔、预裂控制爆破、交叉布孔等。在这些方法中,多数方法在试验区取得了提高瓦斯抽放量的效果。由于煤矿煤层赋存和地质条件差,大范围推广应用需要试验。

5.4.2.1 卸压抽放

对煤层原始透气性系数较小难以抽放的煤层,卸压抽放是提高抽放率的方法之一。

煤层卸压的方法主要是通过邻近层和邻近区域的煤层开采实现,如保护层开采后对被保护层卸压。

5.4.2.2 深孔控制爆破增透

(1) 深孔预裂爆破消突机理

深孔控制爆破增透技术是向待掘进的应力集中和有突出危险区的煤层打几个钻孔,在钻孔中充装一种低爆速、高威力、高安全性的预裂爆破专用药柱。

预裂爆破专用药柱为三级煤矿炸药,由安徽理工大学 2003 年开始研制,经多年的应用实践和改进,增透效果显著,其性能如表 5-10 所列。

表 5-10　　　　　三级煤矿深孔预裂专用爆破药柱的性能

性　能	指　标
密　度	0.9～1.1 g/cm³
装　药　直　径	32～42 mm
爆　速	2 300～2 900 m/s
威　力	≥250 mL
猛　度	≥10 mm
殉　爆	≥3 cm
传　爆　长　度	≥40 m

炸药在钻孔内爆炸后产生的应力波和大量高温高压爆生气体形成三个区域,如图 5-28 所示。

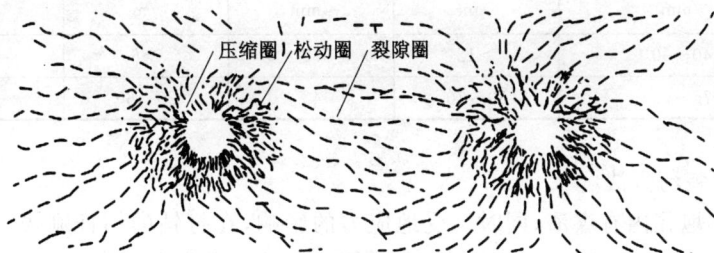

图 5-28　爆破效果示意图

① 爆破近区(压缩圈)。形成压缩粉碎区,使煤体的固体骨架发生变形,形成爆炸空腔。

② 爆破中区(松动圈)。即紧接冲击波作用的爆破近区以外部分,产生径向压应力和切向拉应力的破坏作用,其爆生气体产生准静态应力场,并楔入空腔上已经张开的裂隙中,使裂隙进一步扩展,进而在爆破孔周围形成网状裂隙体。

③ 爆破远区(裂隙圈)。由于煤体与顶板和底板波阻抗的不同而形成反射拉伸波,促使径向裂隙进一步扩展,大大地增加了裂隙区的范围。这些裂隙疏通了瓦斯气体的流通渠道。

因此,深孔预裂爆破使煤体松动,增加了煤层的透气性,提高了瓦斯抽放作用效果;爆破后集中应力区向其周边移动,使工作面附近的煤层失去突出危险性。

(2)钻孔装药结构与参数

三级煤矿深孔预裂专用爆破药柱的装药,要求只在爆破钻孔煤层段装药(石门揭煤时),装药结构见图 5-29,装药参数见表 5-11。

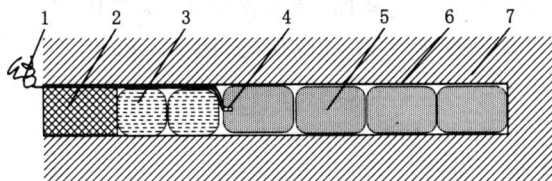

图 5-29　装药结构示意图

1——爆破母线;2——黄泥炮泥;3——水炮泥;4——雷管;

5——炸药管;6——炮孔;7——煤层

表 5-11 三级煤矿深孔预裂专用爆破药柱装药参数

钻孔直径 /mm	炮孔深度 /m	装药直径 /mm	装药长度 /m	封孔长度 /m
40～50	>12	32	>6	>6
75～93	30～70	42	20～60	>10

（3）装药方法

由于炮孔内有煤渣,同时又受地应力的影响,在打钻的钻杆刚拔出时,立即用专用的探孔管探孔,并根据所探炮孔的深度确定装药长度。将三级煤矿深孔预裂专用爆破药柱管按其自身螺纹一米一米对接地装入炮孔中,最后装上用两发同段煤矿许用电雷管和爆破母线做的炮头。

（4）封孔方式

装药完毕,先装入水炮泥(不装也可以),随即采用压风喷泥封孔器将略潮的黄土(粒度为 5 mm 以下)封孔,总封孔长度不得少于 10 m。

（5）爆破方法

分别将两发雷管引出的爆破母线在炮孔外串联,按煤矿爆破有关安全规程爆破,具体操作由矿爆破作业队负责。

5.4.2.3　水力压裂(挤)

水力压裂是将大量含砂的高压液体(水或其他溶液)注入煤层,迫使煤层破裂,产生裂隙后砂子作为支撑剂停留在缝隙内,阻止它们的重新闭合,从而提高煤层的透气系数。注入的液体排出后,就可进行瓦斯的抽放工作。龙凤矿北井、阳泉、红卫等矿都曾做过这种方法的工业试验。例如红卫里王庙矿四层煤,一般钻孔的涌出量最大为 0.3 m³/min,压裂后增至 0.44～4.8 m³/min。

5.4.2.4　水力割缝

水力割缝是用高压水射流切割孔两侧煤体(即割缝),形成大致沿煤层扩张的孔洞与裂缝。增加煤体的暴露面,造成割缝上、下煤体的卸压,提高它们的透气系数。鹤壁四矿在硬度为 0.67 的煤层内,用 8 MPa 的水压进行割缝时,在钻孔两侧形成深 0.8 m,高 0.2 m 的缝槽,钻孔百米瓦斯涌出量由 0.01～0.079 m³/min,增加到 0.047～0.169 m³/min。

5.4.2.5　水力扩孔

采用高压水射流进行水力扩孔的原理是,在已施工的煤孔中,采用旋转的高压水射流,对钻孔周围煤体进行切割,钻孔直径扩大数倍,增大煤体暴露面积,扩大钻孔卸压范围,增加钻孔抽采瓦斯半径,提高预抽瓦斯效果。扩孔效果如图 5-30 所示。

扩孔的装备如图 5-31 所示。高水射流扩孔器,由高压水射流扩孔头、高压水泵、高压钻杆等组成。

在中梁山、芙蓉、松藻、淮南、窑街和石炭井的试验和应用表明:利用水力扩孔,穿层钻孔的孔径扩大 2.5～5.7 倍,钻孔瓦斯抽采量提高 2 倍以上。

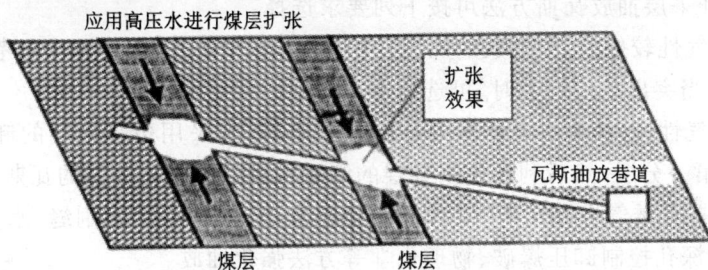

图 5-30　高压水射流水力扩孔

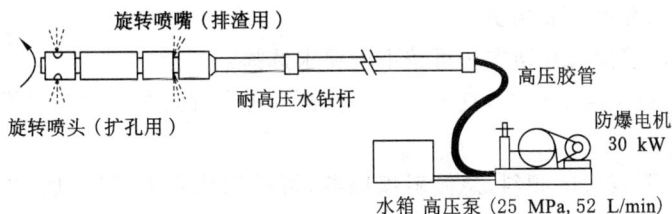

图 5-31　高压水射流水力扩孔装备

5.4.3　选择合适的方法

选择抽采瓦斯方法,应根据煤层赋存条件、瓦斯来源、巷道布置、瓦斯基础参数、瓦斯利用要求等因素进行技术经济比较后确定,并应符合下列要求:

① 选择的抽放瓦斯方法应适合煤层赋存状况、开采巷道布置、地质条件和开采技术条件。

② 抽放方法的选取应根据瓦斯来源及涌出构成进行,应尽可能采用综合抽放瓦斯方法,以提高抽放瓦斯效果。

③ 尽可能利用开采巷道抽放瓦斯,减少井巷工程量,实现抽放巷道与开采巷道的结合,必要时可设专用抽放瓦斯巷道。

④ 选择的抽放瓦斯方法应有利于抽放巷道的布置与维护。

⑤ 选择的瓦斯抽放方法应有利于提高瓦斯抽放效果,降低抽放成本;抽放

的瓦斯量和浓度尽可能满足利用要求。

⑥ 选择的瓦斯抽放方法应有利于钻场、钻孔的施工和抽放系统管网的敷设,有利于增加抽放钻孔的瓦斯抽放时间。

选择抽放方法应因地而异。选择的主要原则是:

(1) 开采层抽放瓦斯方法可按下列要求选择:

① 透气性较好、容易抽放的煤层,宜采用本层预抽方法,一般优先考虑顺层布孔方式;当突出危险性大时,可选择穿层布孔方式。

② 透气性较差,有一定倾角的分层开采煤层,宜采用边采边抽的卸压油放方法开采第一分层,然后利用先采分层的卸压作用抽放未采分层的瓦斯。

③ 单一低透气性高瓦斯煤层,可选用密集网格钻孔、水力割缝、水力压裂、松动爆破、深孔控制卸压爆破、物理化学等方法强化抽放。

④ 煤巷掘进瓦斯涌出量较大的煤层,可采用边掘边抽或先抽后掘的卸压抽放方法。

⑤ 平煤十矿戊组煤层开采时,只要煤层瓦斯含量在 $10\sim15$ m^3/t 范围内,适合采用交叉钻孔预抽方式。

(2) 邻近层抽放瓦斯方法可按下列要求选择:

① 开采近距离煤层群,宜采用从工作面巷道向邻近层打穿层钻孔抽放瓦斯的方法。

② 层间距较大的倾斜、急倾斜煤层群,可采用从开采层顶(底)板岩石巷道打钻孔抽放瓦斯的方法。

(3) 埋藏浅、瓦斯含量高的厚煤层或煤层群,有条件时可采用地面钻孔抽放瓦斯的方法。

(4) 采空区抽放瓦斯应符合下列要求:

① 老采空区应选用全封闭式抽放方法。

② 现采空区可根据煤层赋存条件和巷道布置情况,采用顶(底)板钻孔法、有煤柱及无煤柱斜交钻孔法、插管法等抽放方法,并应采取措施,提高抽放浓度。

③ 对有煤层自燃倾向的采空区,必须采取预防煤层自燃的措施。

(5) 对矿井瓦斯涌出来源多、分布范围广、煤层透气性差、煤层赋存条件复杂的矿井,应采用多种抽放方法相结合的综合抽放方法。

但值得注意的是,无论选择何种方法,一定要注意消除工作面抽放空白带,降低瓦斯涌出量,杜绝回采过程中的突出事故。

5.4.4 预抽瓦斯的抽放半径及其影响因素

增大瓦斯预抽半径是提高抽放效果措施之一。预抽钻孔的抽放半径是确定钻孔间距、合理布置钻孔的主要依据。

钻孔有效抽放半径是指在规定的时间内,该半径范围内的瓦斯压力和含量降低到容许值。

(1)煤层抽放钻孔有效半径影响因素

钻孔的抽放半径取决于煤层的透气性系数 λ、抽放时间 T、预抽有效指标(降低瓦斯压力 p/原始压力 p_0、降低瓦斯含量 W/原始含量 W_0)、抽放负压 H 和钻孔直径 D 等因素,即

$$R = f(\lambda, T, H, p/p_0, W/W_0, D)$$

当煤层和钻孔直径一定时,取决于负压和抽放时间。但是,负压也是有限的,太大容易漏气和造成放工管理上的困难,故一般来说,负压也是一定的。

图 5-32(a)为 $\lambda = 7.2 \times 10^{-3}$ m²/(MPa²·d)(属难以抽放煤层)条件下,在不同抽放时间 T 时,钻孔周围瓦斯压力与其原始瓦斯压力之比 p/p_0 与抽放半径的关系。从图中看出:随着远离钻孔,其瓦斯压力越来越接近原始压力值;随着抽放时间的增加,抽放半径也逐渐扩大,但是,抽放半径增大的速度越来越小;到某一临界时间 T_j 时,抽放半径已接近极限值,此后,再延长抽放时间是无意义的。从图 5-32(b)看出,煤层透气系数越低,其抽放半径越小,$\lambda < 10^{-3}$ m²/(MPa²·d)的煤层如不采取增加透气性措施不宜采用钻孔抽放,因为其有效抽放半径太小。综上可知,只有确定了抽放时间、最大允许瓦斯压力和煤层透气系数(或钻孔瓦斯流量衰减系数)之后,才能确定钻孔的有效抽放半径(事先应实测图 5-32 之曲线,供设计用)。

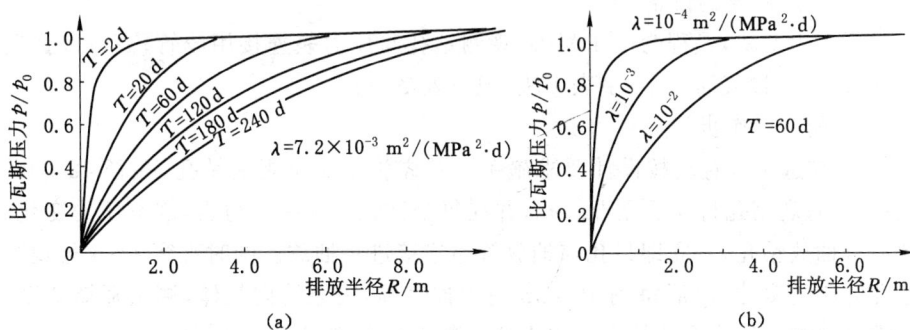

图 5-32　抽放时间和煤层透气性系数不同时比瓦斯压力与抽放半径关系

(a) 抽放时间不同时比瓦斯压力 p/p_0 与抽放半径关系;

(b) 煤层透气性系数不同时比瓦斯压力 p/p_0 与抽放半径关系

根据徐三民对天府刘家沟矿煤层考察[15],原始瓦斯压力为 6.4 MPa,瓦斯

含量为 18.6 m³/t,透气性系数为 0.028 5 m²/(MPa² · d),坚固性系数为 0.1~0.7,孔隙率为 6.25%,预抽瓦斯后瓦斯压力为 0.6 MPa,有效抽放半径与时间关系为

$$R = 0.021\ 3T^{0.750\ 8}$$

（2）煤层抽放钻孔有效半径测定

① 抽放钻孔影响半径的测定方法

钻孔抽放影响半径采用负压法进行测定。具体方法是,如图 5-33 所示,在平煤十矿戊₉—20180 偏外巷距离迎头 200 m 做一个钻场,距顶板 2.0 m 的煤层内与煤壁垂直、沿煤层倾斜方向依次布置 5 试验钻孔组成,其中 4 个观测孔和 1 个抽放孔。观测孔布置在抽放钻孔的两侧,距离抽放钻孔分别为 0.6 m、0.9 m、1.2 m、1.5 m。抽放钻孔孔径 89 mm,孔深 10 m,观测钻孔孔径 42 mm,观测钻孔深度 7 m。钻孔使用聚氨酯封孔。抽放钻孔封孔后与巷道内的抽放管路连接,并设置三通,用于测定钻孔瓦斯浓度。

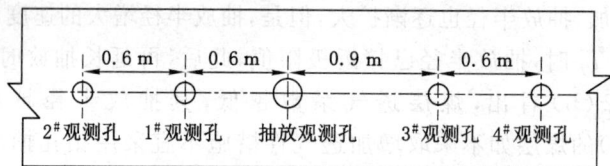

图 5-33 抽放测孔有效影响半径测定钻孔布置图

② 测定需要的设备

压力表 6 块,量程为 0.4 MPa;观测钻孔与压力表连接用胶管;高浓度瓦斯检测仪 1 台,抽气筒 1 个;手表 1 块,记录表格一套。

③ 测定操作步骤

a. 在选定位置时按设计要求施工。首先施工 4 个观测钻孔,孔径 42 mm,孔深 7 m;观测孔打完后立即封孔,并在每个钻孔上安装压力表,观测压力变化。随后打抽放钻孔,并立即封孔与抽放管路连接进行抽放。同时观察 1~4 号观测钻孔的压力变化,之后每隔 10 min 使用抽气筒,吸取管内气体,测定瓦斯浓度,并观察观测孔压力变化情况。以上所有数据填写到观测记录表中。

b. 试验钻孔的观测时间不少于 3 h,当观测孔压力出现明显衰减后,可以终止测定。

④ 测定结果分析

由测定数据可以看出,在打完抽放钻孔并联网抽放后,4 个观测孔内的瓦斯压力在 2 h 内都降到了零,可以认为,4 个观测孔都处于抽放钻孔的影响范围之

内，也就是说，$\phi89$ mm 钻孔在戊组煤中的抽放影响半径在 2 h 内可以达到 1.5 m。

5.5 抽放系统

抽放系统的工作状态对提高抽放效果至关重要。

抽放系统可分为地面固定系统、井下固定和移动抽放系统三种。凡符合下列情况之一的，必须建立地面固定瓦斯抽采系统：

① 开采有煤与瓦斯突出危险煤层的。

② 瓦斯抽采系统设计抽采量不小于 5 m/min(纯量)。

地面固定系统适用于抽放量大、抽放地点多的矿井；井下固定和移动抽放系统适用于抽放地点少或固定系统不能满足需要的采区。

不符合建立固定抽放系统的可建立井下抽放系统；当地面抽采泵产生的负压不能满足要求时，可在井下安设瓦斯抽采系统，与地面瓦斯抽采系统串联工作。

抽放系统的工作状态取决于抽放系统设计、安装和维护。

5.5.1 抽放系统工程设计概述

（1）系统组成

抽放瓦斯所用设备，主要有瓦斯泵、管道、流量计以及安全装置等。抽放系统的结构如图 5-34 所示。

（2）设计任务与设计说明书

设计的主要任务是：地面泵站选址、井下抽放管路布置、计算抽放量、计算管道直径和系统总阻力、抽放泵选型。

抽放瓦斯工程设计说明书主要包括：抽放瓦斯工程设计、抽放瓦斯工程机电设备与器材清册(设备名称、型号、规格、数量等)、抽放瓦斯工程设计概算书、施工图纸等四个部分。其中工程设计部分主要内容有：

① 矿井概况。包括矿井生产和地质简况、通风和瓦斯涌出情况以及瓦斯基础参数等。

② 抽放瓦斯。包括抽放瓦斯的必要性和可能性、抽放方法的选择、钻孔布置和施工方法、抽放量的设计、瓦斯管路的选择与安装系统、瓦斯泵的选型等。

③ 瓦斯泵站。包括瓦斯泵房、设备安装、监测与安全装置、修配厂房和装备、给排水系统、厂房的采暖和通风等。

④ 供电系统及设备。包括井下和地面供电设备的选型和供电方法。

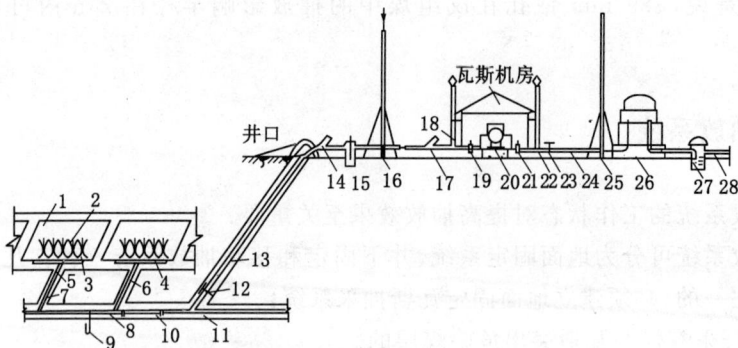

图 5-34　矿井抽放瓦斯与利用安全设施示意图

1——井下抽放瓦斯区;2——瓦斯钻孔;3——瓦斯钻场;4——钻场分支管路;

5——抽放区支管;6——抽放区流量计;7——抽放区控制阀门;

8——抽放瓦斯主管路;9——简易自动放水管;10——抽放主管控制阀门;

11——放水器;12——抽放主管路阀门;13——井下抽放主管路;

14——井口简易防爆阀;15——地面瓦斯管路放水器;

16——瓦斯泵入口管路附近避雷器;17——瓦斯泵入口简易防爆阀;

18——瓦斯泵入口放空管;19——瓦斯泵入口管路总阀门;20——瓦斯泵;

21——瓦斯泵出口总阀门;22——瓦斯泵出口管路放空管;

23——瓦斯泵出口管路控制阀门;24——瓦斯泵出口管路流量计;

25——瓦斯泵出口管路附近避雷器;26——瓦斯罐;27——防爆、防回火器;

28——地面瓦斯供应子管系统

⑤ 劳动组织和经济技术指标。包括人员编制、年抽放量、工作制度、建筑规模、用电最大负荷、劳动生产率、占地面积和总投资额等。

（3）设计的基础数据

采掘布局规划、生产接替安排、工作面产量和掘进进尺、抽放系统服务范围（最大流程）与年限;瓦斯储量及可抽量;煤层原始瓦斯压力、煤层平均瓦斯含量、平均残存瓦斯含量、煤的孔隙率、煤对瓦斯吸附常数、煤层透气性系数、瓦斯含量梯度、钻孔瓦斯流量衰减系数、百米钻孔极限自然瓦斯流量、百米钻孔初始瓦斯流量等参数。

（4）抽放系统工程设计内容

抽放系统工程设计的主要内容有:

① 抽放的必要性与可行性论证;

② 管路系统布置优化设计;

③ 抽采量和系统最大阻力计算,设备选型;

④ 抽放方法选择等。

（5）抽采管路系统管路布置

抽采管路系统管路布置应根据矿井开拓部署、井下巷道布置、抽采地点分布等因素确定，尽量避免或减少主干管路系统的改动。

一般从回风井入井，布置在回风系统巷道中，避免管路内溢出的瓦斯流入采、掘工作面及机电硐室内。

管路的敷设应尽量减少曲线，并使其距离尽可能短。

管路宜敷设在矿车不经常通过的巷道（如回风巷道）中。若必须设在运输巷道内，需采取必要的安全措施，如将管路架设一定高度，固定在巷道壁上。

不得将抽放管路和动力电缆、照明电缆及通讯电缆敷设在同一地沟内。

井下瓦斯抽放管网的布置形式具有较大的灵活性，可根据矿井的开拓部署和生产巷道的变化不同而不同。因此，在满足管路系统选择原则的前提下，应视各抽放矿井的具体条件而定。

5.5.2　主要抽采参数计算与设备选型

（1）设计抽采瓦斯范围

抽采系统（主要是抽采泵）在其寿命之内，总是服务一定时期和一定范围的。一般抽采泵的寿命在 15 年左右。因此，抽采设计首先要确定其最大负荷状态下的抽采范围，即要确定在其寿命内的矿井（或抽采系统服务范围）内最大生产能力时期开采煤层。可根据最大生产能力时的采掘布局规划确定。

（2）计算抽采瓦斯储量

设计抽采瓦斯储量是指在设计抽采瓦斯范围内的可采煤层的瓦斯储量、受采动影响后能够向开采空间排放的不可采煤层及围岩瓦斯储量之和，可按下式进行计算：

$$W = W_1 + W_2 + W_3 \tag{5-4}$$

式中　W——设计抽采范围内的瓦斯储量，m^3；

　　　W_1——可采煤层的瓦斯储量，m^3；

　　　W_2——受采动影响后能够向开采空间排放的各不可采煤层的瓦斯储量，m^3；

　　　W_3——受采动影响后能够向开采空间排放的围岩瓦斯储量，m^3。

$$W_1 = \sum_{i=1}^{n} A_{1i} X_{1i} \tag{5-5}$$

式中　A_{1i}——矿井可采煤层 i 的资源量，t；

X_{1i}——矿井可采煤层 i 的瓦斯含量，m^3/t。

$$W_2 = \sum_{i=1}^{n} A_{2i} X_{2i} \tag{5-6}$$

式中　A_{2i}——受采动影响后能够向开采空间排放的不可采煤层 i 的资源量，t；

　　　X_{2i}——受采动影响后能够向开采空间排放的不可采煤层 i 的瓦斯含量，m^3/t。

$$W_3 = K(W_1 + W_2) \tag{5-7}$$

式中　K——围岩瓦斯储量系数，一般取 $K=0.05\sim0.10$；当围岩瓦斯很小时，可取 $W_3=0$；若含瓦斯量较多时，可按经验取之或实测确定。

（3）抽采量计算

设计瓦斯抽采量可根据预测的矿井瓦斯涌出量和确定的矿井瓦斯抽采率计算，也可根据在抽采量最大时期各个抽采区选用的瓦斯抽采方法及其抽采率分别计算抽采量后汇总。原则上要保证在现有矿井通风能力条件下，抽采量能保证矿井安全生产需要，并使抽采量保持相对稳定。

抽采率取决于煤层瓦斯抽采难易程度、选用的抽采方法和抽采技术水平。也可参照邻近生产矿井或条件类似矿井数值选取。

瓦斯可抽量是指在瓦斯储量中在当前技术条件下能被抽出的最大瓦斯量，其计算公式如下：

$$W_{抽} = W \cdot K_{可} \tag{5-8}$$

式中　$W_{抽}$——可抽瓦斯量，Mm^3；

　　　$K_{可}$——矿井平均瓦斯抽采率，按本矿和邻近矿经验选取；

（4）系统总阻力计算

① 画出最大抽采量时期的抽采系统管路布置图（立体示意图）。

② 计算抽采系统中各地区的抽采量。

③ 计算抽采系统各段管路的管径。

根据主管、干管、分管、支管中不同瓦斯流量，按下式分别计算管路的管径：

$$D = 0.145 \left(\frac{Q}{v}\right)^{0.5} \tag{5-9}$$

式中　D——管路内径，m；

　　　Q——管路内混合瓦斯流量，m^3/min，各类管路的流量应按照其使用年限或服务区域内的最大值考虑，并有 $1.2\sim1.8$ 的富余能力；

　　　v——经济流速，一般取 $5\sim12$ m/s。

④ 通过比较，确定抽采系统工作的最大负荷时期，即最困难的抽采地区和最大阻力路线。

⑤ 根据最大阻力路线计算抽采系统的最大阻力。

抽采系统的阻力由摩擦阻力和局部阻力组成。

摩擦阻力计算方法:沿最大阻力路线由抽采区向地面逆气体流动方向逐段计算,每段管道的摩擦阻力 h_f 按式(5-10)计算。

$$h_f = (1 - 0.004\,46C)LQ_c^2/(kD^5) \tag{5-10}$$

式中　L——管道的长度,m;

　　　D——管径,cm;

　　　Q_c——管内混合气体(瓦斯与空气)的流量,m^3/h;

　　　C——混合气体中的瓦斯浓度,%;

　　　k——系数,见表 5-12。

表 5-12　　　　　　　　　　　　系数 k 的取值

管径/cm	3.2	4.0	5.0	7.0	8.0	10.0	12.5	15.0	>15.0
k	0.05	0.051	0.053	0.056	0.058	0.063	0.068	0.071	0.072

局部阻力一般不进行计算,而是以管道总摩擦阻力的 10%～20% 作为局部阻力。

沿程各段的摩擦阻力和局部阻力累加起来即为整个系统的总阻力。管道的总阻力 h_R 为

$$h_R = (1.1 \sim 1.2)\sum h_{fi} \tag{5-11}$$

式中　h_{fi}——i 段管道的摩擦阻力,Pa。

(5) 设备选型

选择瓦斯泵,首先要选型,然后是选择容量(泵的流量与压力)。

① 瓦斯泵的选型原则

a. 瓦斯泵的流量必须满足矿井抽放期间预计最大瓦斯抽出量的要求;

b. 在抽放期间,瓦斯泵的负压必须能克服管路系统的最大阻力;

c. 瓦斯泵要具备良好的气密性。

② 瓦斯泵分类

目前国内使用的瓦斯泵大致分为三类:

a. 水环式真空泵。负压高、流量小、安全性好,适用于抽出量不大,要求抽放负压高的中小型矿井。

b. 离心式鼓风机。排气量大,负压低,适用于大管径,高流量的较大的矿井。

c. 回转式鼓风机。包括罗茨鼓风机、叶氏鼓风机、滑板式压气机等。管道阻力变化时,风机的流量几乎不变,所以供气均匀,效率高。缺点是噪声大,检修复杂。

③ 瓦斯泵工作参数计算

泵的工作参数包括流量与压力。

a. 泵的抽放负压

瓦斯泵的工作压力除克服管路摩擦阻力与局部阻力损失外,还应有抽采钻孔的孔口抽放负压,所以抽放泵负压为

$$H_p = (h_R + H_h + H_u)k \qquad (5-12)$$

式中 H_p——泵的额定抽放负压,kPa;

$\quad\quad h_R$——管路沿程总阻力(入、出泵两侧管路),kPa;

$\quad\quad H_h$——钻孔孔口抽放负压,kPa;

$\quad\quad H_u$——用户灶具出口压力,kPa;

$\quad\quad k$——泵的备用系数,取 $k=1.1\sim1.2$。

b. 瓦斯泵的流量计算

瓦斯泵的流量可用式(5-13)计算:

$$Q = \frac{1\,000Q_c k_Q}{C\eta} \qquad (5-13)$$

式中 Q——瓦斯泵的额定流量,m^3/min;

$\quad\quad Q_c$——困难时期最大抽放量,m^3/min;

$\quad\quad C$——泵入口处瓦斯浓度,%,取 $C=60$;

$\quad\quad \eta$——泵的机械效率,%;

$\quad\quad k_Q$——抽放量备用系数,取 $k_Q=1.1$。

根据瓦斯泵的工作参数,对照产品目录,择优进行设备选型。

5.5.3 抽采系统参数监测

目前,随着计算机、网络和电子技术发展,瓦斯抽放系统均安装自动监控系统,对其工作参数和运行状况进行全面的监测,是保证系统正常、安全运行的必要条件。瓦斯抽放监控系统产品较多,如 KJ90 型全自动瓦斯抽放监控系统、KJ70N 型自动瓦斯抽放监控系统等。

瓦斯抽放系统需监控的工作参数主要包括:瓦斯泵的工况参数,抽放管道内瓦斯浓度、气体压力、流量、温度、一氧化碳、水位等参数;瓦斯抽放泵的开停状态,并记录开停时间,及时掌握设备运行情况;用水冷却的有断水保护控制功能,在无循环冷却水的情况下自动停止真空泵运行,以保证设备良好运行,避免因缺

水造成设备损坏。

一般系统具有实时显示、停电报警、数据储存、报表、打印功能和联网功能。监控系统的结构如图 5-35 所示。

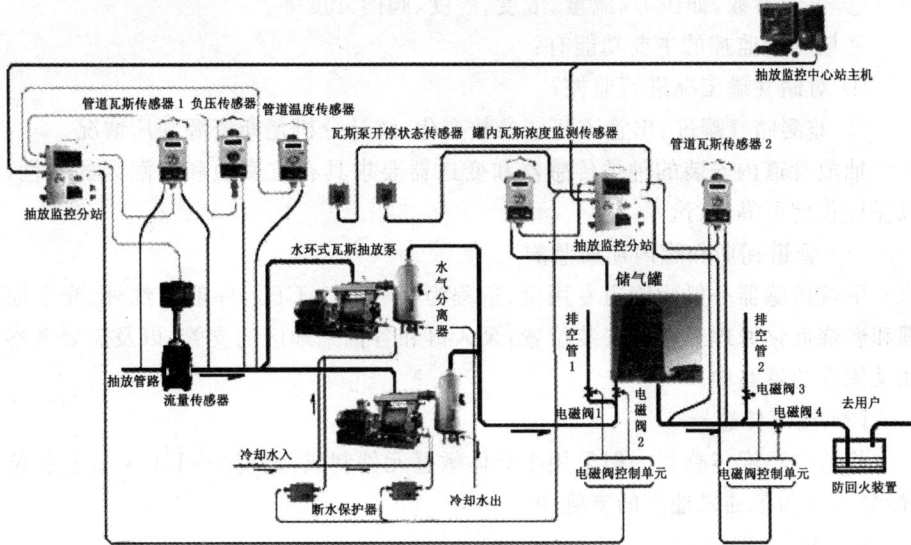

图 5-35 抽采监控系统结构示意图

抽放系统监测包括泵站监测、管路参数和瓦斯利用监测。

泵站参数实时监控主要参数有：

① 环境参数，如环境瓦斯浓度；

② 抽采泵工况参数，如轴温、开停状态；

③ 供电参数，如电流、电压、功率；

④ 供水参数，如流量、压力、温度、缺水保护。

抽采泵站监控功能有：

① 实时统计并显示地面主干管道的标准抽采量；

② 对泵站设备工作状态进行监控，出现故障及时处理或更换；

③ 对抽采泵房进行安全监控。

抽采管道监控的主要瓦斯参数有：流量、浓度、负压、温度。实现功能有：

① 实时统计并显示瓦斯抽采标准流量；

② 分析瓦斯动态抽采量变化趋势，评价监测点抽采措施的有效性；

③ 当某监测点瓦斯抽采质量明显下降时，及时发出信号，以便查找分析原

因,消除故障,恢复正常抽采状态。

瓦斯利用监控的主要参数有:

① 储气罐参数,如罐高、罐压、密封水位、水温等;

② 供气参数,如压力、流量、浓度、温度、阀门开度等。

瓦斯利用监控的主要功能有:

① 对储气罐工况进行监控;

② 监测储气罐进、出管道瓦斯参数变化,统计分析瓦斯资源利用情况。

抽放管道内安装的种类传感器和变送器要求具有抗腐蚀和耐潮湿的特性,以保证长期可靠运行。

(1) 管道瓦斯和罐内瓦斯监测

甲烷传感器一般为管道专用型,量程为 $0\sim100\%CH_4$,一般有红外、光学原理和燃烧催化原理三种。安装位置:泵入口和各抽采地区的支管,以及需要考察抽采深度的管路中。

(2) 温度传感器

管道中温度传感器一般采用半导体敏感元件制成,量程 $0\sim100\ ℃$。安装位置:泵入口和各抽采地区的支管中。

(3) 负压传感器

管道压力传感器,量程 $0\sim100\ kPa$。安装位置:泵入口和各抽采地区的支管中。

(4) 流量检测

为了全面掌握与管理井下瓦斯抽放情况,需要在总管泵站入口、支管和各个钻场内,以及需要考查抽采效果的支管和主管上安设测定管道流量的流量计。

① 钻孔流量检测。在钻孔与抽采支管连接管上安装孔板流量计方式如图 5-36 所示。

② 孔板流量计

目前井下广泛采用孔板流量计,如图 5-37 所示。孔板两端静压差 h(可用水柱计测出)与流过孔板的气体流量有如下关系式:

$$Q = 9.7 \times 10^{-4} \times K\{h \times p/[0.716 \times C + 1.293(1 - C)]\}^{1/2} \quad (5-14)$$

式中　Q——温度为 $20\ ℃$,压力为 $101.3\ Pa$ 时的混合气体流量,m^3/min;

　　　h——孔板两端静压差,Pa;

　　　p——孔板出口端绝对静压,Pa;

　　　C——瓦斯浓度,%;

　　　K——孔板流量系数,$K = K_t \times C_1 \times S_k \sqrt{2g} \times 60$,$m^{2.5}/min$;

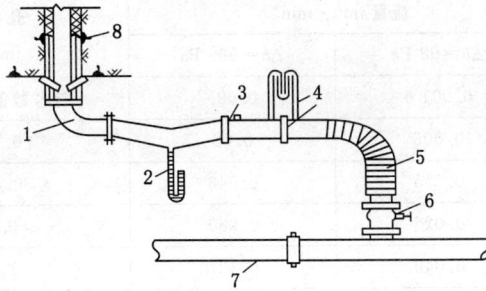

图 5-36　抽放钻孔流量检测安装

1——弯管；2——自动放水器；3——取样孔；4——流量计；
5——铠装软管；6——闸门；7——抽瓦斯管；8——钻孔

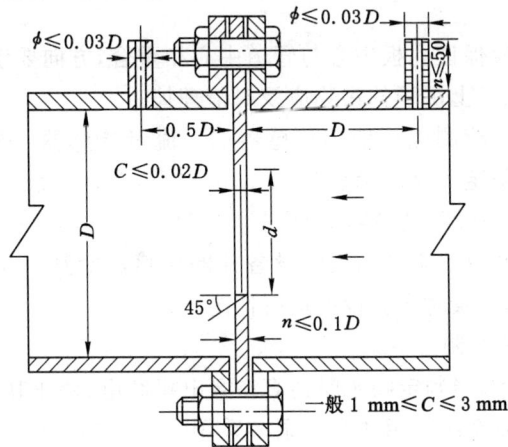

图 5-37　孔板流量计

C_1——流速收缩系数，取 0.65；

K_t——孔板系数（加工精度好时取 1）；

S_k——孔板孔口面积，m^2；

孔板流量计的选用要根据流量大小选择孔径（孔口面积）的大小。若孔径大，流量小，则孔口的阻力 h 值很小，难以量出；若孔径小，流量大，则孔口阻力损失将太大。孔径可参照表 5-13 所列选择。

表 5-13 　　　　　　　　　　孔板流量计不同孔径的特性表

孔板孔径 /mm	流量/m³ · min⁻¹		孔板特性系数 /m^2.5 · min⁻¹
	$\Delta h = 98$ Pa	$\Delta h = 980$ Pa	
2	0.001 6	0.005	参考数值: 0.052×10^{-2}
4	0.006	0.02	0.208×10^{-2}
6	0.015	0.046	0.473×10^{-2}
8	0.025	0.080	0.83×10^{-2}
10	0.040	0.127	1.32×10^{-2}
12.7	0.064	0.203	2.10×10^{-2}
25.4	0.256	0.812	8.4×10^{-2}
50.8	1.024	3.248	3.36×10^{-1}
76.2	2.304	7.308	7.58×10^{-1}
101.6	4.096	12.992	1.345

　　孔板的安装应保证孔板中心与管道中心相重合,方向要正确,法兰盘的垫片不能伸到管内,孔口上沉积的污物应及时清理掉。

　　管道气体流量检测也可使用传感器的。流量传感器一般采用涡街检测原理,精度高、工作稳定可靠。量程 $8 \sim 1\,500$ m³/h,多种口径可选。

　　(5)机电设备开停传感器

　　瓦斯抽放泵开停状态采用机电设备开停传感器检测,实时监测设备运转状态并记录开停时间,及时掌握设备运行情况。

　　(6)断水保护控制

　　判断是否缺水,当判定缺水时使真空泵电机断电,停止其运行。

　　目前瓦斯抽放系统使用的真空泵多采用水环冷却系统,为保证设备良好运行,避免因缺水造成设备损坏,系统根据水压或水阻进行断、缺水保护控制,在无循环冷却水时间<5 s 内自动停止真空泵运行。

5.5.4　抽采系统管路安全防护装置

　　(1)放水器

　　由于地层向钻孔渗水及管内冷凝水集聚,一般抽放管路都有积水,这些水会堵塞管路流动断面,影响抽放效果,因此在各个钻场内和管路上开始上坡处都应安设放水器。放水器有人工及自动放水器两类。

　　人工放水器如图 5-38 所示。在正常抽放时打开闸门 1,关闭闸门 2、3,使管内积水流入水箱。放水时,关闭闸门 1 切断抽放负压,打开闸门 2 放入空气使水

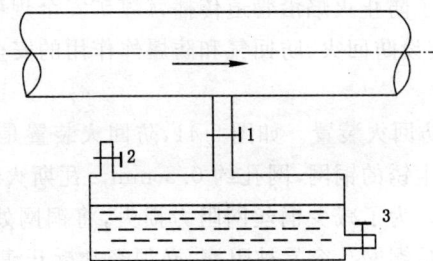

图 5-38 人工放水器

箱内外气压平衡,再打开闸门 3 放水。

低负压自动放水器又称"U"形放水器,如图 5-39 所示。当 h 水柱静压与抽放管内绝对静压之和大于巷道大气压力时,则管内积水可以自动放出。这种放水器多用于钻孔附近,h 高度必须大于安装地点的管道内负压。

高负压放水器如图 5-40 所示。其原理是集水器的水位增高,浮漂上浮,推动托盘上的电磁铁与上盖的电磁铁相吸,封闭进水口同时导向杆顶开密封球阀,集水器内部与大气相通,水便由放水阀放出。

(2)安全装置

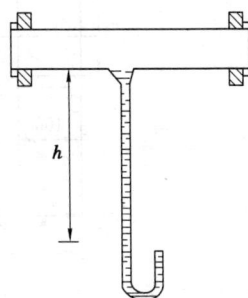

图 5-39 低负压
自动放水器

抽放系统正常工作状态遭到破坏,管内瓦斯浓度降低时,遇到火源瓦斯就有

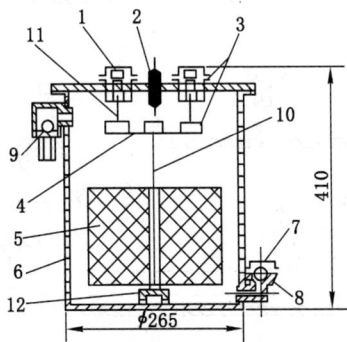

图 5-40 高负压自动放水器

1——通大气阀;2——负压平衡管;3——磁铁;4——托盘;5——浮漂;6——外壳;7——保护罩;
8——放水阀;9——进水阀;10——中心导向杆;11——侧向导向杆;12——导向座

可能燃烧或爆炸。为了防止火焰沿管道传播,《煤矿安全规程》规定,瓦斯泵吸气侧管路系统中,必须装设防回火、防回气和防爆炸作用的安全装置。安全装置有以下几种:

① 铜网式防爆、防回火装置。如图 5-41,防回火装置是在管路上装入 4～6 层导热性能好而不易生锈的铜网,网孔约 0.5 mm。瓦斯火焰与铜网接触时,网孔能阻止火焰的传播。为了减少铜丝网阻力损失,将铜网处管路断面扩大。这种防回火装置的缺点是铜网孔容易被阻塞,必须经常拆开清洗。

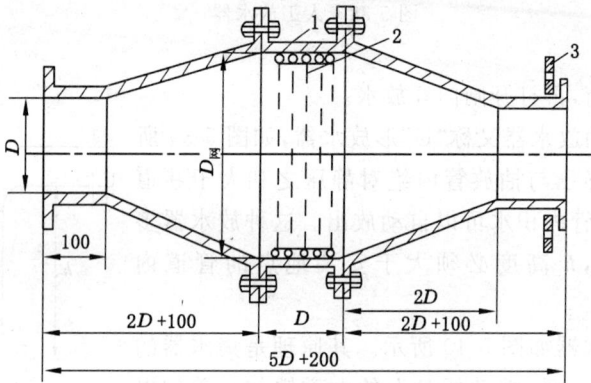

图 5-41 铜网式防爆、防回火装置
1——挡圈;2——铜丝网;3——活法兰盘

② 水封式防爆、防回火装置。如图 5-42 所示。其作用原理是在正常抽放时,瓦斯通过水封后被抽出。一旦发生爆炸或燃烧,水隔断火焰,爆炸波由强度

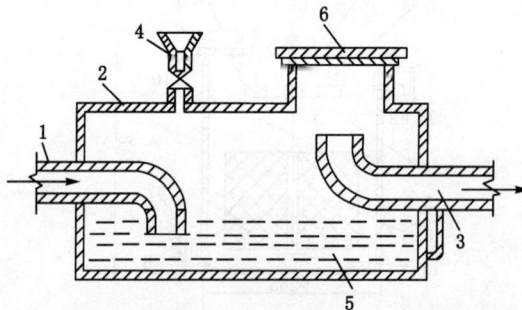

图 5-42 水封防爆、防回火器
1——进气口;2——水封缸;3——出气口;4——进水口;
5——水;6——防爆盖(用胶皮板制成)

很低的防爆盖 4 冲出,使抽放系统得到保护。

③ 放空管

瓦斯泵进、出口应设立放空管。当瓦斯泵因故停抽时,井下自然涌出的瓦斯由进口端放空管排出。当用户端瓦斯过剩或输送发生故障,抽出的瓦斯由出口端放空管排出。

④ 避雷器

为了安全,放空管高度应高出瓦斯泵房 3 m 以上,并远离其他建筑物。为了避免雷击引燃放空瓦斯,放空管顶部应设避雷针。

5.6　抽放瓦斯管理

瓦斯抽放系统建立以后,能否正常工作、保证安全生产,在很大程度上取决于抽采的科学管理。矿井应根据实际情况和系统特点,制定出切实可行的管理办法和制度,以搞好矿井瓦斯抽放的管理工作,提高矿井瓦斯抽放效率。

矿井瓦斯抽放的管理包括组织管理、技术管理和效果评价等方面工作。

5.6.1　抽放组织管理

建立抽采瓦斯的专门机构,负责瓦斯抽采工程、技术测定等日常管理工作,并能不断总结和改进瓦斯抽放工作,提高抽放效率;建立专业施工队伍,进行打钻和安装;配备专人定期进行巡回检测、系统维护,处理管路积水和漏气,以保证管路畅通无阻;以便掌握不同地点的抽采状况;所有人员必须经过培训合格后才能上岗。

抽采泵站的司机及值班人员必须经过专门培训,使其熟悉瓦斯抽采的有关规定,掌握各种安全、监控仪表和设备的用途及其操作程序。

要做到所有工种都能熟练掌握本工种操作技术,及时、准确、全面地完成本职工作。

5.6.2　建立抽放管理制度

制定严格合理的规章制度,是保证瓦斯抽放工作正常进行的关键。需要建立的管理制度主要包括:

① 抽放瓦斯矿井必须搞好采、掘、抽平衡,要把抽放瓦斯工程计划(包括工程量、材料、设备、劳动力、抽放率、抽放量和瓦斯利用量等指标)纳入矿井年、季度生产建设计划,按期完成,并进行检查验收。

② 瓦斯泵、打钻、封孔、管路铺设管理以及管路中压力、流量、浓度等技术数

据的测定都要建立操作规程,并严格贯彻执行。

③ 必须定期测定每个抽放子系统(泵站、干支管路、钻场)的瓦斯流量、负压与浓度,测定次数由矿自定。

每个钻孔打完后,要及时测定瓦斯自然涌出量。每个阶段水平都要选择有代表性的钻孔测定煤层瓦斯压力。

对所有测定结果和有关工程施工、设备运转、瓦斯的抽放与利用,都要做好记录与整理分析。

④ 打钻要有设计,明确规定钻孔的数量、位置、倾角和孔底到达的位置以及封孔方法、封孔长度等,并要求严格按设计规定施工和验收。

在打钻施工前,要把抽放管路接到钻场。钻进中,一旦发现瓦斯涌出过大或有强烈压力呈现时,要采取边钻边抽措施。

⑤ 瓦斯泵的停、开要事先提出计划,经主管部门批准,并要提前将有关事项通知瓦斯用户。

⑥ 管路安装前要进行防腐处理;安装时要按设计施工;保证平、直、稳、靠、严;安装后要进行压力试验;管路的低洼拐弯处,要设放水装置。对管路系统要求经常检查,发现问题,及时处理。

⑦ 所有抽放瓦斯工程,包括抽放站、管路系统、钻场打钻、封孔、密闭和安全设施等都要建立质量标准及检查评级办法,并严格检查验收。凡质量不合格者要推倒重来。

为了使瓦斯抽放工作走向标准化、规范化、管理科学化;各局、矿可根据各自的特点,制定相应的管理标准及检评办法,以促进瓦斯抽放的管理工作。

5.6.3 抽放瓦斯技术管理

技术管理是抽放管理的重要内容。技术管理的主要内容是整理技术资料、建立技术档案、测定抽放技术参数和对抽放效果进行评价,如卸压和不卸压煤层的抽采半径测定、不同抽采方法的抽采率、抽放效果的影响因素分析和提高措施等。

(1) 建立技术档案

抽放矿井必须有"四图纸、三记录、三台账、二报表",并与现场实际相符。

四图纸:

① 矿井瓦斯抽放系统平面图(标注检测仪表、安全装置、阀门、放水器等附属设施);

② 瓦斯抽放泵站平面布置图;

③ 抽放钻场及钻孔布置图;

④ 抽放泵站供电系统图。

三记录：

① 抽放工程(包括钻孔)质量验收记录；

② 泵站抽放参数测定记录；

③ 抽放系统巡回检查记录。

三台账：

① 抽放设备、仪表管理台账；

② 本煤层抽放工作面抽放管理台账；

③ 采空区瓦斯抽放管理台账。

二报表：

① 矿井瓦斯抽放日报；

② 矿井瓦斯抽放月报。

（2）技术分文件

矿井和采区抽放设计文件和验收报告。

（3）现场管理

建立钻场和瓦斯钻孔的观测等牌板等。

5.6.4 瓦斯抽放效果评价

（1）技术分析与评价报告

一个采掘工作面的瓦斯抽放系统建好经过试运行一个时期后,应测定和计算其抽放量、抽放率；对所采用的抽放方法、钻场布置和钻孔的参数合理性进行评价,以便改进钻孔参数,使其更合理。

定期编写矿井和采区瓦斯抽放总结分析报告。

（2）瓦斯抽采率计算

矿井(或采区)月平均瓦斯抽采率 η_c：

$$\eta_c = \frac{100q_{kc}}{q_{kc} + q_{kf}}(\%) \tag{5-15}$$

式中　　q_{kc}——矿井月平均抽采瓦斯量,m^3/min；

　　　　q_{kf}——矿井月平均风排瓦斯量,m^3/min。

工作面(开采层)月平均瓦斯抽采率 η_{gk}：

$$\eta_{gk} = \frac{100Q_g}{W_g}(\%) \tag{5-16}$$

式中　　Q_g——开采层月平均抽出的总瓦斯量,万 m^3；

　　　　W_g——抽采工作面(开采层)月平均的瓦斯储量,万 m^3。

工作面(邻近层)瓦斯抽采率 η_{g1}：

$$\eta_{g1} = \frac{100q_k}{q_k + q_y}(\%)$$ (5-17)

式中　q_k——邻近层抽采瓦斯量，m^3/min；

　　　q_y——邻近层涌向工作面的瓦斯量，m^3/min。

（3）抽放量（标量）换算

$$Q_标 = Q_测 \frac{p_1 T_标}{p_标 T_1}$$ (5-18)

式中　$Q_标$——标准状态下的瓦斯抽放量，m^3/min；

　　　$Q_测$——测得的抽放瓦斯量，m^3/min；

　　　p_1——测定时管道内气体绝对压力，MPa；

　　　$p_标$——标准绝对压力，$101.325\ kPa$；

　　　$T_标$——标准绝对温度，$(20+273)K$；

　　　T_1——测定时管道内气体绝对温度，K。

$$T_1 = t + 273$$

式中　t——测定时管道内气体摄氏温度，℃。

（4）及时分析存在问题给予解决

由于煤矿地质复杂性和多变性，实际施工情况往往会与设计条件不同。因此，要建立抽放效果进行检测、分析和评价机制。

若采煤工作面存在预抽空白带应设法解决，给予消除。

参考文献

[1] 国家安全生产监督管理总局. 煤矿瓦斯抽采基本指标（AQ 1026—2006），2006.

[2] 国家安全生产监督管理总局. 煤矿瓦斯抽放规范（AQ 1027—2006），2006.

[3] 张国枢. 通风安全学[M]. 徐州：中国矿业大学出版社，2000.

[4] 俞启香. 矿井瓦斯防治[M]. 徐州：中国矿业大学出版社，1992.

[5] 俞启香，王凯，杨胜强. 中国采煤工作面瓦斯涌出规律及其控制研究[J]. 中国矿业大学学报，2000,29(1).

[6] 周德昶，焦先军. 地面钻井抽采瓦斯技术的发展方向[J]. 矿业安全与环保，2006,33(6):77-79.

[7] 许家林，钱鸣高. 地面钻井抽放上覆远距离卸压煤层气试验研究[J]. 中国矿业大学学报，2000,29(1):78-81.

[8] 王魁军,张兴华.中国煤矿瓦斯抽采技术发展现状与前景[J].中国煤层气,2006,3(1).

[9] 张洪力.瓦斯综合治理技术在平煤十矿的应用[J].中州煤炭,2007(6):90-91.

[10] 程伟,米战.平顶山十矿综采工作面高位尾巷瓦斯抽放技术[J].煤炭科学技术,2006,34(5):27-29.

[11] 张铁岗.矿井瓦斯综合治理技术[M].北京:煤炭工业出版社,2001.

[12] 张铁岗,张建国.十矿高位钻孔瓦斯抽放参数优化[J].煤炭科学技术,1999,27(4):20-22.

[13] 袁亮.松软低透煤层群瓦斯抽采理论与技术[M].北京:煤炭工业出版社,2004

[14] 廖斌琛.采面瓦斯随采随抽方法及影响因素探讨[J],煤矿开采,2001,增刊(47):42-45.

[15] 徐三民.确定瓦斯有交往抽放半径的方法探讨,煤炭工程师,1996(3):43-45.

[16] 国家安全生产监督管理总局.煤矿瓦斯抽放规范(AQ 1027—2006),2006.

[17] 刘培林.综放工作面尾巷布管抽放采空区瓦斯的实践[J].煤矿安全,2004,35(7):8-9.

[6] 王华军,张天军.中围岩瓦斯源及本冬检中的瓦斯涌出[J].中... 煤矿安全,2008,3(2).

[7] 张瑞刚.瓦斯综合治理是实现本质安全生产的必由之路[J].山东煤炭,2007(6).

[10] 俞启香,程远平.矿井瓦斯防治[M].徐州:中国矿业大学出版社,2008.

6 防控矿井瓦斯灾害的四道防线

建立科学的灾害防控体系是有效防治事故发生的关键。建立合理的重大灾害事故模型有助于分析事故发生的原因和过程,有助于把握防控事故的关键环节,是防控灾害的基础理论之一。

6.1 重大瓦斯灾害事故模型

重大瓦斯灾害主要包括煤与瓦斯突出和瓦斯与煤尘爆炸。掌握事故模型可剖析事故发生的因果关系,为事故预防提供依据。

6.1.1 重大突出事故模型

从现象上看,突出事故具有时间和空间上的随机性和偶然性。但从本质上分析,突出事故具有征兆,且发展过程缓慢(与瓦斯爆炸和突出相比),同时其因果性和规律性较为明显。因此,突出事故具有可预警性,是可以预防的。

按时间序列和事故内在联系划分,煤矿的重特大突出事故的发生和发展可分为突出隐患(危险源)状态→(孕育)萌芽→发生→扩大→结束五个阶段。其致因模型如图 6-1 所示。各个阶段之间没有明显的界限。

由此模型可见,突出在隐患、萌芽两个时期只要通过准确的预测及时发现和采取有效措施、对突出因素和条件进行及时有效控制和消除,突出是完全可以避免的。

6.1.1.1 突出危险源(隐患)

危险源是事故之源,即是事故发生的原因和事故发源地。开采瓦斯含量和压力较高的煤层,即可形成突出危险源(隐患)。

突出危险源具有三个要素:潜在危险性、存在条件(不卸压抽采)和触发因素(开采)。

应该注意的是,在有突出危险的煤层,虽然采取了卸压和抽采措施,但由于煤层范围大,加之煤层赋存的不稳定性和措施的缺陷,往往存在治理措施的空白点和盲点,即存在突出隐患。

由突出模型可见,只要预测和发现突出危险源及时辨识突出预兆,准确发生

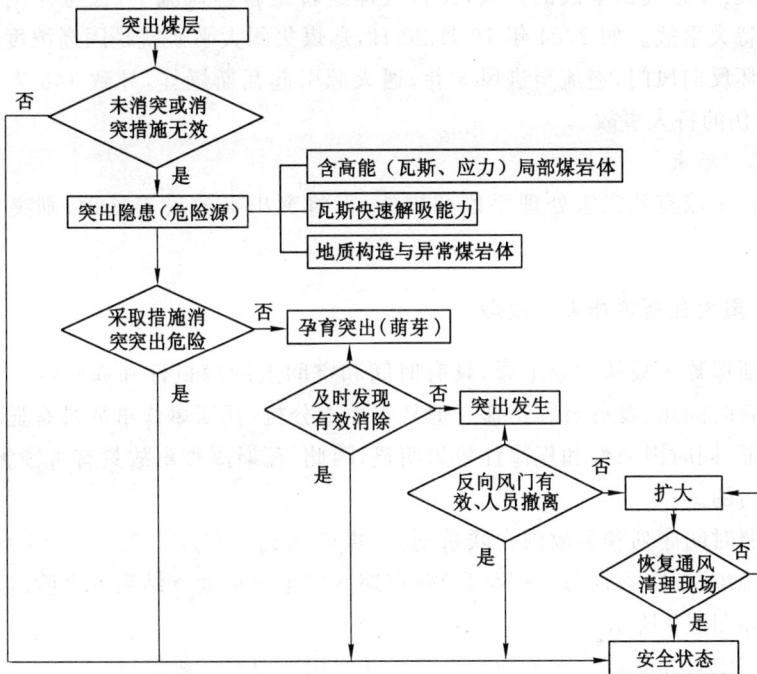

图 6-1   煤层重大突出事故致因与发展模型

突出预警，就可以预防煤与瓦斯突出事故。

6.1.1.2   萌芽（孕育）阶段

对于有突出危险的煤体，在采掘之前未消突，在采掘过程中由于各种原因导致煤体的应力集中、透气性降低、瓦斯压力梯度增大、瓦斯能量积聚，即可能进入突出的萌芽阶段。

在萌芽阶段会出现地应力增大、瓦斯涌出异常等突出预兆。若对预兆进行及时和准确的预报并采取有效措施进行处理，不会造成人员伤亡和事故损失。因此，提高突出征兆的辨识技术和水平，加强萌芽阶段的预警工作和预防措施，把事故消除在萌芽状态是预防重大事故的重要指导思想。

6.1.1.3   发生

若萌芽阶段不能及时被发现和有效处理，则会发生突出事故，并造成生产作业停止和一定经济损失、人员伤亡。

6.1.1.4   发展与扩大

突出事故发生后，反向风门不起作用，通风系统存在缺陷，未能及时和有效处理，则会导致突出事故的扩大，灾害气体逆转至新鲜风流中，甚至伴生瓦斯爆炸等重特大事故。如 2004 年 10 月 20 日，郑煤集团大平矿就是因高浓度的瓦斯气流破坏反向风门，逆流至进风大巷，遇火源引起瓦斯爆炸，导致 148 人死亡和 32 人受伤的特大事故。

6.1.1.5　结束

通过采取有效灾害处理手段和措施，可将突出事故妥善处理，则突出事故结束。

6.1.2　重大瓦斯爆炸事故模型

瓦斯爆炸事故从现象上看，具有时间和空间上的随机性和偶然性。虽然爆炸的孕育时间短，发展过程迅速。但从本质上分析，瓦斯爆炸事故具有显著的危险源特征，同时因果性和规律性较为明显，因此，瓦斯爆炸事故具有可预警性，是可以预防的。

按照时间序列和事故内在联系划分，煤矿的瓦斯和煤尘爆炸事故的发生和发展为隐患（危险源）状态→（孕育）感应期→发生→扩大→结束五个阶段。其致因模型如图 6-2 所示。

模型中有爆炸危险的瓦斯与火源相互作用一般有三种情况：

① 火源存在，含爆炸浓度的瓦斯风流流经火源，导致爆炸发生。此种情况一般发生在处理自燃事故时，因方法不当或措施不妥，导致火源附近的大量高浓度瓦斯流入火源引起爆炸。

② 在含爆炸浓度的瓦斯风流区域内产生火源，导致爆炸发生。

③ 在含爆炸浓度的瓦斯聚积区域内产生火源，导致爆炸发生。

由瓦斯爆炸模型可见，控制瓦斯爆炸有三个关键环节：一是防止瓦斯积聚；二是防止产生火源；三是控制瓦斯与火源相互作用。防止扩大的措施是设置合理和有效的隔爆水（岩）棚；采掘工作面的回风尽量不设增阻型调节装置。

但是，只要能防止瓦斯积聚和及时发现、控制火源因素，瓦斯爆炸是完全可以避免的。

由模型还可看出，在可能产生火源（或自燃火源）和有连续瓦斯涌出的条件下，处理瓦斯爆炸事故时，要防止连续爆炸发生。淮南谢一矿 1995 年 6 月 23 日零时 16 分发生瓦斯爆炸事故，在 9 时 30 分发生二次爆炸，死亡 13 人，受伤 18 人，接着在 6 天之内灾区瓦斯爆炸一直未断，虽有 40 人未能救出，但考虑救灾的安全性，仍决定封闭灾区。此次事故共死亡 76 人，伤 49 人，直接经济损失 327.8 万元。

停运风机 排放瓦斯控制失效 风流短路 异常涌出 风量不足 风筒破损

违章爆破 摩擦起火 电气火花 明火作业 煤炭自燃 拆卸矿灯

及时发现和处理 — 否 → 瓦斯积聚   火源 ← 否 — 及时发现和控制

是 ↓

安全状态

是 ↓

安全状态

相互作用时间＞感应期 — 否 → 安全状态

是 ↓

瓦斯爆炸

隔爆设施起作用 — 否 →

爆源有瓦斯涌出 — 否 →

爆源有火源 — 否 →

继续爆炸

是 ↓ 有效控制和处理

安全状态

爆炸气体排出受阻 — 是 →

逆转

扩大

有效控制和处理

安全状态

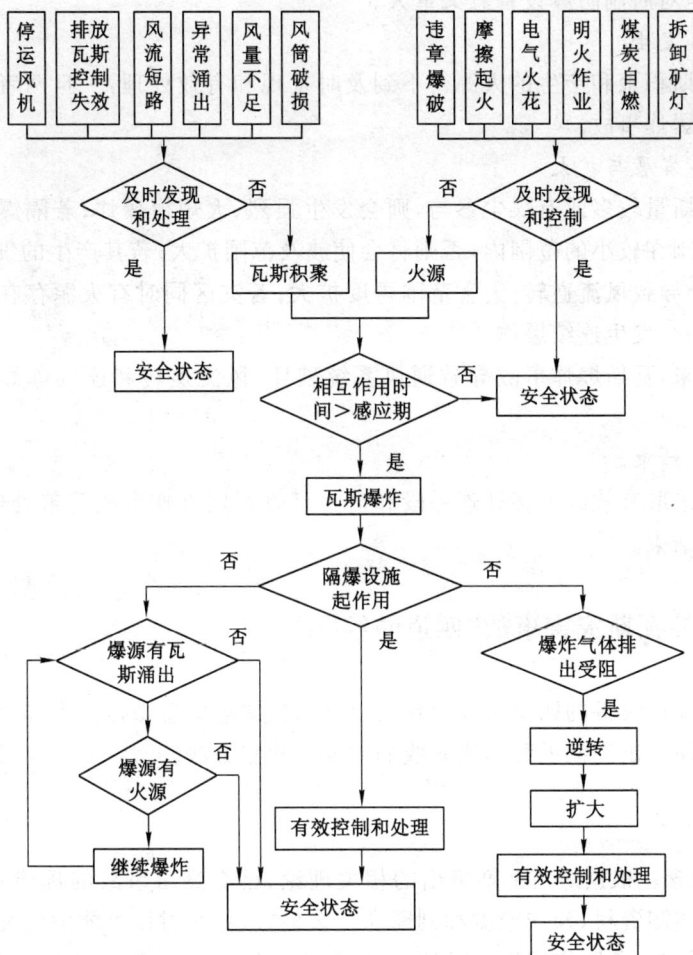

图 6-2 重大瓦斯爆炸事故致因与发展模型

6.1.2.1 爆炸危险源（隐患）

瓦斯爆炸的危险源由三部分组成：一是瓦斯积聚；二是火源和潜在火源；三是前两者相互作用。

6.1.2.2 孕育（感应期）阶段

瓦斯与高温热源接触时，不是立即燃烧或爆炸，而是要经过一个很短的时间间隔，这种现象叫引火延迟性，间隔的这段时间称感应期。感应期随火源温度升高而迅速下降，随其浓度增加而略有增加。这个时间一般在 1 s 以下，对预防作用不大,但对研制防爆设备意义重大。

6.1.2.3 发生

若瓦斯积聚和产生的火源得不到及时发现和有效处理,一旦两者结合则会发生瓦斯爆炸事故。

6.1.2.4 发展与扩大

若瓦斯量较多或有煤尘参与,则会发生强烈、大规模爆炸;若隔爆棚有效会将爆炸限制在较小的范围内,否则将会使波及范围扩大;若其产生的气体不能通畅排除,会导致风流逆转,灾害范围再度扩大;若灾区同时有火源存在和瓦斯涌出(入),则会发生连续爆炸。

近年来,瓦斯爆炸事故导致通风系统破坏、风流逆转和连续爆炸事故时有发生。

6.1.2.5 结束

通过采取有效的灾害处理手段和措施可将瓦斯爆炸事故妥善处理,则瓦斯爆炸事故结束。

6.2 防控瓦斯灾害事故"四道防线"

防控瓦斯灾害的四道防线由预测、预防、预警和应急救援四个部分组成。现以煤与瓦斯突出为例说明四道防线的内容与建立方法。

6.2.1 预测

① 概念。根据煤与瓦斯突出的相关理论、已有突出事故的规律和经验、突出指标的实测资料,预先推测和判断在什么地方、什么时候可能发生突出危险和事故,即对突出危险煤层进行预测。预测不是凭空想象、不是拍脑袋办事,而是有理有据的科学判断。

②目的。为有针对性采取预防措施奠定基础,是预防的前提。

③ 目标。确定突出危险源的时空分布、危险源的危险程度以及影响范围、损失大小。

④ 方法。根据煤层突出理论、现场测定煤与突出危险性指标参数,结合实验室实验(煤突出特性实验),进行分析和推断突出危险性,划分突出危险区。

⑤ 应用。根据煤层开采特点和突出条件分析,预测区域存在突出隐患和危险源的位置有:采掘工作面的地质构造附近、煤层合层处;诱发突出的因素主要有:对煤层产生较大破坏作用较大的生产工艺,如爆破、割煤、打钻等。

6.2.2　预防

预防是在预测的基础上进行的,是防控灾害的核心环节。

① 目的。防控突出隐患转变为突出萌芽;防止突出事故发生以及防止已发生的事故扩大,尽可能、最大限度地减少伤亡和损失。

② 目标。破坏引发突出条件、消除突出危险源。

③ 关键。预防措施要有针对性;措施具有可行性和有效性。

④ 措施类型。有技术、工程和管理等,如保护层开采卸压、抽采煤层瓦斯、深孔爆破增透等。

6.2.3　预警

① 概念。在对突出危险源进行预防的同时,采用先进的技术和设备,实时连续采集突出前的力学、电磁、气体和温度等征兆信息,判断并报告突出的孕育进程,采取撤离人和控制等措施。

② 目的。及时采集和报告突出孕育、发生和发展过程中出现的现象和信息,并进行预警,将突出事故处理和消除在萌芽状态。

③ 程序。确定预警的参数和指标,确定突出临界值,建立预警系统。

④ 要求。指标具有灵敏性、可测性、规律性;预报具有实时性和准确性。

⑤ 方法。自动监测、人工检测突出征兆信息。

预警成功关键是预警参数选择正确;自动辨识或人工判断准确;仪器设备工作可靠。

6.2.4　应急救援

从理念和理论上说,煤层突出和爆炸事故是可以预防的,但实际上(事实上),煤矿想完全避免突出和爆炸事故几乎是不可能的。因此,做好应急施救对防止事故扩大、减少事故损失至关重要。应急施救是防控突出和爆炸事故的最后一道防线。

① 目的与目标。防止突出和爆炸事故扩大,将人员伤亡和经济损失降低到最低程度。

② 应急预案。预案指预先制订处理突发事故的方案。方案内容包括应急管理、指挥、现场处理、救援、保障和计划等。科学的、符合实际的预案是实现灾变时实施成功应急施救的前提与保证。有了救灾预案后平时要进行培训和演练,避免灾时惊慌失措和手忙脚乱。

③ 突出和爆炸应急响应。小型的瓦斯爆炸、喷出的煤量和瓦斯量,一般不

会造成严重后果,不难处理。大型和特大型突出和瓦斯爆炸后果都比较严重,必须由专职救护队进行处理。

现场应急救援的主要任务是:抢救遇难人员;恢复通风;排放积存的瓦斯;修复必要的巷道,清理巷道中和突出孔内堆积的煤、岩。

如果突出引发瓦斯爆炸或火灾,还要进行此类事故的处理。

现场应急救援的总体原则是,按照先保人身安全,再保护财产的优先顺序进行,使损失和影响减到最小。

6.2.5 四道防线模型

(1) 构建防控体系的指导原则

① 从消除突出充要条件着眼,建立"预测、预防、预警和应急救援"四道防线;

② 应用系统工程和控制论理论与方法,将四道防线实践于设计、施工、生产、竣工(收作)等多环节上构建防控体系;

③ 加强防突领域技术创新和研究探索力度,大力推广应用综合防突新技术和新装备;

④ 提高教育培训效果,使各阶层人员逐步增强防控突出和爆炸事故的意识,掌握防控理论知识,提高防控技术和能力,养成良好的防控安全行为。

(2) 四道防线模型

现以煤与瓦斯突出事故为例,针对事故发展的四个阶段,说明"预测、预防、预警和应急施救"四道防线防控体系的模型,如图 6-3 所示。

由图 6-3 可见,防控体系中的四道防线有机地与突出四人阶段相结合,特别

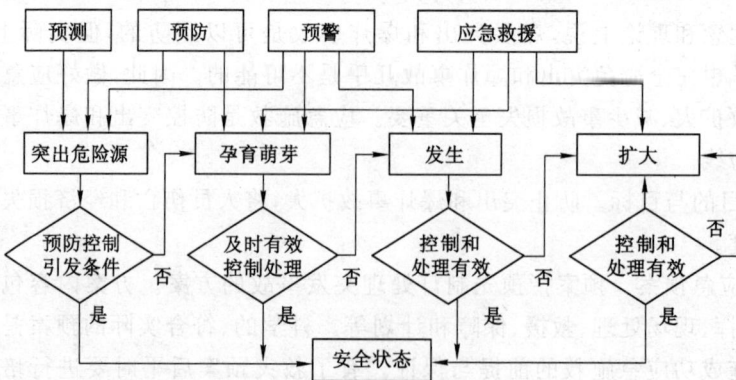

图 6-3　防控突出事故四道防线模型

是在突出危险源和萌芽阶段采取了多重防控,只要能准确预测突出危险源和进行早期辨识,及时进行预警,预防措施有效,就可能避免突出事故的发生。

四者关系:预测是进行有针对性预防的前提;预防是核心;预警是预防的补充手段;应急处理是补救措施。

6.2.6 煤与瓦斯突出的防控体系构建

四道防线构筑了从突出危险源(隐患)形成开始至突出事故扩大为止的突出全过程的防控体系。

煤与瓦斯突出的防控体系结构如图 6-4 所示。

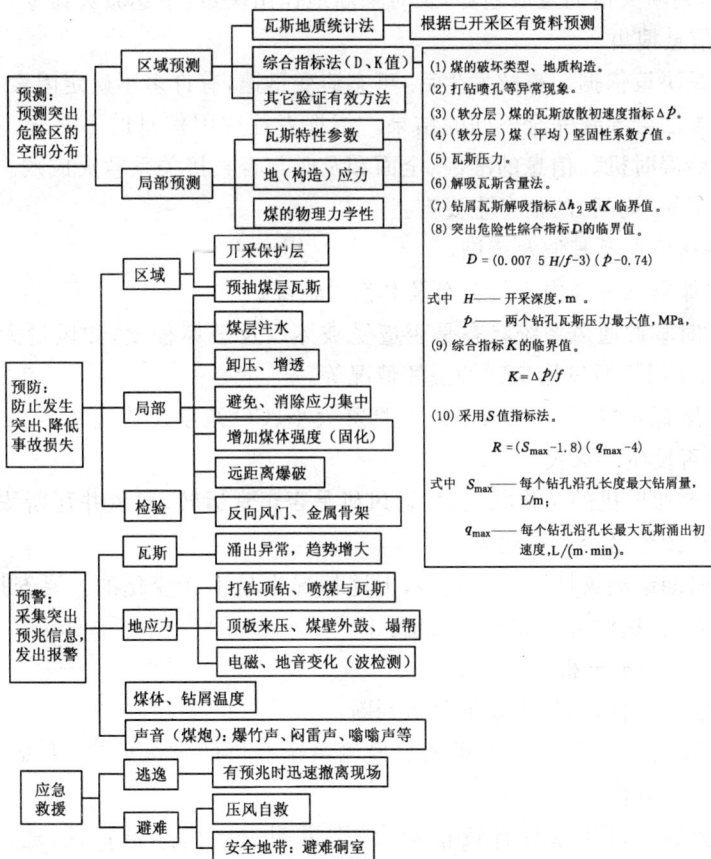

图 6-4　煤与瓦斯突出的防控体系结构图

6.3　重大灾害事故应急救援

事故灾害的发生和可能的演变与组织管理者的理念和行为息息相关。我们不能完全阻止事故的发生,但有效的应急救援将会提高我们应对事故的能力,通过及时、有效的应对措施,才有减小灾害损失、降低灾害扩大的可能。

6.3.1　瓦斯爆炸时应急救援

当获悉井下发生爆炸后,指挥者(矿长或矿级领导)应利用一切可能的手段了解灾情,判断灾情的发展趋势,及时果断地作出决定,下达救灾命令。

(1)信息搜集

信息是决策依据。事故发生后,事态演变迅速,有许多不确定因素。不同处理程序和方法会导致完全不同的结果。指挥者往往因信息的不完全、不准确和不及时而贻误时机。信息的准确、全面和及时与否直接关系救灾成败。

必须了解(询问)的信息主要有:

① 爆炸地点及其波及范围。

② 爆炸影响范围内人员分布及其伤亡情况。

③ 时时掌握通风系统状态是否遭受破坏以及破坏程度,如风量大小、风流是否逆转、风门等通风构筑物的损坏情况等。

④ 灾区瓦斯情况,如 CH_4 浓度、烟雾大小、CO 浓度及其流向等。

⑤ 是否发生了火灾?

⑥ 主要通风机的工作状况,如通风机是否正常运转、回风井瓦斯浓度、通风机房水柱计读数是否有变化等。

事故时期影响灾情的因素较多,上述情况也是不断变化的。要安排井下的信息采集人员,提供准确和时时信息。

(2)信息整理分析

通过以上信息,需作出以下分析判断:

① 通风系统的破坏程度,可根据监测系统提供的灾区风量、主要通风机工况点变化进行分析。

若主要通风机房水柱计读值增大,则说明灾区内巷道冒顶,通风系统被堵塞。

若主要通风机房水柱计读值比正常时减小,说明灾区风流短路。其产生原因可能是:a. 风门被摧毁;b. 人员撤退时未关闭风门;c. 回风井口防爆门(盖)被冲击波冲开;d. 可能是爆炸后引起明火火灾,高温烟气在上行风流中产生火风压,使主要通风机风压降低等。

② 是否会产生连续爆炸。这一点对救灾决策非常重要。若灾区有瓦斯涌出、灾区供风减少且有火源存在,则能产生连续爆炸。救护队员不能进行灾区施救,否则将会导致伤亡增大。

③ 是否会伴生火灾。如果爆炸区内有易燃物存在以及瓦斯发生爆燃就可能发生伴生火灾,其下风侧会有大量有毒有害气体,还有可能产生火风压,对通风系统产生影响。

④ 可能影响的范围。界定影响范围对人员的安全撤离极为重要。

(3)果断决定

① 成立抢救指挥部,并根据预案和实际情况制订救灾方案;

② 切断灾区及可能受影响地区的电源;

③ 撤出灾区以及可能受影响井下工作人员;

④ 向上级部门和管理机关汇报,并召请救护队;

⑤ 保证主要通风机和空气压缩机正常运转;

⑥ 保证升降人员的井筒正常提升;

⑦ 清点井下人员,设立安全警戒线,非工作人员不得进入灾区;

⑧ 命令有关单位准备救灾物资,医院准备抢救伤员。

(4)应急救援原则

① 生命至上。首先要安全施救,保证救援人员安全;以最快的速度、最大力量抢救受灾人员。

② 全局观点。根据灾区状态从全局出发制订救灾方案,不要顾此失彼。

③ 快速反应。灾情是时刻变化的,要跟踪灾情的动态,并能快速反应、快速判断、快速决策,措施和决策随灾情变化而变化。

④ 统一指挥。事故处理往往有多部门、多机构参与行动,统一指挥、协调机制显得尤为重要。

⑤ 快速控制。对于重大事故,要快速控制局面、控制范围,防止扩大。

⑥ 安全施救。没有十分安全的把握,决不能盲目进行灾区进行施救。

(5)应急救援的程序与具体措施

处理瓦斯爆炸事故是一项十分专业、艰巨而复杂的工作。要做到安全、迅速地抢救遇险人员的工作,除了明确救护队员的任务、发挥每个救护队员的智慧和勇敢精神外,还要有一套比较科学、完整的方案、程序和措施。

① 派救护队沿最短的线路、以最快的速度到达遇险人员最多的地点进行侦察、抢救。其方法有两种:一是沿回风方向进入灾区;二是沿进风方向进入灾区。选择哪条路线进入灾区,要根据实际情况判断确定。一般来说,救护力量少时,

要沿进风方向进入灾区,因为在新鲜空气的巷道中行进,对保持救护队的战斗力,减少队员体力消耗有利。如果爆炸后,进风巷道垮塌、冒顶和堵塞,一时难以清理维修时,也可沿回风方向进入灾区,特别是在回风有较多遇险人员时。但在回风中行进,有烟雾和有毒气体的威胁,救护队员的行进速度较慢。救护力量多时,可以同时从进风、回风两侧派人进入。

特别强调的是:遇到有高温、塌冒、爆炸、水淹危险的灾区,只有在救人的情况下,指挥员才有权决定救护小队进入,但要采取有效措施,保证进入灾区人员的安全;否则会造成救护队员自身的伤亡。例如:1995 年 12 月 31 日 18 时 20 分,贵州盘江老屋基矿 131211 采煤工作面发生瓦斯爆炸,在预料井下还会继续发生爆炸的情况下,救灾领导不采取任何有效防范措施,仍然命令救护队进入灾区救人,救护队第一次救出 20 人,在第二次进入灾区救人时,于 20 时 19 分发生第二次瓦斯爆炸,12 名救护队员死亡。这次事故共造成 65 人死亡。

② 迅速恢复灾区通风。采取一切可能采取的措施,迅速恢复灾区的通风,排除爆炸产生的烟雾和有毒气体,让新鲜空气不断供给灾区,是抢救遇险人员最有效的方法。但在恢复通风前,必须查明有无火源存在,是否会引起再次爆炸,若有引起爆炸、造成伤害的可能则应采取措施后进行。

③ 清除灾区巷道的堵塞物。瓦斯爆炸后发生冒顶,造成巷道堵塞,影响救护指战员进行侦察抢救时,应考虑清理堵塞物及其清除时间。若巷道堵塞严重,救护指战员在短时间内不能清除时,应考虑其他能尽快恢复通风救人的可行办法,同时要恢复堵塞区以外的通风,让不佩戴呼吸器的人员能够参加疏通工作。在此情况下,救护指战员应在旁边进行监护并要做好准备,一旦通道打开,立即进入灾区抢救遇险人员。

④ 扑灭爆炸引起的火灾。为了抢救遇险人员,防止事故蔓延和扩大,在灾区内发现火灾或残留火源,应立即扑灭。若火势很大,一时难以扑灭时,应阻止火焰向遇险人员所在地蔓延,特别是在火源地点附近有瓦斯积聚的盲硐时,应千方百计地防止火焰蔓延到盲硐附近引起瓦斯爆炸。若用直接灭火法不能扑灭,并确认火区内遇险人员均已死亡时,可考虑先对火区进行封闭,控制火势,应用注入惰性气体等综合灭火法灭火,待火熄灭后,再找寻遇难人员的尸体。

⑤ 发生连续爆炸时,为了抢救遇险人员或封闭灾区,在紧急情况下,也可利用 2 次爆炸的间隔时间进行。但应严密监视通风和瓦斯情况并认真掌握连续爆炸间隔时间的规律,考虑救护指战员在灾区的往返时间。当间隔时间不允许时,不能进入灾区;否则,难以保证救护人员的自身安全。在抢救事故中,要防止事故扩大,增加伤亡。

⑥ 最先到达事故矿井的救护小队,担负抢救遇险人员和灾区的侦察任务。

在煤尘大、烟雾浓的情况下进行侦察时,救护指战员应沿巷道排成斜线前进。发现还有可能救活的遇险人员时,应迅速将其救出灾区;发现确已死亡的遇难人员,应标明位置,继续向前侦察。侦察时除抢救遇险人员外,还应特别侦察火源、瓦斯以及爆炸点情况,顶板冒落范围,支架、水管、风管、电气设备、局部通风机、通风构筑物的位置、倒向、爆炸生成物的流动方向及其蔓延情况,灾区风量分布、风流方向、灾区气体成分等,并做好记录,供抢救指挥部研究抢救方案和事故调查分析时使用。

⑦ 恢复通风设施时,要从灾区外围向中心、由易到难逐渐恢复。损坏严重、一时难以恢复的通风设施可用临时设施代替。恢复独头通风时,除将局部通风机安在新鲜风流处外,还应按排放瓦斯的要求进行。

⑧ 反风。在紧急抢救遇险人员的特殊情况下,爆炸产生的大量有毒有害气体严重威胁回风方向的工作人员时,在确认进风方向的人员已安全撤退的情况下,可考虑采用反风,但对此必须十分慎重。不经过周密分析,盲目行动,往往会造成事故扩大。

⑨ 矿井发生瓦斯爆炸事故后,灾区内充满了爆炸烟雾和有毒有害气体,这时,只有佩用氧气呼吸器的救护指战员才能进入灾区工作。

⑩ 为了有利于救人和保证救护指战员本身的安全,避免瓦斯连续爆炸,及时恢复通风系统,查明引起爆炸的真实火源是救灾工作中的关键技术。对于因垮落严重,而且引爆火源无法直接扑灭的灾区,在人员已经撤出的情况下,就应果断决定封闭灾区,待火源熄灭后,再恢复生产,不能冒险救灾,以免扩大损失。山东省煤矿在 20 次的瓦斯和煤尘爆炸事故处理过程中,采用逐步恢复通风系统的方法,顺利地处理了事故,获得了明显的效果。例如,枣庄矿务局救护队在 1985 年 4 月 7 日处理兴仁矿掘进工作面爆炸事故时,救出了 44 人;临沂矿务局救护队在 1978 年 4 月 13 日处理朱里煤矿瓦斯爆炸时,采用逐步恢复通风方法,仅用 11 h 就救出 57 人。

(6)瓦斯连续爆炸的原因分析

在我国瓦斯爆炸的历史上,多次发生瓦斯连续爆炸事故。连续爆炸应同时具备的条件:

① 灾区存在火源和再生明火。

② 灾区有爆炸界线内的瓦斯补给;或有高浓度瓦斯涌入且有新鲜风流供给,能将其稀释到爆炸界线。爆炸后爆源点会产生负压,导致附近的瓦斯源不断涌入,反向冲击波也可能将瓦斯带回灾区。

1993 年 1 月 15 日淮南谢二矿处理瓦斯爆炸时发生了 51 次连续爆炸,瓦斯来源是－400 m 封闭的 B10 轨道巷,火源由爆炸形成;1995 年 6 月 23 日淮南谢一矿瓦斯爆炸后发生第二次爆炸,造成10人死亡。

因此,处理瓦斯爆炸时,防止发生连续爆炸是处理事故的关键技术。对灾区环境,如瓦斯、通风、巷道堵塞及巷道风阻等情况,进行准确分析,确实能够准确掌握爆炸间隔时间时,方可利用爆炸间隙进入。决策时既要小心谨慎,又不能贻误战机,决不能盲目行动。

有条件时应预先向灾区注氮、二氧化碳或惰气,使灾区氧气含量降低,灾区气体惰化后再进行抢救和封闭。煤矿井下救护要积极依靠科技进步,实现救护装备现代化,充分发挥新技术、新装备在救灾实战中的巨大威力。

综上所述,处理爆炸事故与处理矿井明火火灾事故一样,必须正确地控制风流。这就要求救灾指挥决策人员和救护队的指挥人员认真学习通风理论知识,熟练掌握通风控制技术,使矿山救护工作由经验型向技术型转变,并能根据救灾现场具体情况灵活运用通风控制技术,从矿井大系统上为抢险救灾创造一个安全的工作环境,减少救护队进入灾区的次数,减少救护指战员佩用呼吸器的时间,以防止救护队自身伤亡事故的发生。

(7) 煤尘爆炸事故的处理

煤尘爆炸事故的处理方法与处理瓦斯爆炸事故的方法基本相同。只是要注意:灾害发生时首先切断灾区(甚至灾区周围区域)的电源,而且停电操作应在灾区以外的地点进行,以免再次引起煤尘爆炸。对灾区进行侦察过程中,发现火源要立即扑灭,防止二次爆炸。若火势较大,暂时不能消灭时,应立即局部封闭和注入惰性气体,防止再次引爆瓦斯或煤尘。救灾过程中要注意寻找煤尘爆炸的痕迹(黏焦)和判断起爆源。煤尘连续爆炸的可能性很大,在思想上和物质上应有充分准备,以免措手不及,避免出现难以控制的局面。

6.3.2　突出时应急救援

(1) 处理瓦斯喷出和突出事故的一般原则

① 评价灾害影响范围,立即通知灾区和灾区附近受到威胁的人员停止工作,迅速佩戴隔离式自救器撤离灾区和危险地段。

② 应立即通知矿山救护队进入灾区,侦察灾情,进行遇险人员抢救。

③ 立即切断灾区和瓦斯可能流入地区的电源。

④ 迅速采取措施,恢复通风系统,以最大风量供给灾区,以最短路线安全排放喷出的瓦斯,创造安全救援环境。

⑤ 对突出的煤、岩进行清理。清理前应喷雾洒水降尘,清理中注意有无被掩埋的人员,一旦发现有人被掩埋在煤、岩下时,应首先将之救出,再继续进行清理工作。

⑥ 矿山救护队在侦察时,如果发现喷出或突出的瓦斯燃烧时,应立即采取积极灭火方法将之扑灭。如果火势很大无法直接将其扑灭时,应立即撤出人员,对火区进行封闭。

⑦ 发生煤(岩)与瓦斯(二氧化碳)突出事故时不得反风,防止风流紊乱扩大灾情。如通风系统及设施被破坏,应设置风障、临时风门及安装局部通风机恢复通风。

（2）预防突出的瓦斯爆炸

在瓦斯喷出或煤与瓦斯突出后,高浓度瓦斯被风流稀释到爆炸界限以内引起的瓦斯爆炸,如 2005 年郑煤集团大平矿突出的瓦斯流经大巷遇架线电机车火花后发生爆炸。其特点是在第一次瓦斯爆炸后,灾区内仍存在大量高浓度瓦斯,这些瓦斯被风流冲淡后遇火源即可再次爆炸。处理这类瓦斯爆炸应该首先查明灾区内有无火源。若有火源存在,严禁启动局部通风机供风;否则,风流既冲淡了高浓度的瓦斯,又提供了瓦斯爆炸所需的氧气。此时,应在不供风的条件下集中力量救人和灭火,无法灭火或灭火无效时,应及时予以封闭。若无火源,则应在集中力量救人后,按排放瓦斯的要求处理积存的瓦斯。例如:某突出矿井在一 145 m 水平掘进煤巷,当掘到 200 m 长时,发生瓦斯突出并产生瓦斯爆炸,巷道内风筒被毁,但局部通风机仍然运转。救护队在救人过程中未恢复巷道内通风,也未停止局部通风机运转,当人员抢救完成后,封闭了该巷。过了几天由救护队打开密闭,在局部通风机运转的情况下向巷道中接风筒。当风筒接到 110 m 处时产生瓦斯爆炸,造成救护指战员伤亡,又封闭了该巷。一个星期后,再次打开密闭,在不开启局部通风机的情况下向巷道内接风筒,当风筒接到 50 m 后救护队退出,启动通风机向巷道内供风,2 h 后发生瓦斯爆炸,虽队员在通风机处未受到伤害,但巷内风筒被毁。随后,又重复上述操作,供风 1 小时 20 分钟后又发生爆炸。再重复上述操作,供风后发生爆炸的时间越来越短。最后,只好停止供风,对灾区进行侦察,结果发现巷内 1 个高冒处有火源(煤炭自燃)存在,用水灭火后,排放了瓦斯,才恢复了生产。

恢复突出区通风时,应以最短的路线将瓦斯引入回风巷。回风井口 50 m 范围内不得有火源,并设专人监视。瓦斯引入回风巷的过程中是否停电,应按照排放瓦斯的相关规定执行。

（3）突出时人的行为

发生突出时,井下作业人员的行为正确与否,对其安危影响很大。现场人员在突出后,应根据事故现场的具体条件进行具体分析。现场人员可分为突出现场和受波影响两类,具体行为可参见图 6-5。

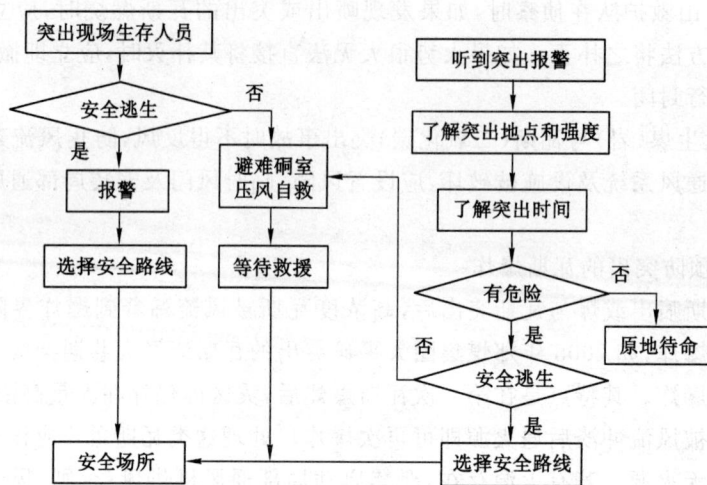

图 6-5　突出现场人员行为预案

参考文献

[1] 国家安全生产监督管理总局.防治煤和瓦斯突出规定[M].北京:煤炭工业出版社,2009.

[2] 方裕章.应急救援与抢险救灾[M].徐州:中国矿业大学出版社,2005.

附录

附录一　煤的破坏类型

附表 1　　　　　　　　　　　　煤的破坏类型划分表

破坏类型	光泽	构造与构造特征	节理性质	节理面性质	断口性质	强度
Ⅰ类(非破坏煤)	亮与半亮	层状构造,块状构造,条带清晰明显	一组或二三组节理,节理系统发达,有次序	有充填物(方解石)次生面少,节理、劈理面平整	参差阶状,贝状,波浪状	坚硬,用手难以掰开
Ⅱ类(破坏煤)	亮与半亮	(1)尚未失去层状,较有次序;(2)条带明显,有时扭曲,有错动;(3)个规则块状,多棱角;(4)有挤压特征	次生节理面多,且不规则,与原生节理呈网状节理	节理面有擦纹、滑皮,节理平整,易掰开	参差多角	用手极易剥成小块,中等硬度
Ⅲ类煤(强烈破坏煤)	半亮与半暗	(1)弯曲呈透镜体构造;(2)小片状构造;(3)细小碎块,层理较紊无次序	节理不清,系统不发达,次生节理密度大	有大量擦痕	参差及粒状	用手捻之成粉末,硬度低
Ⅳ类煤(粉碎煤)	暗淡	粒状或小颗粒胶结而成,形似大块煤团	节理失去意义,成黏块		粒状	用于捻之成粉末,偶尔较硬
Ⅴ类煤(全粉煤)	暗淡	(1)土状构造,似土质煤;(2)如断层泥状			土状	可捻成粉末,疏松

附录二　防突措施有效半径的测定方法

1. 超前钻孔有效排放半径测定方法

使用钻孔流量法测定超前钻孔有效排放半径的步骤如下:

① 沿工作面软分层打 3～5 个相互平行的测量钻孔,孔径 42 mm,孔长 5～7 m,间距 0.3～0.5 m。

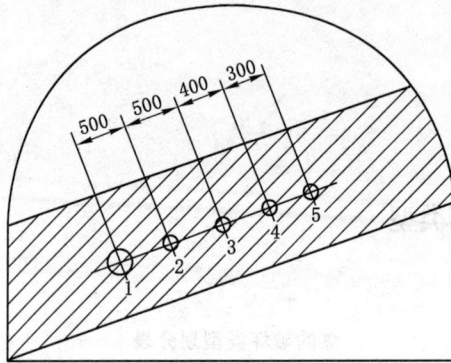

附图 1 测定超前钻孔排放半径钻孔布置

1——超前排放钻孔;2～5——测量钻孔

② 对各测量孔进行封孔,封孔时应保证测量室长度为 1 m。

③ 钻孔密封后,立即测量钻孔瓦斯涌出量,并每隔 2～10 min 测定 1 次,每一测量孔测定次数不得少于 5 次。

④ 在距最边缘测量孔钻孔中心 0.5 m 处,打一个平行于测量孔的超前钻孔(直径是待考察超前钻孔有效排放半径的钻孔直径),在打超前钻孔过程中,记录钻孔长度、时间和各测量孔中的瓦斯涌出量变化。

⑤ 超前钻孔完后,每隔 2～10 min 测定各测量孔的瓦斯涌出量。

⑥ 打完超前钻孔后测定 2 h。

⑦ 绘制出各测量孔的瓦斯涌出量变化图。

⑧ 如果连续 3 次测定测量孔的瓦斯涌出量都比打超前钻孔前降低 10%,即表明该测量孔处于超前钻孔的有效排放半径之内。符合本条文、本项条件的最远测量钻孔与排放钻孔间的距离,即为超前钻孔的有效排放半径。

2. 其他防突措施参数的测定法

正确选用各种防突措施施工参数是提高措施安全可靠性的首要条件。过去因测定复杂,通常根据经验确定,因而影响了防突措施的防突效果。用钻屑量与钻屑瓦斯解吸指标法测定防突措施的施工参数(即超前排放钻孔和深孔松动爆破防突措施有效半径的测定),是一种经济、省时省力的好办法。

在没有执行过防突措施的有突出危险的采掘工作面,在其软分层中先打一个考察孔,测量每米的钻屑量与钻屑瓦斯解吸指标、钻孔瓦斯涌出初速度。钻孔长 8～10 m,孔径 42 mm,然后进行扩孔排放或直接装药后松动爆破。按施工要求,确定排放时间,当到达时间后,在该孔附近的软分层中打一与此孔有一定角度的测试孔,测量其每米的钻屑量与钻屑瓦斯解吸指标、钻孔瓦斯涌出初速度。将两个钻孔同一深度范围内所测到的数据和两点之间的间距进行分析,当其小于临界指标值时,相应两点的最大间距确定为该措施的有效影响半径。